KB111957

맛의 과학

맛의 과학

초판 1쇄 발행 | 2017년 10월 23일
초판 2쇄 발행 | 2018년 1월 20일

2판 1쇄 인쇄 | 2022년 11월 10일
2판 1쇄 발행 | 2022년 11월 25일

지은이 | 밥 홈즈
옮긴이 | 원광우
감수인 | 정재훈
발행인 | 안유석
책임편집 | 고병찬
디자이너 | 이정빈
펴낸곳 | 처음북스
출판등록 | 2011년 1월 12일 제2011-000009호
주소 | 서울특별시 강남구 강남대로364 미왕빌딩 17층
전화 | 070-7018-8812
팩스 | 02-6280-3032
이메일 | cheombooks@cheom.net
홈페이지 | www.cheombooks.net
인스타그램 | @cheombooks
페이스북 | www.facebook.com/cheombooks
ISBN | 979-11-7022-252-1 03400

Flavor

맛이라는 세계의 경이로움을 파헤치다!

맛의 과학

밥 홈즈 지음 | 원광우 옮김 | 정재훈 감수

인간에게 맛이란 무엇인가?

짠맛, 단맛, 신맛, 쓴맛, 감칠맛이 전부는 아니다!

당신이 몰랐던 맛의 비밀을 찾아가는 매력적인 여정

처음북스

맛과 삶 모두에서 나의 파트너
뎁에게

차례

1

단순한 미각

2

후각: 맛의 핵심

3

식감: 세 번째 맛

4

맛이 왜 당신의 머리를 지배하는가

맛이 소중한 이유

코로나19의 지속적인 전염은, (의도치 않게) 많은 사람들에게 '맛감각'
에 대한 신선한 관심을 불러 일으켰습니다. 코로나 감염의 대표적인
증상 중 하나가 바로 후각과 미각의 상실이기 때문입니다. 코로나19로
고통받는 많은 사람들이 냄새를 맡는 능력이 감소했을 뿐만 아니라 짠
맛, 단맛, 쓴맛과 같은 맛에 대한 인식 능력이 감소하고 매운 음식을 먹
을 때 느끼는 혀의 통각 관련 감각도 감소했다고 보고되었습니다. 이
런 증상은 대부분 며칠 혹은 몇 주 안에 회복되지만 경우에 따라 훨씬
더 오래 지속되는 사람도 있고, 심하면 영구적인 감각 상실로 이어질
수도 있습니다.

이런 영향으로 인해 사람들은 냄새와 맛이 우리의 일상 생활에 얼마
나 중요한지 직접 체감했습니다. 5장에서 언급한 '냄새 및 맛 장애 클
리닉'에서 배운 교훈과 1장에서 언급한 세계 최고의 미각 전문가 중 한
명과 함께 '양치질 실험'을 했을 때 말했던 것과 마찬가지로 말입니다.

지금 매우 많은 사람들이 그 증상을 앓고 있기 때문에 '맛의 감각'의 손실과 그 회복에 대한 연구가 급증하고 있습니다.

일례로 몇 주 동안 집에 갇혀 있어야 하는 사람들이 늘어나자, 기분 전환의 일환으로 많은 사람들이 요리를 시작한 것을 들 수 있습니다. 자신이 직접 구운 빵 사진이 SNS에 꽃을 피웠고, 집에서 요리해 먹는 식사 자리가 더욱 활발해졌습니다(감금과 격리의 따분함으로 인해 야외 활동의 소중함을 되새기기도 했죠.).

이처럼 우리의'맛감각'에 대해 자세히 들여다 보는 것은 우리의 삶을 풍요롭게하는 방법을 배우는 것과 같습니다. 『맛의 과학』이 여러분에게 그 여정의 시작점이 되어주길 진심으로 바랍니다. 그러니 다들 이 책을 읽고 맛에 대한 탐구에 한층 더 다가가 더 많은 것들을 즐기시기 바랍니다!

— 밥 홈즈

맛에 대한 놀라운 사실들

생각해 보자. 잠시 당신이 좋아하는 음악 한 소절을 떠올려 보라. 그리고 그것이 어떻게 작곡되어 있는지, 왜 당신에게 특별한지를 생각해보라. 연결 마디에서 색소폰을 절묘하게 사용했기 때문인가? 제1바이올린과 첼로가 주제를 넘나들며 조화를 잘 이루기 때문인가? 아니면 보컬이 시작되기 직전의 숨 막히는 서스펜스 때문인가? 당신은 그 음악이 왜 당신의 심금을 울렸는지 아마 찾을 수 있을 것이다. 연주되는 악기가 무엇인지 알 수도 있고, 멜로디나 베이스라인, 보컬을 찾아낼 수도 있으며 리듬이 얼마나 빠른지도 알 수 있다.

자, 그럼 똑같은 방법으로 좋아하는 사과 종류를 이야기해 보자. 당신은 다른 사과보다 왜 후지Fujis(부사)가 좋다고 말하는가? '아삭해서'라든가 '달아서', 또는 '맛이 더 좋아서'라고 대충 얼버무리는 사람이 있을지 모른다. 그러나 사과를 잘 아는 미식가가 아니라면(분명 그런 사람이 존재하지만) 그런 답조차 내놓기 쉽지 않을 것이다. 단언컨대 좋아하는 음악을 연주한 악기의 이름을 대는 것과는 달리 사과의 맛을 내는 성분이 무엇인지 빨리 대답하기란 어렵고, 한 입 베어 물었을 때 그 맛이 어떻게 작용하는지는 더더욱 말할 수 없을 것이다.

우리의 애매함은 이처럼 사과에만 국한되는 것이 아니다. 당신은 넙치와 붉은 도미의 맛이 어떻게 다른지 설명할 수 있는가? 또한 브리치즈Brie cheese (프랑스 브리 지방에서 나는 치즈)와 체더치즈Cheddar cheese (영국 서머싯주의 체더 지방에서 유래한 치즈)가 어떻게 다른지는? 사람들 대부분에게 맛은 여전히 모호하며 미지의 개념인 것이 사실이다. 우리는 흔히 "저녁 맛있었어요."라든가 "그런 복숭아를 난 좋아합니다."라고 말하지만 그건 지극히 피상적인 표현일 뿐이다. 그렇다고 우리가 맛을 모른다는 뜻은 아니다. 만약 후지사과가 스파르탄사과와 다르다거나, 브리치즈가 체더치즈와 다르다는 것을 알 수 있는 사람이라면 그 사람은 보다 깊이 있는 맛의 세계를 여행할 자격을 충분히 갖추고 있는 셈이다.

돌이켜 생각해 보면 우리는 매일 맛을 느끼면서도 그것을 잘 알지 못한다. 그런 마당에 맛에 대한 지식이 없기까지 하다면 우리는 맛본 것을 잘 설명할 수도 없으며, 먹고 마시는 음식의 상세한 부분은 얘기할 엄두조차 내지 못할 것이다. 그런 상태에 이르면 맛의 세계는 우리에게 아무 의미가 없어지고 만다.

물론 때로는 그런 것도 괜찮을 수 있다. 음악이 은은하게 흐르는 만찬 자리에서 그 음악에 대해 꼬치꼬치 따지지 않듯이 이것저것 따지지 않고 그냥 한입 베어 먹는 것만이 우리가 진정 원하는 것인지도 모른다. 그러나 대부분 음악에 무신경하다 하더라도 어쩌다 조금 관심을 쏟는 경우가 있다. 그렇게 음악에 귀를 기울이다 보면 삶이 좀 더 윤택해진다는 걸 발견하기도 한다. 맛도 똑같다. 맛을 느끼는 방법이나 맛의 유래 그리고 밭이든 부엌이든 그 어디서나 맛을 최대화시키는 방법을 조금만 더 배운다면 음악처럼 삶의 질이 달라지는 경험을 할 수도 있다. 이 책은 바로 그런 점을 다룬다.

맛에 관심을 가진다고 부자가 되진 않지만 삶이 깊이 있어진다. 왜냐하면 맛을 느끼는 것이야말로 인간만이 가진 독특한 선물이기 때문이다. 태생적으로 지구 환경에 서식하며 사회생활을 하고, 다양하고도 잡식성 식습관을 가진 우리 조상은 생물학적으로 특별한 능력을 가진 종족이었다. 삶을 유지하려다 보니 친구와 적, 이웃과 남, 정직한 상인과 사기꾼, 이들의 얼굴을 자연스럽게 구별할 수 있게 되었다. 그 덕분에 후손인 우리 인간은, 물론 예외가 있지만 사람 얼굴 사이의 아주 미묘한 차이까지 찾아낼 수 있는 능력을 갖게 되었다. 가끔 수년 전 학교 다닐 때의 누군가를 기억하기도 하고, 어제 파티에서 우연히 만난 낯선 사람을 기억하기도 한다. 코와 귀, 광대뼈, 눈을 뚫어지듯 보지 않고 한눈에 스쳐 지나듯 보았음에도 즉시 기억해 낼 수 있다. 다만 이런 능력은 독특하게도 얼굴에만 국한된다. 얼굴이 아닌 손과 같은 다른 기관을 구별해 기억하기는 불가능하며, 얼굴을 기억하는 것도 예리한 지각을 가져서라거나 세심한 주의를 기울여서 그런 것이 아니다.

맛을 인식하는 것은 인간의 또 다른 특별한 능력 중 하나다. 잡식동물로서 먹을 수 있는 것과 못 먹는 것을 판단할 필요가 있었던 우리 조상은 그 판단의 도구로 맛을 이용했다. 그 능력은 우리 진화 유산의 일부다. 맛을 연구하는 심리학자 폴 브레슬린Paul Breslin은 "모든 인간이 얼굴을 구별하는 전문가이듯, 맛에 대해서도 전문가입니다. 맛은 문자 그대로 삶과 죽음의 문제를 다룹니다. 나쁜 걸 먹는다면 죽게 될 것이기 때문이죠."라고 말한다. 우리가 딸기나 파인애플, 녹두의 맛을 대번에 무슨 맛이라고 말할 수는 없어도 그 맛을 느낄 수 있는 것만큼은 분명하다(이것은 다른 이야기로 이 책의 뒷부분에서 살펴보기로 한다).

사실 맛감각은 인간을 하나의 종족으로 묶는 데 큰 역할을 하였다. 인류학자 리차드 랭햄Richard Wrangham은 인류가 요리라는 방식으로 쉽게 칼로리를 섭취할 수 없었다면 신비스럽기 짝이 없는 우리의 두뇌는 결코 발전할 수 없었을 것이라 말하였다. 익히지 않은 음식으로는 대용량 두뇌를 가진 현대인에게 충분한 칼로리를 매일 공급하는 것이 불가능하다. 우리의 사촌인 침팬지는 매일 날것을 씹어 에너지를 추출하느라 많은 시간을 소비한다. 그에 비해 인간은 에너지와 시간을 훨씬 효율적으로 사용한다. 생식을 고집하는 사람은 분쇄기와 주스기를 사용해 씹는 행위를 대신하더라도 체중이 줄어들 수밖에 없다. 요리 행위는 잘 소화되지 않는 성분을 작고도 소화가 용이한 조각으로 분해해 적은 노력으로도 많은 것을 얻게 해 준다. 그 과정에서 새로운 맛이 만들어진다.

인간은 약초와 양념 같은 향이 강한 재료를 이용해 음식에 간을 하는 유일한 종족이다. 양념의 맛이 진화의 근원이 되었다는 말도 틀린

게 아니다. 많은 양념이 항박테리아 성분을 함유하고 있으며 마늘, 양파, 오레가노oregano(허브의 일종)가 모든 박테리아의 성장을 억제하는 것도 사실인 점이다. 태국 음식의 마늘과 후추, 인도의 생강과 고수, 멕시코의 칠리고추를 생각해 보면 강한 양념을 사용하는 문화가 박테리아로 인한 오염이 문제가 되는 더운 기후의 나라로부터 전파되었음을 알 수 있다. 이와는 대조적으로 스칸디나비아나 북유럽 음식같이 약한 양념을 사용하는 요리는 시원한 기후에서 전해져 왔다. 다시 말해 양념의 전파든 인간의 맛이든 모두가 삶과 죽음의 문제로까지 이어지는 것이다.

이 책의 뒷부분에서 보겠지만, 해부학적으로 보아도 인간은 맛 감정가다. 다른 포유류와 차이 나는 인간의 직립 자세나 머리 형태를 자세히 살펴보면, 코는 바깥에서부터 오는 냄새를 맡기보다 입안의 음식으로부터 퍼지는 맛에 더 집중하도록 형성돼 있다. 맛을 느끼려고 크고 강력한 우리 두뇌는 불균형하다 싶을 정도로 많이 활동한다. 맛있는 치즈나 와인, 쿠키 등을 먹을 때면 다른 행동을 할 때보다 뇌 시스템이 훨씬 많이 작동한다. 맛은 냄새, 질감, 소리, 시각을 담당하는 감각 기관을 이용하기도 한다. 또 씹고 삼키는 근육을 관할하는 운동신경까지 포함하며, 식욕과 공복, 포만감을 무의식적으로 조절하기도 한다. 특히 먹는 것을 식별하고, 평가하고, 기억하고, 반응하는 데 아주 고차원적인 사고 프로세스를 가동한다. 단순히 음식을 한입 베어 먹을 뿐이지만 뇌는 일련의 거대한 활동을 하는 것이다.

맛은 뇌를 민감하면서도 강력하게 작동하도록 한다. 앞으로 알게 되겠지만 맛의 가장 중요한 요소인 향기 정보는 뇌에 들어오는 순간 정서와 기억을 담당하는 원시적인 부분으로 바로 전달된다. 반면 의식적이고 논리적인 대뇌피질에는 여러 번의 방해를 받고서야 비로소 도달한다. 어릴 때 좋아하던 음식의 맛이 노래나 사진보다도 훨씬 더 쉽게 우리를 그 시절로 인도하곤 하는데, 이런 맛의 뛰어난 능력을 설명하는 신경과학적 근거가 바로 앞의 설명이다. 마르셀 프로스트Marcel Proust의 일곱 권짜리 소설 『잃어버린 시절을 찾아서』에 마들렌을 먹다가 기억이 촉발되는 장면이 나오는 건 결코 우연이 아니다. 새로운 언어와 의복, 심지어 새로운 종교까지 받아들인 지 이미 오래인 이민자들이 왜 모국의 맛에만은 집착을 버리지 못하는지를 잘 설명해 주는 것이 뇌의 기능 중 하나인 정서라는 개념이다. 음식은 대양과 국경, 세대를 넘어 민족을 집단으로 잘 묶어 준다. 우리는 종종 맛을 특정 민족의 상징으로 삼는다. 프랑스인의 냄새 나는 치즈, 미국인의 땅콩버터, 호주인의 베지마이트Vegemite(이스트로 만든 검은색 잼 비슷한 것으로 빵에 발라 먹음), 점액질로 발효된 콩인 일본의 낫토 같은 음식이 다른 민족에게는 역겨울지 몰라도 그 민족에게는 한 문화의 보물이다.

익숙하지 않은 맛을 탐험하는 행동이야말로 다른 문화권에 다가갈 수 있는 가장 좋은 방법이라고 많은 사람들이 말한다. 다음은 브레슬린Breslin의 말이다. "나는 많은 나라를 방문한 적이 있으며 그때마다 음식시장을 빼먹지 않고 방문합니다. 사실 왜 그런지는 잘 모르지만 그렇다고 그러지 않는 나를 상상해 볼 수도 없어요. 그것은 항상 보람 있는 경험이었습니다." 이러한 말에 어느 정도 공감하는 사람들이 많다. 누가 이탈리아에 여행 가서 맥도날드만 먹고 중국에 가서 피자만 먹겠는가. 맛만큼 그 민족의 특징을 잘 나타내는 문화 요소는 없다. 브레슬린은 다른 곳을 여행할 때면 그 지방의 옷을 파는 시장이나 그곳 종교에 관한 정보를 제공하는 책방은 방문한 적이 없다고 한다.

맛의 근원은 인간의 환경과 깊이 연관되어 있는 것 같다. 맛은 또한 우리의 일상생활을 풍요롭게 한다. 우리 모두는 반드시 먹어야 하지만, 선택권이 주어지면 대부분 보다 맛있는 것을 추구한다. 식료품을 구매하는 사람은 매주 무엇을 살지 결정하면서 건강이나 가격, 환경을 고려하기보다 맛을 우선적으로 염두에 둔다고 한다. 또 사람들은 스포츠, 취미, 독서나 오락보다 좋은 음식에서 얻는 기쁨에 더 높은 가치를 부여한다. 음식보다 더 많은 관심을 기울이는 건 휴일, 섹스 그리고 가족 시간 뿐이다. 훌륭한 식사가 왜 기쁨을 주느냐고 물었더니 무엇보다 맛 때문이라는 답을 하는 사람이 많았다.

사람들에게 매일의 식사를 요리하는 행위는 창조적이며 보람 있는 경험이다. 만약 당신이 이 책을 읽어 보려 고른 당사자라면 당신은 그 그룹에 속하는 사람이다. 그건 확실하다. 우리는 요리책을 읽으며, 흥미롭고 새로운 레시피를 인터넷에 게시하고, 메뉴를 차츰 늘려간다. 아직도 많은 가정 요리사들이 계획 없이 맛을 낸다. 레시피가 알려주는 대로, 해 왔던 대로 음식을 만들기도 한다. 때로는 직감적으로 한 움큼의 바질basil을 넣거나 넛메그nutmeg(육두구 나무의 열매로 양념이나 향미료로 쓰임)를 뿌려 섞기도 한다. 그러나 우리는 단지 설명서나 직감, 전통에 따를 뿐, 맛을 이해해 보려 노력하지 않는다. 그러다보니 귀로 리프

16

riffs(재즈연주에서 2~4마디를 반복해서 연주하는 일, 또는 그 곡)를 들을 줄만 알 뿐, 악보를 읽을 수도 없고, 화음을 교육을 받아 보지도 못한 독학한 기타리스트가 될 뿐이다. 때로는 좌충우돌하면서 좋은 방법을 찾을 수도 있다. 그러나 우리가 하는 것을 더 잘 이해한다면 더 많은 것을 얻을 수 있다는 사실을 가슴 깊이 새겨야 할 것이다.

사람들이 맛에 얼마나 무지한지를 보여 주는 젤리빈 테스트라는 놀라운 실험을 한번 해 보자. 젤리빈jellybean(콩 모양의 젤리 과자) 몇 개나 여러 가지 맛이 섞인 사탕 몇 개를 준비해 보라. 요즘은 어디서나 살 수 있는 다양한 맛의 젤리빈이면 좋겠지만 라이프세이버스Lifesavers(미국 라이프세이버스 사의 박하 드롭스 상품명)나 졸리랜처Jolly Rancher(오랫동안 입속에 넣어도 딱딱함을 그대로 유지하는 것으로 유명한 사탕 브랜드) 사탕도 괜찮다. 여러 가지 맛이 있는 것을 선택하는 것이 중요할 뿐 다른 건 문제되지 않는다. 자, 이제 눈을 감고 코를 꼭 잡은 후 친구로부터 사탕을 하나 건네 받아라. 코를 잡은 상태에서 사탕을 입에 넣고 맛에 집중해 보라. 크게 어렵지 않을 것이다. 설탕의 단맛이 느껴지고 사탕에 따라서는 약간 신맛이나 짠맛을 느낄지도 모르겠다. 그러나 그 젤리빈이 어떤 맛인지는 느껴도 무슨 맛이라고는 말할 수 없을 것이다.

이제 코를 풀고 맛이 당신의 입안에서 어떻게 퍼지는지 느껴보라. 한낱 달다든가 시다던 맛이 지금은 갑자기 레몬 맛, 체리 맛으로 바뀌지 않았는가. 바뀐 것이라고는 게임을 하면서 후각을 더한 것밖에 없다. 여기에서 우리는 맛을 느낀다는 단순한 행위가 사실은 굉장히 복잡한 과정을 거친다는 교훈을 얻는다. 젤리빈의 맛을 이야기하면서 우리는 맛 그 자체가 무언가 굉장히 중요한 요소라는 것을 알았다. 우리가 경험하는 대부분의 맛이라는 게 사실은 맛이 아닌 냄새의 결과물이다(이 점을 명확히 검증하려면 사과조각과 양파조각을 준비한 후 코를 막고 그 맛의 차이를 설명해 보라. 만약 익히지 않은 상태에서도 단맛이 나는 양파로 실험한다면 차이를 발견하기란 예상외로 엄청 어려울 것이다). 여러 사람을 대상으로 이 실험을 실시해 본 결과, 많은 사람들이 냄새가 맛에 얼마나 중요한 역할을 하는지 깨닫고는 놀라워했다.

영어라는 언어는 때로 우리를 혼란스럽게 만든다. 영어에 맛이라는 뜻의 명사는 'taste(맛)'와 'flavor(향미)' 두 가지가 있다. 우리는 그걸 별로 구별하지 않고 사용한다. 수십 년 전 심리학자 폴 로진Paul Rozin이 알아낸 바에 의하면, 영어사용자들은 taste라는 단어를 사람이 혀로 감지할 수 있는 기본적인 다섯 가지 맛을 표현할 때 사용한다고 한다. 다섯 가지 맛이란 단맛, 신맛, 짠맛, 쓴맛 그리고 감칠맛이란 뜻의 우리에게는 다소 친숙하지 않은 단어인 우마미umami를 의미한다. 하지만 우리는 젤리빈의 맛을 표현할 때 taste와 flavor를 거의 같은 의미로 쓴다. 동사로 사용할 때는 특별히 구분하지 않고 taste로 통일해 사용한다. 흔히들 저녁이 맛있었다고 말하지, 쓴맛이 별로 없었다든가 짠맛이 적당했다와 같이 표현하지는 않는다. 또 감기에 걸리면 맛을 잘 모른다고 말하기도 한다. 감기에 걸려 코가 막혔다고 맛이 어디로 간 것도 아닌데 말이다. 한 단어에 두 가지 의미가 부여되면 혼란을 야기한다. 맛에 관한 동사로 '만끽하다'라는 의미의 savor도 있지만 크게 도움이 안 되는 단어다. savor는 보통 즐겁게 먹었을 때 사용한다. "나는 저녁을 만끽했지만savor, 그 맛이 좋지는 않았어요"라고 말하면 어색하다(타 언어도 별반 다르지 않다. 로진이 다른 아홉 개 나라의 원어민을 상대로 조사했을 때 대부분의 나라가 taste와 flavor를 한 단어로 표현하고 있었다. 오직 헝가리와 프랑스만 두 단어로 나뉘어 있었지만 그나마 프랑스의 경우는 구별의 의미가 매우 모호했다). 혼란을 막을 수 있는 뚜렷한 대책은 없다. 말하고자 하는 의미가 맛인지 향미인지 최소한 이 책에서라도 명확히 하도록 나는 최선을 다하겠지만, 동사적 의미로 사용할 때는 맛 하나만 이용할 수밖에 없다. 그럴 경우 문맥의 흐름으로 내 의도가 정확히 전달되기를 희망할 뿐이다(한국어판에서도 마찬가지다. 향미와 맛을 구별하기보다 '맛'을 주로 사용할 것이다 - 옮긴이).

향미는 사실 맛과 냄새만이 아닌 그 이상의 것을 포함한다. 우리가 맛을 느끼는 데에는 미각, 후각, 촉각, 청각, 시각의 오감 모두가 다 나름의 역할을 한다. 맛을 가장 잘 알려면 음식이 입에 들어왔을 때 우리가 소유한 이 모든 감각을 모조리 동원해야 한다. 그러면 놀라운 일이 벌어진다. 나중에 이 책을 통해 알게 되겠지만, 그릇의 무게나 접시의 색깔, 감자 칩을 씹는 조건, 심지어는 배경음악으로 무엇을 선택했느냐는 사실까지 맛에 직접 영향을 미친다.

요리를 하고 음식을 먹는 것이 일상적인 기쁨의 근원이라는 것은 더 이상 말할 필요도 없는 사실이다. 그러한 행위는 우리 건강에 깊은 영향을 미치기도 한다. 최근 나쁜 식습관과 과도한 칼로리 섭취 때문에 비만이 널리 퍼져, 수 세기 만에 처음으로 우리의 기대수명이 위협받고 있는 것도 엄연한 사실이다. 현재 미국인의 비만도는 점점 높아지는 추세이며, 서구 세계의 다른 나라들 역시 이를 닮아가는 형국이다. 전문가들은 달콤한 청량음료와 고지방 고탄산 고칼로리의 패스트푸드를 찾게 만드는 바로 이 '맛'이라는 존재가 비만의 가장 큰 원인이라고 지적한다.

다시 말해 맛이 핵심이다. 개인적으로나 사회적으로 비만 문제를 해결하려면 먹는 이유와 먹는 음식을 이해할 필요가 있다. 맛이 음식을 선택할 때 어떤 영향을 미치는지, 식습관을 바꾸는 지렛대로 맛을 활용할 수는 없는지, 우리는 알아야 한다. 배가 부를 때와 맛있는 음식을 과식할 때, 맛은 우리에게 어떤 경고를 보내는지도 알 필요가 있다. 이런 의문들에 대해 아직 과학자들은 완벽하게 답을 못하고 있지만, 그들이 일부나마 내놓은 답변은 우릴 놀라게 한다.

최근까지 맛의 과학을 다룬 책은 범위가 매우 제한적이었고 지극히 단편적이었다. 그러나 지난 수년간 과학자들은 음식을 인지하고 반응하는 경로상의 모든 단계를 파악하는 데 상당한 진전을 이루었다. 요즘 들어 그 속도가 빨라지면서 맛의 과학이 아주 흥미진진한 학문이 되었다는 말은 결코 과장이 아니다. 이 책의 쓰려고 조사하는 과정 중 내가 읽은 수많은 과학 논문 대부분이 지금으로부터 1~2년 이내에 쓰였다. 향후 수년 내에 맛에 대한 거대한 발견이 있을 것이라는 예견도 나는 믿어 의심치 않는다. 누구든 와인이나 맥주, 커피 한 잔을 즐기면서 누릴 수 있는 그 기쁨을 이야기할 수 있다. 우리가 매일 접하는 음식 이야기니만큼 어렵지 않다. 또 매일 맞닥뜨리는 질문인 '오늘 저녁에는 뭘 먹지'도 누구나 이야기할 수 있다. 바로 그런 이야기가 맛의 과학이다.

1990년대 초 생물학자 린다 벅Linda Buck과 리차드 액셀Richard Axel은 냄새 분자 검출에 관여하는 수용체를 발견했고, 그 업적으로 2004년에 노벨상을 받았다. 그들이 발견한 수용체는 금세기 초에 완성된 인간 게놈 서열과 함께 많은 연구원으로 하여금 인간의 코에 관련한 암호를 해독하는 데 박차를 가하게 만들었다. 그 암호는 코가 만든 것으로서, 우리가 먹는 음식의 맛을 구성하는 여러 종류의 냄새에 관한 것이다. 또 다른 연구원은 칠리고추의 매운맛과 민트의 싸한 맛을 감지하는 화학적 수용체를 규명하는 중이다. 혀는 한 세기 동안 우리에게 잘 알려져 온 다섯 가지의 기본 맛을 느낄 때 그 맛만 느끼는 것이 아니라 최소한 한 가지 이상의 맛을 동시에 느낀다. 그 모든 건 차차 알게 될 것이다.

우리는 과학자의 도움을 통해 지구상의 모든 사람이 각자 저마다의 독특한 맛의 세계에 살고 있다는 것을 안다. 그 맛의 세계는 유전적 기질, 양육 방법, 겪어온 음식 경험 그리고 살고 있는 문화권에 따라 달라진다. 우리는 특정 음식에 호불호가 생기는 사실을 보며 이 독특한 맛의 세계가 어떤 영향을 끼치는지 배울 예정이다. 전 미국 대통령인 조지 부시George H. W. Bush가 브로콜리를 싫어한 유명한 일화를 예로 들어 보자("나는 브로콜리를 좋아하지 않습니다. 아주 어릴 때 어머니가 그것을 먹으라고 할 때부터 싫어졌습니다. 난 이제 대통령이고 더 이상 브로콜리를 먹지 않을 것입니다." 부시가 1990년 기자에게 한 말이다). 우리는 전 대통령의 유전자를 조사하지 않는 한 이유를 명확히 알 수는 없다. 그러나 그의 쓴맛 수용체에 유전자 변이가 일어났을 것이라는 예상은 충분히 가능하다. 아마도 그것이 브로콜리와 겨자류의 야채를 유독 더 쓰게 느끼게 했을 것이다. 당신의 유전자도 이와 유사한 방법으로 음식의 선호도를 형성한다는 사실은 의심의 여지가 없다. 그렇다 해도 유전자가 운명은 아니다. 쓴맛을 맛본 사람들 모두가 그것을 싫어하는 것은 아니다.

책은 어떻게 구성되어 있나?

이 책은 미각에 대한 사용자 가이드로 활용될 수 있다. 각 버튼의 용도와 시스템의 강, 약점을 잘 파악하면 아무리 복잡한 기계나 소프트웨어라도 쉽게 다룰 수 있는 법이다.

그래서 나는 장비를 분해하듯 이 책을 설명하려 한다. 책은 미각의 중요한 부분인 맛, 냄새, 특수 촉각 순으로 차례차례 전개된다. 여기서 특수 촉각이란 체감지각體感知覺이라는 전문용어를 사용하기도 하지만 식감 정도로 이해하면 된다. 그리고 각 부분에서는 맛을 구성하는 요소의 존재 목적과 각각이 음식에서 하는 역할을 다룬다. 감각이 어떻게 작동하며, 개개인의 지각 능력은 어떻게 다르고, 또 왜 다른지까지 설명한다. 나는 나의 맛 유전자가 어떤 변이 과정을 거쳤는지 게놈테스트를 실시한 적이 있다. 그 결과 내가 느끼는 맛과 냄새는 어떤 영향을 받았는지도 알 수 있었으며 그것도 보여 주겠다.

다음에는 장비를 조립하듯 설명하겠다. 소위 맛이라고 하는 하나로 통합된 지각을 만들어내려고 뇌가 어떻게 이 세 가지 맛 요소에 시각과 청각 정보를 추가하는지 서술할 것이다. 우리의 뇌는 빠르고 효율적으로 작동하려고 여러 가정을 단순화하는 경향이 있다. 그 탓에 아주 놀라운 오류가 더러 도출되기도 하며, 그 과정을 점검하려고 시간을 할애하기도 한다.

뇌는 주어진 음식이 먹기 알맞은 것인지 아니면 피해야 하는 것인지를 빠르게 판단하고자 먹는 즉시 맛을 감지한다. 먹을 것과 먹을 양을 결정하는 데 맛이 어떻게 활용되는지는 이 책의 다섯 번째 장에서 다룬다. 태어나기 전부터 선호하는 맛이 어떻게 형성되는지, 성장 과정 중의 경험을 통해 선호가 또 어떻게 변화하는지 자연스럽게 밝힐 것이다. 건강한 식단을 위해 맛을 지렛대로 활용할 수는 없을까 묻는 경우가 있다. 그 건강한 식단이라는 게 대부분 소식小食을 의미하겠지만 말이다.

책의 전반부에서 신체와 뇌, 맛을 감지하는 과정 등을 다룬다면, 후반부에서는 음식의 맛으로 초점을 옮긴다. 식품 회사에서 향미료를 추가해 만드는 의도적인 맛부터 설명을 시작한다. 세계 최고의 향미 회사香味會社를 방문하여 그들이 어떻게 맛을 만들어내고 테스트하는지도 살펴본다. 그 과정에서 딸기나 치킨처럼 익숙한 맛을 담당하는 분자를 이해할 수 있을 것이다. 미래에는 가정의 요리사조차도 순수 화학약품을 이용해 음식의 맛을 내게 될 것이라는 어느 화학자의 말 또한 접할 것이다.

현재도 청과물은 과거와 똑같은 방식으로 밭에서 재배된다. 그런데도 과거와 달리 맛이 덜하다. 다음 장에서는 그런 것을 배운다. 식료품점의 토마토는 현대적이고 산업화된 식품체계가 원래의 맛을 전해 주는 데 얼마나 실패했는지 보여 주는 좋은 예다. 핑크빛 스티로폼공이나 마찬가지인 그 맛없는 토마토를, 텃밭에서 직접 키운 것 같은 맛있는 토마토로 대체할 수 있다고 생각하는 식물 과학자를 거기서 만날 것이다. 그러면 그의 노력 이면에 자리하고 있는 분자의 비밀을 이해할 수 있다. 나는 토양과 재배 조건이 식물의 맛에 어떻게 영향을 미치고, 유기농 작물이 재래식 작물에 비해 더 맛이 있는지 아닌지도 설명하려 한다.

그다음, 이 모든 것을 부엌으로 가져와 요리한 음식의 맛을 어떻게 최대화할 것인가를 다룬다. 나는 과학 작가지 훌륭한 요리사가 아니며, 이 책은 과학 서적이지 요리책이 아니다. 특정 레시피가 아니라, 음식 맛을 변화시키는 요리의 원리나 서로 잘 어울리는 음식을 결정하는 방법 등에 초점을 맞췄다. 나는 이미 경험한 바 있기 때문에 확실하게 말할 수 있다. 부엌에서 맛이 만들어지는 원리를 잘 이해하는 사람일수록 다음에 요리책을 펼치면 훨씬 더 많은 생각을 할 것이라고.

이 책은 맛을 즐기는 그 모든 사람을 위한 책이다. 독자가 접시나 잔에 든 음식의 진정한 가치를 발견해 낼 정도로 맛에 대한 거장일 필요는 없다. 나 역시 평범한 코와, 평균을 약간 상회하는 열정과, 중간 수준을 갖춘 아마추어 요리사일 뿐이다. 만약 내가 고차원의 맛 세계로 가는 길을 발견한다면 그건 누구라도 할 수 있다는 의미다. 그럼 시작해 보자.

— 밥 홈즈

PART
01

Flavor

단순한 미각

저널리스트이자 예의 바른 캐나다인인 나는 인터뷰를 할 때 좀처럼 사람들을 향해 혀를 내미는 행동을 하지 않는다. 왠지 나쁜 행동 같아서다. 하지만 지금은 맛 연구의 1인자라 할 수 있는 린다 바르토슉Linda Bartosuk을 향해 그러고 있다. 다행히 그녀는 별로 신경 쓰지 않는 듯하다.

"당신 혀, 정말 멋진데요."라며 그녀는 몸을 숙인 채로 미뢰tastebuds(맛을 느끼는 혀의 끝부분)를 표시하려고 푸른색이 배인 면봉으로 내 혀끝을 칠한다(사실 그 부분은 현미경으로 보면 미뢰가 아니다. 통상 미뢰라고 부르는 그 혀 표면의 버섯형 돌기는 전문용어로 용상유두茸狀乳頭, fungiform papillae라고 말하며 '버섯 형태로 생긴 돌기'라는 뜻을 가진 라틴어 용어다).

나는 거울을 들고 바르토슉이 바라보는 혀의 그 부분을 살폈다. 푸른색 바다에 조그만 핑크색 섬이 뚜렷하게 떠 있는 것 같다. 그녀는 계속 말한다. "앞부분으로 붉은 점들이 보이죠? 그게 용상유두입니다. 당신은 많은 수를 줄곧 잘 보존해 왔군요. 절대 미각가supertaster에 가깝습니다."

보통 사람보다 훨씬 더 민감한 미각을 가진 이른바 절대 미각가라는 개념을 게이네스빌Gainesville에 있는 바르토슉의 연구실에서 이해했다. 1991년 바르토슉은 프로필티오우라실propylthiouracil(갑상선종 치료약으로 쓰이는 무취의 결정성 분말로 된 화학물질) 또는 PROP라고 알려진 쓴맛의 화합물을 감지하는 능력이 어느 정도냐에 따라 사람을 세 가지 유형으로 분류할 수 있다는 이론을 내놓았다.

아마 고등학교 생물 실험실이나 과학 박물관에서 PROP를 마주한 적이 있을 것이다. 적당한 양의 PROP가 스며든 여과지를 건네받고 그것을 혀에 대본 사람도 있을 것이다. 맛을 본 후 어떤 사람(무미각가)은 여과지에서 맛을 느끼기는커녕 어깨만 으쓱거렸을 수도 있다. 맛을 느낀 사람(평범한 미각가)에게는 불쾌한 쓴맛이었을 것이다. 맛을 느낀 사람 중 과도하게 쓴맛을 느끼는 그룹이 있다. 이 세 번째 그룹이 맛에 민감한 절대 미각가다. 그들은 얼굴을 찡그리며 입속의 끔찍한 쓴맛을 씻어 낼 무언가를 찾아 황급히 나선다. 바르토슉은 가끔 사람들에게 PROP의 쓴맛 정도를 0에서부터 100 사이의 숫자로 표현해 보라고 말한다. 태양을 직접 바라볼 때 눈의 느낌, 뼈가 부러졌을 때의 통증, 출산 때의 고통과 같이, 겪은 일 중 가장 강렬한 감각의 정도를 100으로 규정한다. 절대 미각가들은 PROP의 쓴맛을 뼈가 부러지는 고통의 영역에 가까운 60에서 80의 범위라고 답한다. 나는 끔찍하지만 심신이 쇠약해질 정도는 아닌 60으로 점수를 매겼다. 그걸 들은 바르토슉은 이렇게 말했다. "절대 미각가 수준입니다. 비명을 지를 정도라고 표현은 않았지만 당신은 분명 보통 이상의 미각을 가졌고, 혀가 그것을 대변하고 있습니다."

이는 쓴맛에만 한한 것이 아니다. 절대 미각가들은 단맛을 더 달게, 짠맛도 더 짜게 그리고 칠리고추는 더 맵게 평가하는 경향이 있다. 그들은 음식의 향조차 더 강하게 느끼곤 한다고 바르토슉은 말한다. 아마도 맛과 냄새가 뇌 속에서 서로 상승작용을 일으켜 그런 현상이 생기는 것으로 보이지만 그건 다음에 다시 다루기로 한다.

예리한 미각이 있다며 내가 우쭐해하기도 전에, 바르토슉은 절대 미각가가 꽤 따분한 식습관을 가진 자들이라 지적했다. 그들은 맛있는 요리에 수반되기 마련인 강한 맛을 회피하는 경향이 있어 대부분 식단이 단조롭고 폭이 좁다(내가 아는 사람 중에 강낭콩과 우유만으로 식단을 꾸려 사는 이가 있다. 그 사람이야말로 절대 미각가임이 틀림없다). 절대 미각가의 식탁에서 쓴맛이 나는 채소를 찾기란 쉽지 않다.

내가 혼란스러워진 건 거기서다. 나와는 달라 보였다. 나는 케일과 라피니rapini(쓴맛이 나는 채소) 그리고 다른 쓴맛 나는 채소도 좋아한다. 홉맛이 진한 맥주와 설탕이 들지 않은 블랙커피를 항상 마시며 청량음료는 토닉워터만을 고집한다. 반대로 무미각가인 바르토슉은 진한 맛의 음식에 혐오감을 갖고 있다. 비슷한 예로 토닉워터를 아주 싫어한다. "그것을 처음 먹었을 때 음료수라고 생각지도 못했죠. 나는 채소를 못 먹고, 더군다나 쓴맛이라면 감히 상상할 수도 없습니다."라고 그녀는 말한다.

무슨 일이 있는 것일까. 그럼 절대 미각가의 개념을 보다 면밀하게 들여다보기로 하자. 이는 드러난 것 이상으로 매우 복잡하다.

먼저 배경 설명을 좀 하려 한다. 와인이나 치즈 같은 복합 식품은 그 맛이 실제로는 후각에서 나온다는 것 정도는 깊이 따져 보지 않아도 안다. 1장에서 젤리빈 테스트를 한 것도 기억할 것이다. 냄새와 맛은 자주 동일한 것으로 취급받지만 알고 보면 각기 다른 역할을 한다. 냄새는 본질을 규명하는 요소로 그 물체가 무엇인가의 답을 제공한다. 로즈메리rosemary와 오레가노, 브리와 스틸톤Stilton(푸른색 줄이 있고 향이 강한 치즈), 까베르네쇼비뇽Cabernet Sauvignon(포도의 일종)과 피노누아Pinot Noir(포도의 일종)의 차이가 무엇인지 알려준다. 스토브 위에서 무언가가 탈 때와 개를 목욕시킬 때가 되었음도 알려준다. 심지어 우리 자신과 연인의 몸조차 냄새로 구별할 수 있다.

그에 비해 맛은 "이것을 먹고 싶니?"와 같은 좀 성질이 다른 질문에 대한 답을 준다. 수렵을 일삼던 우리 조상에게 선과 악, 긍정과 부정, 위험과 안전을 선택하는 일은 매우 중요했다. 이를 결정할 수 있도록 광범위하게 작용한 것이 맛이다. 식료품을 쉽게 구할 수 없던 잡식성의 그들로서는 매일 느낀 맛을 기억해야만 했다. 현재 우리가 간직하고 있는 맛 레퍼토리가 그 산물이다. 누구나 단맛, 짠맛, 신맛, 쓴맛의 네 가지 기본 맛은 안다. 과거 몇 년간에 좀 더 집중해 보면 다섯 번째 맛도 느낀 적이 있을 것이다. '감칠맛'을 뜻하는 일본어인 우마미가 그것이며 때로는 'savory', 'brothy', 'meaty'(우리나라 단어로 일대일 대응은 되지 않지만 '진한 맛' 정도로 생각하면 될 듯하다 - 옮긴이)라는 단어로 표현되기도 한다(몇 페이지 뒤에서 보겠지만 이보다 더 많은 기본적인 맛도 존재한다). 그 다섯 가지 기본 맛을 보다 면밀하게 관찰하면 우리 조상의 삶에 중요했던 많은 것이 밝혀진다.

단맛은 칼로리의 중요한 근원인 당분이 있음을 확인시켜준다. 감자나 곡물처럼 고탄수화물 식품은 씹으면 단맛이 난다. 침 속의 효소가 탄수화물을 당으로 분해하기 때문이다. 우마미는 글루탐산이라 일컫는 아미노산에서 나온다. 아미노산은 중요 영양소 중 하나인 단백질의 존재를 확인시켜 주는 물질이다. 우리 조상들은 짠맛을 이용해 전해질을 규명했다. 일상생활에 소금을 사용하는 것이 일반화되기 전에는 아주 희귀해 발견하기 힘든 것이 전해질이었다. 따라서 생존하려면 영양소를 섭취해야 하는 우리가 아기가 된 듯 단맛, 우마미, 짠맛에 저절로 이끌리는 것은 그리 놀랄 일이 아니다.

맛은 또한 유해한 음식을 섭취할 때면 경고하기도 한다. 독은 대체로 쓴맛인데, 인체는 그런 쓴 음식을 본능적으로 거부한다. 모르고 토닉워터를 홀짝거린 아이를 한 번 쳐다보라. 쓴맛이 나는 라즈베리raspberry(약간 시큼한 맛이 나고 아주 향긋하며 잼, 소스, 디저트에 자주 사용하는 산딸기의 일종)나 아쿠아빗aquavit(스칸디나비아의 술)의 첫 모금, 페르넷브랭커Fernet-Branca(이탈리아의 쓴맛 음료)를 맛보고 놀라는 어른들도 보라. 쓴맛은 독을 피하려는 반사신경을 촉발시킨다. 우리는 역겨운 표정을 지으며 혀로 입안의 위협적인 음식을 밀어낸다. 상했거나 덜 익었거나 소화가 잘 안 되는 과일은 대체로 신맛을 낸다. 쓴맛과 마찬가지로 인체는 그런 신맛도 거부하는 경향이 있다. 커피, 홉 맛이 진한 맥주, 브뤼셀스프라우트Brussels sprout(아주 작은 양배추 같이 생긴 채소), 신맛 사탕과 같은 음식 맛을 우리는 잘 알고 있지만, 가끔 경험과 실습을 반복하면서 의도적으로 그 맛을 정복해 보려 한다. 그러나 불가능하다고 할 수는 없어도, 노력 한다고 해서 그런 맛을 쉽게 좋아하게 되지는 않는다(커피의 첫 모금 맛을 기억해 보면 쉽게 알 수 있을 것이다).

보다 식단의 폭이 좁은 생물은 훨씬 적은 수의 맛으로 살아가기 때 문에 많은 결정을 할 필요가 없다. 사용하지 않으면 사라지는 진화의 세계에서 자신의 삶과 직접적으로 관련 없는 맛은 저절로 사라진다. 예 를 들면, 육식성인 고양이는 고당질 음식을 인식할 필요가 없기 때문 에 단맛에 무관심하다. 면밀히 조사한 결과 연구원들은 고양이가 단맛 을 감지하는 중요한 유전자를 상실했다는 사실을 발견했다. 바다사자 나 하이에나 같은 다른 육식성 동물도 마찬가지로 단맛에 대한 미각을 잃었다. 각 경우마다 다른 유전적 결함 때문에 진화 과정을 거치는 동 안 여러 차례에 걸쳐 단맛을 잃어버렸다고 한다. 짐작건대 잡식성의 조 상이 식단을 육식으로 바꿀 때마다 그런 현상이 일어난 것으로 보인다. 이와 반대로 대나무만을 섭취하는 판다는 식단에서 단백질을 감지할 필요가 없기 때문에 우마미의 미각을 잃었다. 최근 일부 과학자는 더욱 극단적인 미각 상실의 예를 발견했다. 피만 섭취하는 뱀파이어박쥐는 혈액의 염분만 감지하는 데 집중하느라 단맛, 우마미, 쓴맛에 대한 미 각이 모두 도태되었다.

맛을 이야기하는 동안 혀의 '맛 지도'를 의심 없이 받아들였을 것이 다. 혀끝에서는 단맛을, 가장자리에서는 짠맛과 신맛을, 뒷부분에서는 쓴맛을 느낀다고 '맛 지도'는 설명한다. 그것이 완전히 틀렸다는 최근

서적을 본 사람도 있을 것이다. 과장된 말인지는 몰라도 논쟁의 쌍방 모두에게 오류가 존재한다. 혀를 가로질러 다양한 맛을 느끼는 데는 민감도에 따라 미세한 차이가 있다. 어떤 부분은 단맛에, 또 어떤 부분은 쓴맛에 훨씬 민감하다. 그러나 그 차이는 문제 될 정도로 크지 않다. 간단히 혀 끝부분을 소금물에 적신 면봉으로 색칠해 봐도 혀가 명확하게 영역을 나누어 맛을 느끼지 않는다는 것을 쉽게 확인할 수 있다. 단맛을 느끼는 영역이라 알려진 부분에서 짠맛이 느껴질 수도 있다. 맛 지도의 전체적인 개념은 잊어버리는 것이 좋다.

다섯 가지 기본 맛은 음식에서 나오는 향에 비하면 별것 아니다. 그렇다면 맛은 정말 우리에게 중요한 것인가? 아니면 그저 경험하는 아주 작은 부분일 뿐인가? 이 질문의 답을 구하려고 나는 플로리다의 바르토슉 연구실에서 나와 필라델피아의 모넬화학감각센터Monell Chemical Senses Center로 향했다.

모넬을 맛 연구의 본산이라 생각할지 모르지만 건물 자체는 그리 훌륭하지 않다. 시내 서쪽에 있는 펜실베니아대학 의료 센터 주변의 그 벽돌 건물은 별 특징이 없어 의사 사무실이나 회계사, 엔지니어의 집으로 보이기도 한다. 정문 옆으로 콘크리트 받침대 위에 놓인 코와 입 모양의 거대한 청동 조각만이 평범하지 않은 무언가가 내부에 있음을 암시할 뿐이다. 이곳은 이 지구에서 미각생물학 연구원이 가장 많이 모여 있는 장소이기도 하다. 안의 회의실은 모넬이 상상 이상으로 위엄 있는 기관임을 보여 준다. 길고 어두운 빛깔의 테이블은 잘 닦여 윤이 나고 의자는 등이 높으며 황백색의 벽에는 적당히 흥미를 끄는 그림과 수집품이 걸려 있다. 심오한 토론을 거쳐 중요한 아이디어가 창출되는 곳이라는 명백한 메시지가 전해져 온다.

임원으로 오래 근무한 개리 보챔프Gary Beauchamp는 말 그대로 아이디어뱅크다(그는 2014년 사임했다). 보챔프는 은발과 잘 다듬어진 염소수염, 품위 있는 예절을 갖춘 작고 말쑥한 사람이다. 그의 모습은 상당한 금액의 수표를 척 내어놓는 재벌 기부가를 연상케 한다. 그는 지금 테이블 모퉁이의 의자에 등을 묻고 천장을 바라보며 깊은 생각에 잠겨 있다. 입에서는 "글라아르글글글글" 하며 부드럽게 중얼거리는 소리가 흘러나온다.

모두가 "글라아르글글글글" 하며 가글 소리로 응답한다. 그리고는 각자 몸을 숙여 플라스틱 컵에 침을 뱉고 입술과 얼굴에 번진 물방울을 닦아 낸다.

이 독특한 풍경은 처음으로 내가 보챔프를 만난 석 달 전 회의에서 벌어졌다. 그때 우리는 맛을 결정할 때 맛과 냄새의 상대적 중요성을 얘기하고 있었다. 사자는 맛을 느낄 때 냄새에 훨씬 많은 비중을 둔다고 많은 전문가가 말한다. 왜냐하면 단맛, 짠맛, 신맛, 쓴맛 그리고 우마미보다 훨씬 더 많은 정보를 냄새가 제공해 주기 때문이다. 일부는 냄새가 맛의 70퍼센트를 차지한다고 말하는가 하면, 다른 일부는 90퍼센트 이상을 차지한다고 주장한다.

그러나 보챔프는 그걸 믿지 않았다. 내가 회의 석상에서 이 얘기를 했을 때 그는 격렬하게 반대했다. "분명히 후각은 매우 중요합니다만,

그렇다고 맛의 70퍼센트라는 생각은 내 견해로는 완전히 거짓입니다." 그는 말했다. 후각을 상실하는 일이 어떤 것인지 잘 알기 때문에 후각이 우리 관심을 끄는 것은 사실이라면서 그가 말을 이었다. 코감기를 앓아 본 사람은 막힌 코 때문에 음식의 특징을 알아차리지 못하고 맛이 없다고 느낀다(사실 맛이 없다는 말은 정확히 말하면 진실이 아니다. 맛 그 자체는 냄새와는 독립적이기 때문이다). 젤리빈 테스트는 재빨리 확인할 수 있기 때문에 아주 드라마틱한 실험이라 할 수 있다.

일상생활 중에 냄새를 느낄 수 있으면서도 미각을 잃어버렸다는 사람은 거의 볼 수 없다. 반면 맛을 느낄 수 있는 혀를 가지고도 냄새를 못 맡는 사람은 있다. 의사들은 가끔 두부 외상이나 바이러스 감염, 노화 현상의 결과로 냄새를 맡지 못하는 환자를 만나곤 한다. 이는 보편화된 문제로 미국인의 5퍼센트 정도가 이런 환자다. 그에 비해 미각을 잃은 사람은 상대적으로 극소수다. 예외적으로 머리와 목에 방사선 치료를 받는 암 환자의 경우가 있는데, 그들이 냄새를 맡으면서도 맛을 느끼지 못하는 이유는 방사선이 맛 신경을 손상시키기 때문이다. 그 사람들이 경험한 끔찍한 이야기를 전하면서 보챔프는 자신의 처삼촌이 그런 사람 중 한 명이었다고 말했다. 냄새를 못 맡는 것도 불행하지만 맛을 못 느끼는 것이야말로 훨씬 더 불행한 모양이다. "사람이 혀로 맛을 느끼지 못하면 먹지 않게 됩니다. 그래서 스스로를 굶어 죽게 만듭니다. 내 견해로는 입으로 느끼는 맛이야말로 진정한 맛의 기반임이 틀림없습니다." 그의 말이다.

한 걸음 더 나아가 보챔프는 역逆 젤리빈 테스트에 가까운 실험을 할 수 있는 방법이 있다고 주장하였다. 음식에서 가장 중요한 맛으로 알려진 짠맛과 단맛을 못 느끼게 하는 특정 약물이 있다. "추측건대 그 맛이 사라지는 순간 저녁 식사는 끔찍해지겠지요." 보챔프는 말했다. 그는 이전에 호기심으로 짠맛을 차단하는 약물을 복용한 적이 있다. 하지만 동시에 두 가지 맛 모두를 차단하는 실험은 결코 시도하지 않았다. 언젠가 그것을 시도하면 매우 흥미로운 실험이 될 것이 틀림없다.

몇 달 후 우리는 다시 모넬 회의실로 돌아왔다. 보챔프와 그의 동료 둘 그리고 나는 잇몸병을 치료할 때 가끔 사용하는 구강청결제인 클로르헥시딘chlorhexidine(외과 기계의 살균이나 수술 전 피부 소독에 사용되는 소독제)으로 가글부터 했다. 그것은 짠맛을 차단하는 부작용이 있으며 처방전이 없어도 살 수 있다. 그 후 쓴맛이 나는 액체를 작은 기침약 컵으로 네 번 들이켰다. 그때마다 매번 액체가 목구멍 깊숙이까지 도달할 수 있도록 30초간 입안에 담은 채 가글을 한 후 뱉었다. 이어서 남미 지역의 식물이면서 단맛을 차단하는 효과가 있는 김네마Gymnema로 만든 차를 사용해 같은 방법으로 네 컵을 더 반복했다.

가글하고 헹구면서 두 가지 맛은 당연히 제거되었을 것이다. 펩시를 한 모금 마셨더니 탄산의 작용으로 혀와 입가가 톡 쏘는 느낌은 났지만 그 맛은 완전히 사라져 있었다. 손가락으로 소금을 찍어 핥아 보았다. 클로르헥시딘이 미처 닿지 못한 목구멍 깊은 곳에서 아주 미세한 소금 잔여물이 느껴질 뿐 아무런 맛이 없다. 그렇다고 내가 아주 능숙하게 가글을 한 것은 아니다. 이제 건물 앞에 있는 푸드트럭에서 햄버거와 감자튀김을 사서 그다지 내키지 않는 점심식사를 하며 실험을 해 보기로 한다. 단맛을 잃어버린 상태에서 우리는 식사를 할 수 있을까, 아니면 보챔프의 처삼촌처럼 식사를 포기하고 말까?

햄버거를 베어 먹는 순간 점토나 부드러운 플라스틱 알맹이가 입안에 가득한 느낌이 들었다. 혹시 집에서 빵을 만들 때 실수로 소금을 넣지 않아 난감해한 경험이 없는가? 다섯 가지 기본적인 맛 가운데 두 가지 맛을 상실한 우리가 먹은 햄버거의 맛이야말로 그보다 더했으면 더했지 덜하진 않았을 것이다. 손으로 코를 틀어쥐어 냄새를 차단하면 상태가 나빠지긴 하지만 별로 특별한 건 없었다. 맛을 잃으면 사실 불구에 가깝다. 감기 치료 중에 햄버거를 먹어 보면 금방 알겠지만, 냄새를 잃었을 때보다 훨씬 심각하다. 이것으로 맛이 냄새에 우선한다는 보챔프의 이론은 옳다는 것이 증명된 셈이다.

감자튀김은 장담할 수 없다. 혀 깊숙한 곳에서 가글로 씻어지지 않은 소금 잔여물을 느끼기도 했거니와, 입안에 넣었을 때 여전히 흥미를 끄는 무언가가 있었기 때문이다. 그런 현상은 많은 연구가가 생각하듯 감자를 튀길 때 사용한 기름 맛 때문에 생겨난 것일까, 아니면 그 기름이 입맛을 좋게 만든 것일까? 케첩의 영향도 있을 법하다. 단맛이 사라지면서 입맛이 변할 수도 있지만 케첩에서 나온 시큼한 맛이나 우마미를 무시할 수는 없다.

대체로 나는 보챔프가 옳다고 생각한다. 만약 향미 중 어떤 것을 버릴지 선택할 기회가 주어진다면, 나는 냄새를 포기하고 맛을 취할 것이다. 맛이 사라진 음식은 나쁘거나 불쾌한 것이 아니라 음식 같지 않다. 만약 매끼가 이렇다면 만족한 삶을 영위하기란 참으로 어려울 것이다.

상대적으로 단순한 기본적인 맛에 대한 지식을 조금 접했다고 생체 감각 시스템을 완전히 이해했다고 생각한다면 큰 오산이다. 맛이 작용하는 체계와 우리의 지식 사이에는 여전히 큰 괴리가 있다. 과학자들은 기본적인 맛의 종류가 몇 가지인지조차 의견 일치를 보지 못했다(다음 몇 페이지에서 살펴보기로 한다).

우리가 알고 있는 것은 전체 과정 중에서 가장 간단한 단계의 일부분일 뿐이다. 혀나 입천장의 맛 세포에 분포된 수용체에 맛 자극 물질이 달라붙을 때 비로소 맛이라는 게 생성된다. 나트륨이나 수소이온 같은 짠맛과 신맛에 관련하는 맛 자극 물질은 즉시 세포 속으로 퍼져 그곳의 수용체를 활성화한다. 그 과정은 아직 제대로 알려진 바 없다. 다만 단맛, 우마미, 쓴맛에 대한 과정은 비교적 잘 알려져 있으니 그쪽을 자세히 살펴보자.

행복한 가정은 모두가 비슷하지만 불행한 가정은 제각기 다른 방식으로 불행하다는 레오 톨스토이Leo Tolstoy의 문장이 있다. 맛도 비슷하다. 우마미나 단맛 같은 좋은 맛은 단일수용체가 감지한다. 수용체는 맛 세포의 바깥 막 안에서 만들어진 두 부분의 단백질로 구성되어 있다(단맛이나 우마미에 민감한 다른 수용체 분자가 있을 수 있겠지만 그것에 대한 결정적인 증거는 아직 없는 상태다). 우마미의 그 두 단백질 부분은 T1R1과 T1R3라고 하며, 단맛의 두 부분은 T1R2, T1R3라고 한다. 아미노산, 글루탐산이나 여러 당분 중 하나가 개별적으로 이 복합 수용체에 마련된 주머니 속으로 들어간다. 그 모습은 예스러운 표현을 빌려 자물쇠에 꼭 맞는 열쇠의 모습이라 묘사할 수 있겠지만, 값비싼 카메라를 장착할 수 있도록 휴대용 케이스에 정밀하게 패인 홈으로 표현할 수도 있다. 카메라 케이스가 잘못되었다면 카메라에 맞지 않겠지만, 둘이 잘 어우러진다면 카메라는 완벽하게 들어맞을 것이다.

반면 나쁜 맛인 쓴맛은 T2R 수용체라는 거대한 수용체 군群을 이용한다. 인간의 경우 최소 25개 이상으로 구성된 이 수용체군의 각 구성원은 쓴맛 화합물bitter compound 안에서 서로 다른 영역을 담당한다. T2R10, T2R14, T2R46 등은 과학자들이 "난잡하다."고 표현할 정도로 다양한 범위의 쓴맛 화합물과 짝짓기를 한다. 다른 것 없이 달랑 그 세 가지만 가진 사람이라도 104가지의 쓴맛 샘플 가운데서 반 이상을 구별해 낼 수 있다. T2R3처럼 약간 다른 쓴맛 수용체는 한 상대와만 짝짓기를 하며, 단일 화학물질에 의해 활성화된다. 다른 방식으로 활성화되는 경우도 있다. 어떤 화학물질은 많은 종류의 T2R종을 활성화시키는가 하면, 다른 화학물질은 오직 한 가지의 쓴맛 수용체만을 활성화시키기도 한다. 쓴맛 수용체는 진화의 과정까지 거치는 것 같다. 그러다 보니 인간 게놈은 더 이상 아무 기능이 없는 쓴맛 수용체의 폐기물로 어질러져 있다. 이런 사실들은 진화의 흔적 측면에서는 굉장히 중요하지만 점점 별로 중요치 않게 되었다. 고양이의 단맛 수용체가 그 기능을 잃은 것처럼 우리에게는 이미 그 기능이 필요 없으며, 잃어버렸다는 사실조차 느끼지 못하기 때문이다.

쓴맛 수용체가 언제나 동일한 신호를 뇌로 보내는지 어떤지를 과학자들은 여전히 모른다. 그저 '쓴맛' 한 가지만 느낄 경우도 있고, 쓴맛의 정도에 따라 조금씩 차이를 느낄 경우도 있지 않겠는가. 홉 맛이 진한 맥주와 커피의 쓴맛을 비교하면 분명 차이가 난다. 하지만 홉에는 T2R1, 카페인에는 T2R7이라는 특정한 쓴맛 수용체가 활성화되었다는 결과만으로 맛을 비교하지 않을 것이다. 전반적인 맛의 윤곽으로 두 음료를 비교한다. 심지어 그걸 마실 때 코를 잡아 냄새를 맡지 못했다 해도, 단맛이나 신맛과 같은 다른 맛들이 영향을 끼쳐 두 음료의 결과는 달라진다. 일상생활에서 순수한 쓴맛 그 하나만을 대상으로 비교할 수 있는 기회는 일반적으로 없으며, 단 하나의 쓴맛만 존재하는 것이 아니라고 확신하는 전문가가 많다. "쓴맛 연구를 할 때 많은 맛을 차례대로 맛보십시오. 그러면 다 다른 맛이 느껴질 것입니다." 펜실베니아주립대학의 존 헤이예스John Hayes가 말했다. 그것이 음식 선호도로 연결된다고 그는 생각한다. 그가 계속 말을 이었다. "나는 홉 맛이 강한 맥주를 좋아합니다. IPA(영국에서 생산되는 독하고 강한 홉 맛의 맥주)를 좋아하죠. 그러나 그레이프프루트grapefruit(약간 신맛이 나고 큰 오렌지같이 생긴 노란 과일)는 쓴맛 때문에 먹질 못합니다. 만약 오직 한 가지 종류의 쓴맛만 있다면, 짐작건대 IPA를 좋아하게 된 그 학습 과정을 똑같이 그레이프프루트에도 적용할 수 있지 않겠습니까? 쓴맛을 그렇게 일반화시키지 못했다는 사실이 나로 하여금 한 가지 이상의 쓴맛이 존재한다는 주장을 내놓게 만든 계기가 되었지요." 그는 지금 이 주장을 증명하려고 연구실에서 열심히 일하고 있다.

우마미에 대해 배울 점도 많다. 우마미에 관여하는 수용체를 과학자들이 발견한 이상, 그것을 다섯 번째 기본 맛으로 간주하는 데는 전혀 반론의 여지가 없다. 그러나 많은 사람들이 아직 그것을 받아들이지 못한다. 단맛, 짠맛, 신맛, 쓴맛을 언급하면 누구나 그 의미를 정확히 안다. 우마미가 맛의 본질이 맞다면 그것을 이야기할 때 왜 부가적인 설명이 필요할까? 대체 무엇이 우마미를 모호하게 만들까?

맛 연구원인 폴 브레슬린Paul Breslin은 두 가지 이유가 있다고 말한다. 첫 번째 이유는 꿀의 단맛, 레몬주스의 신맛, 치커리의 쓴맛, 소금의 짠맛 등은 거의 순수한 형태로 우리가 맛볼 수 있는데 비해 우마미는 그렇지 못하다는 것이다. "글루탐산 역시 순수한 덩어리 형태로 얻고 싶겠지만 결코 그러지는 못할 겁니다. 핥을 수 있을 정도의 양도 얻지 못할걸요. 실제 우리가 경험할 수 있는 건 다른 요소가 많이 섞인 혼합물일 뿐입니다." 그는 말한다.

두 번째 이유는 우마미의 맛을 분리해 낼 수 없다는 점이다. 우마미 수용체는 맛의 강도가 낮을 때 최고조에 이른다. 따라서 극도로 진한 에스프레소를 마시고 매우 쓰다고 느끼거나, 소금 더미는 매우 짜다고 느끼는 것처럼 우리 신체가 '매우' 우마미하다고 느끼는 것은 불가능하다. 지각기관의 구조상 우마미는 민감한 감각, 그 이상 아무것도 아니다. 진홍색 장미에서 빨간색을 찾거나 레몬에서 노란색을 찾는 일, 한여름의 숲에서 초록색을 발견하는 일은 어렵지 않지만, 탈지우유에서 파란색을 찾으려면 엄청난 노력을 기울여야 하는 것과 같은 이치다.

우리가 우마미에 몽매한 것은 문화적 요인도 있다. 서구국가 출신의 사람들에게 우마미라 이름 지어진 미각은 많은 논란을 야기했지만, 아시아 국가 출신의 사람들에게는 그렇지 않았다. "일본 아이의 입속에 MSG_{Monosodium Glutamate}(글루탐산소다로 인공 조미료 원료로 쓰이는 화학물질)를 넣어 주면 그들은 '우마미'라고 말합니다. 마치 미국 아이의 입에 설탕을 넣었을 때 '달다'라고 하는 것처럼 말입니다."라고 모넬에서 브레슬린의 동료인 다니엘 리드_{Danielle Reed}가 손가락 관절을 꺾으며 말한다. 음식 작가가 자유롭게 우마미란 단어를 사용하고, 우마미버거_{Umami Burger}(프랜차이즈 패스트푸드 식당 이름)와 같은 식당이 일반 대화에 등장하면서, 우마미는 이제 우리 음식 문화의 중요한 부분이 되었다. 우마미에 대한 무지도 점점 과거의 일이 되지 않을까?

그런 일이 현실화되면, 우마미에 대한 평가가 MSG의 평판을 구해 줄 것인지 지켜보는 것도 흥미롭다. 글루탐산소다인 MSG는 결국 순수하게 짠맛을 내는 나트륨이자 우마미 맛을 내는 글루탐산일 뿐이다. 요리사들은 육수에 간장이나 다시_{dashi}(다랑어포, 다시마, 멸치 등을 삶아 우려 낸 국물)를 추가하고, 스튜에 버섯을 넣고, 고기를 숙성시키고, 발효된 재료를 가미해 우마미를 증진시키려 애를 쓴다. 그건 단순히 완성된 요리에 글루탐산의 총량을 늘인 것에 불과하지만 우리는 그런 요리를 좋아한다. 그러면 왜 우리들은 글루탐산을 순수한 형태로 직접 추가하는 일에는 전율하는 것일까? 식당의 창문이나 식품 포장지에서 "MSG 첨가하지 않음."이라고 적힌 문구를 자주 발견할 수 있다. 소금이나 설탕, 레몬즙이 없다면 과연 자존심 강한 요리사들이 솜씨를 뽐낼 수 있는 수단이 있을까?

MSG가 나쁜 평판을 얻게 된 것은 그것이 포함된 음식을 먹을 때 일어나는 거북한 반응 때문이다. 지금은 진부한 말이 되어 버린 이런 생각은 실제로는 비교적 새로운 사상이다. 1968년 중국계 미국인 의사인 로버트 호 만 콕Robert Ho Man Kwok이 인기 있는 의학 잡지에 글을 기고하면서 MSG의 영향이 처음으로 알려졌다. 중국 식당에서 식사를 시작한 지 몇 분 지나지 않아 그에게 "목의 뒷부분에서 마비가, 팔과 등에서는 발열이 일어났으며 무기력함과 심장의 두근거림이 일어났다."고 한다. 콕은 '중국 식당 증후군'이라고 단언하지는 않았지만 MSG를 그 원인으로 제시했다.

뉴스 매체는 그 이야기를 재빨리 취급했으며 유사한 진술이 떠돌기 시작했다. 곧 연구원이 실험 참가자들에게 MSG를 주며 연구를 시작했는데, 그들은 콕과 유사한 증상을 호소했다. 그러면서 두통과 같은 다른 증상도 목록에 추가됐다. MSG가 나쁠지 모른다는 생각이 퍼져나갔다. 랄프 네이더Ralph Nader를 비롯한 일부 사람들이 미국 정부에 MSG 사용을 규제하라고 촉구했다.

하지만 일각에서는 이를 의심하는 사람들도 있다. MSG가 그런 불쾌한 증상의 원인이라면 사람들이 보다 빨리 그것을 알아차리지 못한 이유는 무엇이냐고 그들은 반문한다. 값싼 중국 음식에서만이 아니라 우리는 수십 년간 음식 산업에서 MSG를 사용해 왔다. 콕이 글을 기고할 당시 미국에서만 한 해에 5,800만 파운드(약 2만630톤)의 MSG가 생산되었으며 이유식부터 통조림 수프, TV 디너TV dinner (데우기만 하면 먹을 수 있도록 조리한 후 포장해서 파는 식품)에 이르는 모든 식품에서 MSG가 발견됐다. 그럼에도 불구하고 어느 누구도 'TV 디너 증후군'이라든가 '통조림 수프 증후군'은 언급하지 않았다.

이 모든 것이 MSG 연구를 1970년대의 화젯거리로 만들었다. 과학자가 화합물의 영향을 더 깊이 파고들수록 중국 식당 증후군은 점점 더 불확실해졌다. 가장 비판적인 증거는 MSG에 민감하다고 주장하는 사람들을 대상으로 한 몇 가지 연구에서 드러났다. 연구원들은 삼키는 캡슐을 제공하면서 그것이 MSG인지 불활성성분inert ingredients(다른 물질과 전혀 화합하지 못하는 성분)이 든 가짜 캡슐인지 알려주지 않고 연구를 진행했다(두 가지 캡슐은 맛의 차이를 느끼지 못하도록 만들어졌다). 자칭 민감자라고 말한 사람의 말에 신뢰성이 있으려면 MSG가 든 캡슐을 섭취한 참가자는 당연히 중국 식당 증후군을 호소해야 하고, 가짜 캡슐을 먹은 참가자는 그렇지 않아야 한다. 그러나 많은 실험 참가자가 MSG와 마찬가지로 가짜 캡슐을 섭취하고도 증상을 보였다. 이는 증상이라는 것이 실제 먹은 것 때문이라기보다 증상이 일어날 거라는 예측에 훨씬 더 좌우됨을 보여 주는 강력한 증거다.

충분히 그럴 수 있는 일이었다. 우리는 때때로 먹은 후에 이상한 느낌이 들 때가 있다. 많이 먹거나 빨리 먹었을 때는 그런 이유만으로 약간 긴장하기도 한다. 또 1960년대에 중국 음식이 사람들에게 그랬듯, 새로운 무언가를 먹으면 조심스러워진다. 한 가지 불안한 경험이 의심의 씨앗을 뿌리면 기대 심리가 작용해 이후에 일어나는 모든 일이 우리가 예측한 대로 이루어지는 듯이 느껴진다.

MSG와 중국 식당 증후군의 관계를 처음으로 다룬 초기 연구를 되돌아보면, 사실 많은 사람들이 이 기대 심리 때문에 고통을 받은 것이다. 연구원들은 대체로 MSG의 맛을 숨기려 애쓰지 않았기에 연구에 참가한 사람들은 그들이 먹은 것이 MSG인지 가짜 캡슐인지 금방 알 수 있었다. 어떤 연구에서는 가짜 캡슐을 제공하려는 시도조차 않은 상태에서 간단히 MSG만을 주고는 증상을 느끼는지 물어보았다. 기대 심리가 발생할 수밖에 없는 완벽한 상황이 만들어진 것이다.

MSG에 정말로 민감한 사람이 있는 건 분명하다. 만약 순수한 MSG 그 자체가 문제를 일으킨다면, 그런 사람은 버섯이나 간장, 파르메산치즈Parmesan Cheese(우유를 써서 가열 압착해 장기 숙성시킨 이탈리아의 하드 치즈)가 포함된 요리와 자연 상태에서 우마미 맛(이것 역시 글루탐산일 뿐이지만)이 풍부한 타 음식에도 반응을 보여야만 한다. 물론 소금이나 레몬 주스 그리고 다른 조미료의 남용처럼 MSG의 남용은 문제다. 그러나 그런 염려 때문에 요리사가 자신들의 조미료 목록에 MSG를 포함시키지 말아야 할 이유는 없다. 결국 주방에서 짠맛(소금), 단맛(설탕), 신맛(식초)을 더하려면 순수한 화학조미료에 기댈 수밖에 없는 현실이다. 순수한 우마미 맛을 내야 하는 요리도 있을 것이니, 그때를 위해 아주 소량의 MSG를 보관하면 되지 않겠는가.

산업적인 면에서 맛 연구를 하다 보면 우마미는 큰 비중을 차지하지 않는다. 중요한 것은 단맛이다. 우리가 아는 범주 내에서는 단맛도 우마미처럼 하나의 맛 수용체가 감지한다(곧 알게 되겠지만 그럼에도 다른 수용체를 의심할 만한 이유는 충분하다). 수용체가 단순한 덕분에 대형 식품 회사에서 일하는 많은 과학자들이 설탕이 갖고 있는 칼로리의 양을 상당 부분 줄인 상태에서도 비슷한 맛을 낼 수 있는 대안을 찾는 데 각별한 노력을 기울이고 있다.

이미 시중에 나와 있는 인공감미료의 대부분은 순전히 행운의 결과물이다. 가장 오래된 것은 1878년 볼티모어에서 콜타르 제품 생산에 종사하던 콘스탄틴 팔버그Constantine Fahlberg가 발견했다. 그는 저녁 식사 전 손 씻는 것을 잊었는데 그때 빵에서 '말로 표현할 수 없을 정도의 단맛'을 느꼈다. 별 대수롭지 않게 여겼지만, 냅킨과 물잔뿐 아니라 엄지손가락에서까지 똑같은 단맛이 나자 생각이 달라졌다. 팔버그는 사무실로 달려가 눈에 보이는 모든 것을 맛보기 시작했다. 그렇게 발견한 것이 요즘 우리가 사카린이라고 알고 있는 달콤한 화합물이다. 그 과정에서 독성이 강한 물질을 먹지 않은 것이 참으로 다행이었다.

시클라메이트Cyclamate(무영양의 인공 감미료)의 발견도 비슷한 일화를 갖고 있다. 일리노이대학의 한 화학자가 1937년 연구실 벤치 구석에 담배를 놔두었다 잠시 후 다시 집었는데 거기서 단맛이 난다는 걸 발견한 것이다. 아스파탐은 종이를 집던 손을 핥는 순간 단맛을 느낀 어떤 항궤양 약품을 연구하던 화학자가 1965년에 발견했다. 수크랄로스Sucralose(단맛을 내는 무열량 감미료)는 상사로부터 새로운 화학물질을 '시험하라test'는 지시를 받은 영국의 한 화학자가 '맛을 보라taste'는 말로 잘못 알아들은 덕분에 1976년에 발견되었다. 화학자에게는 치명적인 실수가 될 뻔했지만, 회사 입장에서는 일이 아주 잘 풀린 경우다.

인공감미료는 두 가지 방식으로 칼로리를 줄인다. 사카린이나 수크랄로스 같은 것은 몸속에서 분해되지 않으므로 칼로리가 없다. 이와 달리 아스파탐 같은 것은 소화는 가능하지만 일반 설탕에 비해 저농도 형태로 단맛을 내기 때문에 칼로리가 있어도 매우 적다. 이런 화합물 중 일부는 저농도 형태로 단맛을 내기 시작하지만, 빠른 시간 안에 단맛이 최고조에 도달해 그 이상의 단맛을 느끼기 어렵게 만들기도 한다. 예를 들어 커피에 아무리 많은 사카린을 넣어도 10.1퍼센트의 설탕 용액보다 더 단맛이 나지 않는다. 일반 코크의 설탕 농도가 10.4퍼센트이며 펩시는 약 11퍼센트라는 것을 감안한다면 청량음료 제조업자의 고민이 깊어질 수밖에 없다.

인위적으로 달게 만든 음료가 사람들에게 다소 이상하게 느껴지는 이유가 그 때문만은 아니다. 대부분의 인공감미료는 단맛 수용체뿐 아니라 쓴맛 수용체까지 자극해 쓴 뒷맛을 남김으로써 사람들을 불쾌하게 만든다. 사람들은 각기 다른 일련의 수용체를 가지고 있기 때문에, 그들 중 일부는 특정한 감미료만 선택적으로 느끼고 괴로워한다. 비근한 예로 나는 사카린에서 쓴맛을 느끼는데, 이것은 나의 T2R31 쓴맛 수용체가 잘 작동함을 의미한다. 반면 스테비아stevia(남미에서 자라는 국화과의 다년생 식물 잎을 갈아서 만든 감미료)에서는 전혀 쓴맛을 느끼지 못한다. 그 감미료에 반응하는 내 쓴맛 수용체(이것은 아직 잘 알려지지 않았다)는 아마도 손상된 것 같다.

쓴맛이 인공감미료의 유일한 문제는 아니다. 린다 바르토슉은 사카린이나 아스파탐의 쓴맛을 감지할 수는 없지만 그렇다고 그것의 맛까지 모르는 것은 아니라고 한다. "사카린의 단맛은 수크로스sucrose(단맛이 나는 비환원성 이당류)의 단맛과 다릅니다. 나는 그 두 가지를 혼동하는 사람들을 이해할 수 없어요. 만약 우연히 아스파탐이 든 음료수를 마신다면 나는 금방 알아차릴 겁니다. 나는 그것을 싫어해요. 달다고 해서 똑같은 맛이 아니라는 건 꽤 분명한 사실이죠." 그녀의 말이다.

각 감미료는 단맛 수용체를 자극하는 자기만의 독특한 타이밍을 가지고 있다. 진짜 설탕의 단맛은 4초 만에 최고조에 달하고 10초가 지나면서 사라진다. 대부분의 인공감미료는 너무 오래 단맛이 유지되어 질릴 정도의 뒷맛을 낸다. 아스파탐의 단맛은 1초 후에 시작해 4초 더 오래 유지된다. 이런 맛의 차이는 아직 알려지지 않은 두 번째 단맛 수용체의 존재를 암시하는 것이라고 바르토슉은 생각한다. 거대한 식품 회사에 많은 수익을 안겨주는 수단으로 단맛만큼 확실한 것이 없다는 게 바로 우리가 당면한 현실이다.

돈벌이 측면에서 볼 때, 인공감미료가 맛 연구의 왕이라면 소금 대체물은 여왕이라고 할 수 있다. 평균적인 미국인은 매일 약 9그램의 소금을 섭취한다. 그 양은 하루 권장 최대 섭취량인 5.8그램 대비 50퍼센트 이상 높은 수치이며, 대부분 가공식품에서 얻는다. 6500만 미국 성인이 고혈압을 앓는 가장 큰 원인이 바로 이 높은 염분 섭취 때문이다. 그 결과 가공식품 회사는 염분을 줄인 제품을 생산하도록 압력을 받고 있다.

문제는 그것이 쉽지 않다는 것이다. 주방에서 시간을 보내본 사람이라면 누구나 알겠지만, 음식에서 소금이 차지하는 역할은 단순히 짠맛에만 있는 것이 아니라 그 이상이다. 현명하게 사용한다면 소금으로 다른 모든 맛을 풍부하게 할 수 있다. 고기다운 고기, 콩다운 콩, 감자다운 감자로 만들 수 있는 것이다. 나트륨이온이 냄새를 풍부하게 하는 성분을 재료에서 추출한 후 음식에 용해시키고, 우리는 그 음식을 맛보기 때문이다. 소금을 빠뜨리면 말 그대로 음식 맛이 떨어질 수밖에 없다.

식품과학자들이 그 문제를 어떻게 해결하려는지 알아보고자, 나는 네덜란드의 식품과학회사 니조NIZO에서 일하는 피터 드 콕Peter de Kok에게 전화를 걸었다. 대부분의 네덜란드 과학자가 그렇듯 드 콕은 흠잡을 데 하나 없는 영어를 통화 내내 구사했다. 나는 염분을 줄이는 일에 무한한 열정을 지닌 유쾌한 동료를 만난 듯했다. 보다 적은 나트륨으로 일반 소금의 맛을 그대로 낼 수 있는 세 가지 방법이 있다고 그는 말한다. 식료품점에서 '저염 소금'을 사본 적이 있는 사람이라면 이미 첫 번째 방법을 아는 것이나 마찬가지다. 그저 나트륨의 일부 또는 전부를 다른 염이온으로 바꾸는 것이 바로 그 첫 번째 방법이다. 대체물이 화학적으로 나트륨과 유사할수록 효과는 뛰어나다. 이렇게 말하면 나트륨을 대체할 만한 선택의 폭이 굉장히 넓을 거라 생각할지 모르지만, 실제로는 나트륨의 짠맛에 비해 60퍼센트 수준이라고 할 수 있는 칼륨을 선택할 수밖에 없을 것이다(맛의 차원에서 생각하면 리튬이 더 나은 대체물이겠지만 그건 큰 심리적인 문제를 일으킬 수 있다. 조울증 환자에게 물어보라). 나는 거기 속하지 않지만 불행하게도 많은 사람들이 칼륨에서 쓴맛을 느낀다. 그런 까닭에 소금 회사는 저염 소금에서 나트륨 중 일부만 교체하는 방법을 사용한다.

　나트륨을 다른 이온으로 대체하고 싶지 않다면 두 번째 방법이 있다. 그것은 같은 양의 소금으로 보다 풍부한 맛을 내는 방법을 찾아내는 것이다. 소금 결정은 크기가 작을수록 빨리 용해된다. 그래서 음식 위에 흩뿌리면 더 짠맛이 난다(물론 그 반대도 옳다. 굵은 소금 알갱이를 얹은 프레첼pretzel〔매듭이나 막대 모양의 짭짤한 비스킷〕을 먹다 보면 실제 느끼는 짠맛에 비해 필요 이상으로 나트륨을 많이 섭취하게 된다) 음식을 먹을 때 그 음식에 함유된 나트륨의 양보다 더 많은 맛으로 느낄 수는 없는지, 드 콕과 그의 동료들은 방법을 찾으려 애쓴다. 일례로 그들은 소시지의 질감을 변화시켜 수분 양을 늘리려는 시도를 한다. 이렇게 수분이 많은 소시지를 씹으면 짭짤한 맛의 수분이 입안에 들어차 소금양을 15퍼센트나 줄이고도 같은 짠맛을 낼 수 있다는 것이 그의 말이다. 또 다른 전략은 대비를 활용하는 방법이다. 그들은 소금이 든 도우dough(밀가루 반죽)와 소금이 들어 있지 않은 도우를 번갈아 가며 층층이 쌓아 빵을 만드는 방법으로 특허를 얻었다. 그렇게 만들어진 빵을 한입 베어 물면 층 사이의 대비현상으로 소금이 든 부분은 더욱 짜게 느껴진다. 전체적으로 보았을 때 그렇지 않은 빵에 비해 30퍼센트나 더 짠맛이 난다.

　맛을 줄이지 않는 상태로 소금을 줄이는 세 번째 방법은 속임수에 가깝다. 음식을 실제보다 좀 더 짜다고 느끼도록 뇌를 속이는 것이다. 다음에 보겠지만 뇌는 향과 맛을 함께 섞어 통합된 하나의 맛으로 인지한다. 이를 알아보려고 드 콕과 그의 팀은 고염도 상태에서 흔히 맡을 수 있는 냄새를 가지고 실험을 해 왔다. 예를 들어 안초비anchovie(멸치

과의 바닷물고기)는 통상 짜기 때문에 그 냄새만 잠시 맡아도 소금의 여부와 관계없이 '소금이 첨가되었다.'라고 앞질러 생각해 버리기 쉽다. 안초비로 대표성을 확보하기 어려웠던 드 콕은 짠맛이 있으면서도 누구나 좋아하는 베이컨을 대안으로 찾아냈다. 연구원들은 베이컨에서 약 스무 가지의 다양한 냄새 혼합물을 분리한 다음, 각각을 시험해 어떤 것에 사람의 짠맛 인지능력이 크게 반응하는가를 살폈다. 그들은 시험에 부합하는 세 가지 혼합물을 찾아냈다. 드 콕 팀은 그 세 가지 혼합물의 비율이 높은 고기를 선택함으로써 맛있지만 소금은 25퍼센트나 덜 들어간 소시지를 만들 수 있었다.

맛이 입과 가장 밀접한 관계를 맺고 있다고 하지만 최근에는 그조차 확실하지 않다. 워낙에 많은 맛 수용체가 존재하기 때문이다. 과학자들은 이런 맛 수용체를 내장이며 뇌, 허파에 이르기까지 신체의 모든 곳에서 지금도 찾고 있는 중이다. 자세한 사항은 여전히 불확실하지만, 맛은 생각보다 훨씬 광범위하게 그 역할을 다하고 있는 듯하다.

소위 이런 '다른' 맛 수용체 중 가장 잘 알려진 것이 내장에 있는 맛 수용체다. 내장에 있는 단맛과 우마미(지방산도 그렇겠지만) 수용체는 영양분이 있는 식사가 도착했다는 신호를 뇌로 보내 다음 식사 때 우리가 어떤 맛을 찾아내야 하는지를 알게 해 준다. 그건 5장에서 다시 설명하겠다. 우리 내장은 쓴맛 수용체 또한 갖고 있어 독에 대한 방어 능력을 활성화한다. 이러한 점 때문에 쓴맛이 나는 일부 약이 부작용을 일으킬 수 있다는 주장을 몇몇 연구원이 심심찮게 제기한다.

쓴맛 수용체는 심지어 기도氣道에도 있다. 숨을 쉬는 데 필요한 공기까지 왜 맛을 봐야 하는 것일까? 박테리아 때문이다. 박테리아가 서로 교신할 때 사용하는 화학물질이 쓴맛이라는 것이 확인되었다. 부비강 sinuses(두개골 속의 코 안쪽으로 이어지는 구멍)과 기관지 내벽에 있는 쓴맛 수용체는 침입자를 찾아내고 그들에 대항해 싸울 수 있도록 면역체계에 경보를 울린다. 흥미롭게도 이 T2R38라는 쓴맛 수용체는 PROP와 PTC Plassma Thramboplastin Component(몹시 쓴맛이 나는 물질)에 대한 민감도도 결정한다. PROP를 맛볼 수 없는 사람들, 즉 T2R38 수용체가 손상된 사람은 부비강이 감염되어 있음이 밝혀졌다. 우리 고대 조상의 면역 방어 체계 중 한 부분으로서 쓴맛 수용체는 고유하게 진화되어 왔을 것이며, 최근에서야 그 유용성을 깨달았다고 일부 과학자는 생각한다. 그렇다면 커피나 맥주, 브로콜리의 맛을 통해 몸의 발병 상태를 알 수 있는 셈이다.

지금까지 살펴보면서 우리의 맛 목록에는 두드러진 문제가 있음을 눈치챘을 것이다. 미각은 단맛의 탄수화물, 짠맛의 나트륨, 단백질이 풍부한 우마미 등과 같이 입안에 들어온 좋은 물질을 확인하는 것이다. 이는 시고 덜 익은 과일이나 쓰고 독이 있는 식물같이 피해야 할 나쁜 물질 또한 알 수 있게 해 준다. 그러나 아직 이야기하지 않은, 다른 범주의 좋은 물질이 있다. 가장 소중한 것이 될지도 모를 지방이다. 우리가 간직한 맛 인식 체계는 많은 에너지를 내지만 선사시대 우리 조상에게는 부족하던 자원을 알아낼 수 있도록 진화되어 왔음에 틀림없다. 그래서 지방을 찾을 수 있었을 것이다. 이미 잘 알려진 다섯 가지에 추가해서 여섯 번째 맛으로 지방을 포함해야 한다는 주장이 설득력을 얻고 있다. 연구원들은 지난 수년에 걸쳐 그 증거를 축적해 왔다. 이 이야기에는 놀라운 반전도 뒤따른다. 공교롭게도 그 맛을 우리가 싫어한다는 것이다.

인디애나주에 있는 퍼듀대학Purdue University의 영양과학자인 릭 매츠Rick Mattes는 이 세상 누구보다 지방의 맛을 잘 안다. 빵에 바른 버터, 샐러드 속의 올리브오일, 딸기 쇼트케이크 위의 크림 등과 같은 지방은 음식에서 우리의 구미를 당기는 물질로 화학자들은 그것을 트리글리세라이드triglycerides(단순 지방질의 하나)라고 부른다. 이것은 큰 분자 구조물로 세 개의 '지방산'이 백본backbone(등뼈 모양으로 연결된) 분자로 구성돼 있으며, 긴 꼬리가 세 개 달린 조그만 상자형 연鳶처럼 생겼다. 트리글리세라이드가 어떤 맛이 있다는 증거는 없다. 대신 크림처럼 미끌미끌한 촉감이 있어 입속에 들어왔음을 느낄 수 있다고 매츠는 말한다(다음에 이 '식감'이 맛에 어떤 역할을 하는지보다 깊게 다룬다).

반면에 지방산이 백본에서 분리되면 그 지방산에서는 맛을 느낄 수 있다고 한다. 많은 증거를 매츠와 그의 동료가 수집했다. 우리는 혀의 미뢰에 수용체 분자를 가지고 있으며, 미뢰는 그 지방산을 인식해 뇌의 맛 센터로 전기적 신호를 보내 반응한다.

그 맛은 다섯 가지 기본 맛과는 달라 보인다. 설치류에게는 메스꺼움을 유발하는 화학물질이 지방산 맛과 짝을 지은 형태로 흔히 나타난다. 럼앤코크rum-and-Coke(럼주에 콜라를 섞은 알코올 음료)를 너무 많이 마신 후면 숙취 탓에 당분간 콜라를 거들떠보기도 싫어지듯, 같은 방법으로 쥐는 지방산의 구역질나는 맛으로부터 피하는 법을 빠르게 습득한다. 그러나 지방을 거부한 쥐는 단맛, 짠맛, 신맛, 쓴맛과 우마미를 거부하지는 않는다. 이는 그들이 습득한 혐오감이 여섯 번째 맛에 대한 것임을 암시한다. 매츠는 인간 역시 지방산을 뚜렷한 맛으로 감지한다는 것을 보여 준다. '고지방'은 기름진 느낌의 기억을 불러일으키기 때문에 맛이라기보다는 '올레오구스투스oleogustus(지방 맛이라는 뜻의 라틴어)'라는 단어를 사용해 표현할 것을 제안한다.

이쯤 되면 이런 의문이 들지도 모르겠다. 지방산이 고유의 맛을 가졌다면 도대체 어떤 맛일까? 그건 좋지 않은 맛으로 알려져 있다. "정말 끔찍해요."라고 매츠는 말한다. 대개 트리글리세라이드로 묶여 있지 않은 유리 지방산은 음식이 상했거나 산패했다는 신호이다. 사실 식품 가공 산업은 자신들의 제품에 유리 지방산 함량을 거의 감지되지 않는 수준으로 낮추기 위해 시간과 돈을 많이 투자한다. 유리 지방산 맛이 궁금하다면 오래돼 산패한 감자튀김 기름 배치를 찾아보아라. 그리고 코를 막아 강한 향을 막은 다음 맛을 보아라. 그런다고 그걸 설명할 수 있을 거라 기대하지는 마라. "누군가에게 그걸 설명해 달라고 요청한다면 그 사람은 아무 말도 할 수 없을 겁니다. 표현할 수 있는 말이 없어요. 어쩌다 쓴맛이라거나 신맛이라고 말하는 사람이 있을지 모르지만, 그 말도 내 생각에는 그걸 좋아하지 않는다는 의미로밖에 해석되지 않습니다."라고 매츠는 말했다.

지방산의 맛을 느낄 수 있는 우리의 능력은 먹은 음식이 좋은 것임을 알려주는 맛인 단맛, 짠맛, 우마미의 맛을 느끼는 쪽보다 나쁜 음식에 대해 방어 역할을 하는 쓴맛을 느끼는 쪽에 더 가깝다. 그러나 그건 더욱 복잡한 이야기라고 매츠는 생각한다. 어쨌든 불쾌한 맛이 조금 있을 때, 음식의 전체적인 맛은 풍부해진다. "쓴맛이 전혀 없는 와인과 초콜릿은 좋다고 할 수 없습니다." 그는 말한다. 지방산의 끔찍한 맛이 우리가 좋아하는 일부 음식에 등장하는 것도 같은 논리다. 발효 식품과 냄새나는 치즈가 특별히 주목할 만한 예다.

지방 맛에 대한 증거가 늘어감에 따라, 많은 과학자는 다섯 가지던 기본 맛 목록을 여섯 가지로 기꺼이 늘린다. 뿐만 아니라 여섯 가지 외에 또 다른 기본 맛이 존재할지도 모른다. 칼슘이나 이산화탄소에도 맛이 존재한다는 증거가 있다. 설치류는 전분에서도 맛을 느끼는 것 같다. 인간도 그런지는 아직 명확하지 않다. 물에도 기본 맛이 있다고 주장하는 연구원까지 있다. 코쿠미kokumi라 불리는 신비한 맛도 등장한다. 서양의 과학자는 회의적이지만, 많은 아시아 연구원은 여전히 코쿠미가 또 다른 기본 맛이 될 자격을 충분히 갖추었다고 생각한다. 신기하게도 코쿠미는 자기 고유의 맛을 갖고 있지는 않지만, 짠맛과 우마미를 이미 갖고 있는 어떤 것에 더해지면 그 맛을 더욱 풍부하게 만든다. 칼슘을 감지하는 칼슘 수용체가 관여하리라 짐작만 할 뿐 아직 누구도 그것이 어떻게 작동하는지 알지 못한다. 맛 분야에서는 모든 것이 빠르게 변화한다. 우리가 학교에서 배울 때는 단순하고 명확하기만 하던 네 가지 기본 맛이 이렇게 복잡해질 줄 누가 알았을까?

기본 맛은 서로에게 상호작용을 일으키며 복잡한 것을 더욱 복잡하게 만들어 간다. 소금은 쓴맛을 감지하는 활동을 방해한다. 짠맛이 있는 땅콩 한 줌이 맥주 한 잔과 더없이 잘 어울리는 것이 좋은 예다. 소금은 홉 맛이 강한 맥주의 쓴맛을 잘 다스려 특별한 맛으로 느끼게 한다. 이와 유사하게 단맛과 쓴맛은 서로의 맛을 억제한다. 토닉워터는 아주 좋은 예다. 쓴맛 때문에 지금 마시는 음료가 실제 얼마나 달콤한지 알지도 못하며, 단맛 때문에 쓴맛도 그 정도가 입맛에 맞는 수준까지 낮아진다. 물론 바르토슉처럼 예외적인 사람도 있다.

절대 미각가로 다시 되돌아가 보자. PROP를 맛볼 수 있는 능력이 T2R38이라는 특정한 쓴맛 수용체의 기능이라는 것은 거의 밝혀진 상태다. 이 유전자에는 PROP에 강하게 응답하는 것과 그렇지 않은 것, 두 가지의 일반적인 변종이 있다. 응답하지 않는 두 개의 유전자 복제물(부모 각자에게서 하나씩 받은)을 가진 사람은 무미각가고, 강하게 응답하는 두 개의 유전자 복제물을 가진 사람은 절대 미각가며, 각각 하나씩의 복제물을 가진 사람은 평범한 미각가다. 연구원들은 T2R38의 유전자형을 미각 상태를 결정하는 빠르고도 객관적인 지표로 가끔 이용하기도 한다.

그러나 그리 간단하지만은 않다. T2R38 수용체는 티오우레아thiourea(가황촉진제로 염료나 요소수지 등의 원료임) 그룹이라고 불리는 특정한 원소로 구성된 화학물질 그룹만 인지한다. 그 맛을 느낄 수 있는 능력은 단맛, 짠맛을 느끼는 능력과 전혀 상관이 없다. 또 칠리고추의 불 같은 맛은 말할 것도 없고, 키니네quinine(남미산 기나나무 껍질에서 얻는 약물로 과거에는 말라리아 약으로 쓰였음)를 포함한 다른 종류의 쓴맛과도 무관하다. 다음에 배우겠지만 이것은 완전히 다른 종류의 수용체와 신경에 관여한다. 그리고 혀의 용상유두 수와도 아무런 관계가 없다.

사실 T2R38은 최소한 직접적으로는 절대 미각과 아무 상관이 없다. PROP의 맛을 느끼는 능력이 있느냐 없느냐만 T2R38이 결정할 뿐이다. 맛을 인지하는 나머지 다른 시스템이 입과 뇌에서 얼마나 잘 작동하느냐에 따라 우리가 경험하는 쓴맛의 양은 달라진다. 그 시스템을 제어하는 유전자에 따라 평범한 미각가와 절대 미각가의 차이가 생긴다. 만약 조금이라도 PROP의 맛을 느낄 수 있는 사람이라면 그가 느낀 쓴맛의 양은 나머지 다른 시스템이 얼마나 민감한지를 알려주는 훌륭한 척도다. PROP를 약한 쓴맛으로 평가한 사람에 비해 강한 쓴맛으로 평가한 사람이 소금을 더 짜게, 설탕을 더 달게, 칠리고추를 더 맵게 느끼는 이유가 여기에 있다. 그런 의미라면, 손상된 T2R38 유전자를 가진 사람이라 하더라도 쓴맛 수용체를 필요로 하지 않는 음식을 먹을 때는 여전히 절대 미각가가 될 수 있다는 말이다. 이를 입증하려면 다른 방법을 찾아야 할 뿐이다.

한 가지 방법은 용상유두의 밀도 측정이다. 린다 바르토슉이 자신의 혀를 푸르게 칠한 이유기도 하다. 용상유두의 각 돌기는 맛 수용체를 지닌 작은 형태의 세포군⑪으로 구성되어 있다. 기술적으로 말하자면 이 무리가 진짜 미뢰다. 미뢰 속의 세포들은 자신의 맛 신경이 자극받은 내용을 뇌로 전달해 어떤 수용체가 특정한 맛과 접촉했는지 알려준다. 돌기가 많은 혀가 더 강한 신경 신호를 생성하고 그런 이유로 더 강한 맛을 경험하는 것은 당연하다. 돌기 수와 맛 감지 사이의 연관 관계를 규명하는 데 실패한 사례가 몇몇 있긴 하지만, 대부분의 연구는 이이론을 뒷받침한다.

그러면 혀의 돌기 수를 결정하는 것은 무엇일까? 확실하게 아는 사람은 없지만 구스틴gustin(타액 중에 존재하는 미뢰의 정상적 발육에 필요한 물질)이라는 단백질이 용상 돌기의 형성을 부추긴다는 흥미로운 주장이 있다. 구스틴 유전자의 특정 변종을 가진 사람이 정상적인 돌기를 많이 보유하는 반면, 다른 변종을 가진 사람은 크고 기형인 돌기를 드문드문 성기게 보유한다. 미각에 전반적으로 영향을 미치는 유전자 종류가 많다는 것은 의심할 여지가 없으며, 절대 미각가, 평범한 미각가, (상대적으로) 무미각가를 규정하는 데 이런 사실이 도움을 주기도 한다. 그러나 과학은 혀의 돌기 수 문제에 대한 우리의 호기심을 충족시켜 주지 못한다. 그래서 우리가 말할 수 있는 것은 아직 그렇게 많지 않다.

다행스럽게도, 과학자들은 사람들의 미각 차이가 상당 부분 유전학에 바탕을 두었다는 사실을 알고 있다. 실로 우리가 각자만의 독특한 맛 세계에서 살고 있다는 의미다. 왜 미국 대통령 조지 부시가 브로콜리를 싫어하는지, 왜 진과 토닉이 어떤 사람에게는 맛있지만 다른 사람에게는 맛이 없는지, 커피에 설탕을 넣어 먹는 사람이 왜 있는지, 이런 문제의 상당 부분(전부가 아니라는 것을 알게 되겠지만)은 유전적 차이로 설명이 된다. 나는 보다 많은 것을 알고 싶었고, 특히 나의 미각에 대해 정확히 알고 싶었다. 다시 말하지만 그 호기심이 나를 모넬로 이끌었다.

특별히 나는 다니엘 리드를 만나고 싶었다. 그는 미각 분야에서 유전적 차이와 관련해 많은 업적을 이룬 사람이다. 방문하기 몇 달 전, 이미 나는 유전자 분석을 하려고 약병에 침을 넣어 그에게 보내 둔 상태였다(타액에는 충분한 세포가 포함되어 있어 유전학자들은 DNA 시험을 하려고 더 이상 빰을 면봉으로 닦거나 혈액 샘플을 채취할 필요가 없다). 드디어 나의 미각이 다른 사람과 어떻게 다른지 확인할 수 있는 시간이 찾아왔다.

리드의 맛 테스트는 매우 고전적이었다. 그녀의 조수는 번호가 매겨진 액체 약병이 들어 있는 상자를 침을 뱉을 커다란 플라스틱 컵과 함께 건네주었다. 나는 1번 약병부터 시작해서 액체를 마시고 입안에서 헹군 후 컵에 뱉고는, 그 샘플이 얼마나 달고, 짜고, 시고, 쓴지, 그 강도가 어느 정도인지, 그것을 얼마나 좋아하는지 등의 내용을 설문지에 표시했다. 그다음 2번 약병 순으로 계속했다. 와인 테스트와 흡사했지만 허세가 없었다. 그리고 와인도 없었다.

몇 시간 후 테스트 점수가 나왔고, 나는 그것이 유전자와 어떤 연관이 있는지 알고 싶어 리드 곁에 앉았다. 리드는 작고 통통하며 검은색 곱슬머리를 한 유쾌한 여자다. 그녀는 유전자를 풀어 해석하는 일을 선물 포장을 뜯는 듯 여기는 것 같았다. 이런 일을 수천 번은 아니어도 수백 번은 했을 텐데, 여전히 흥분한 듯한 모습이었다.

첫 번째 테스트는 일종의 속임수로 밝혀졌다. 1번 약병에는 오래된 증류수가 담겨 있었다. 맛의 강도를 '물과 같음'으로, 좋아하는 정도를 중립으로, 단맛이나 짠맛, 신맛, 쓴맛은 어떤 것도 감지할 수 없었다고 적은 설문지를 보고 나는 안도했다. 적어도 없는 물질을 맛본 것으로 표기하지는 않았으니 말이다. 진짜 맛과 유전자에 대한 것은 이제부터 시작이다.

먼저 단맛과 우마미에 관여하는 유전자인 T1R3에 대해서였다. 리드는 다른 연구원이 발견한 단맛 감지에 영향을 미치는 변종에 대해 알아보려고 내 게놈을 시험했다. 유전적 변종이란 게놈에서 철자를 바꾸는 것과 같다. '개$_{dog}$'에서 한 글자면 바꾸면 '파다$_{dig}$'가 되어 단어의 의미가 달라지듯이, 유전자의 DNA 서열에서 한 글자만 바꾸면 수용체 단백질이 바뀌는 결과를 가져온다. T1R3변종의 경우, 특정 지점에 T를 가진 사람들은 C를 가진 사람에 비해 단맛에 덜 민감하고 단맛을 더 좋아한다. "그들은 단맛에 민감하지 않기 때문에 더 높은 농도를 선택하게 되는 것입니다." 리드는 말한다.

나는 부모 각자로부터 T를 하나씩 얻어 TT임이 확인되었다. 그렇다면 전형적인 단맛 애호가여야 한다. 나는 이해할 수 없다고 그녀에게 말했다. 그날 아침, 스타벅스에서 실수로 단맛 아이스커피를 받은 나는 그것을 채 한 모금도 마시지 않고 모두 부어 버리고 말았다. 마시기에 너무 달았기 때문이다. 내가 아는 한, 내게 저녁 식사 후 디저트를 생략하는 것은 별일도 아니며 중요하게도 생각지 않는다. 그렇다면 내 유전자형에 무슨 문제가 생긴 것일까?

리드는 맛 시험 결과를 돌려주며 웃음을 터뜨렸다. "오, 이것 봐요. 틀린 것이 아니에요." 나는 12퍼센트의 설탕 용액을 평범한 탄산음료처럼 적당한 단맛과 아주 기분 좋은 상태로 평가하고 있었다. 리드 자신은 그것을 역겨울 정도로 달다고 느끼는 CC다. 유전자와 미각 그리고 실제로 음식을 선택하는 일 사이의 연결 관계는 단순한 것이 아니다(우리는 다시 이 이야기를 다룰 것이다).

그 복잡성은 리드가 시험한 내 쓴맛 수용체 유전자의 일부에서도 확연히 드러났다. 이들 중 하나가 쓴맛 수용체 T2R19러 토닉워터에서 발견되는 화학물질인 키니네를 감지한다. 유전자 검사 결과에 따르면 나는 그것에 낮게 응답하는 유전자 변종을 가지고 있다. 키니네 용액을 마셨을 때, 나는 그리 강하지 않은 중간 정도의 쓴맛으로 평가했다. 내가 먹는 유일한 탄산음료가 토닉워터라고 이미 말했듯, 토닉워터를 좋아하는 나에게 잘 어울리는 결과다. 그러나 진과 토닉을 좋아하는 리드의 기호는 설명이 되지 않는다. 그녀는 고강도의 유전자 변종을 지니고 있었기 때문이다. 그녀는 말한다. "나는 진과 토닉을 매우 쓴맛으로 느끼지만, 그래도 매우 좋아합니다."

그러면 PROP과 PTC 그리고 더 쓴맛인 브로콜리 안의 티오우레아 화합물 그리고 브뤼셀스프라우트에 대한 민감도를 결정하는 쓴맛 수용체인 T2R38을 알아보자. 유전자 검사는 바르토슉과 논의하며 이미 알아낸 사실을 뒷받침해 주었다. 나는 이런 쓴맛 화학물질에 강하게 반응하는 '운 좋은' 사람 중 한 명이다. 따라서 PTC 용액을 마셨을 때 강한 쓴맛으로 평가한 것은 놀랄 일이 아니다.

그렇다면 리드는 진과 토닉을 강한 쓴맛으로 인지하면서도 왜 좋아할까? 나는 왜 쓴맛이 나는 그런 음료와 음식에 거부감을 느끼지 않고 끌릴까?

리드는 이렇게 말한다. "맛을 느끼는 것과 좋아하는 것이 항상 일치하지는 않습니다. 나는 언제나 '멍청아, 그건 두뇌 문제야!'라고 말합니다. 맥락이 맞을 때는 이런 쓴맛도 아주 좋아하게 될 겁니다(커피, 진, 토닉 같은 음료는 쓴맛이어도 좋아할 수 있단 뜻이다)." 처음에 역겨웠던 것이라도 끌릴 만한 보상이 뒤따른다면 우리는 그 맛에서 재빨리 기쁨을 발견한다. 일시에 잠을 깨게 해 주는 쓴 커피는 그 자체만으로 즐거움이 된다. 좋은 친구와 저녁 시간을 함께 할 수 있게 해 주는 맥주나 진, 토닉의 쓴맛 역시 마찬가지다.

뉴저지에 있는 럿거스대학교Rutgers University의 감각 과학자인 베버리 테퍼Beverly Tepper는 맛을 선호하는 면에 또 다른 차원이 있다고 말한다. 테퍼의 표현을 빌리면 우리 중 일부는 '음식 모험가'들이다. 절대 미각가는 실제 두 가지 종류가 있음을 의미하는 말이라고, 테퍼는 그 말을 풀어 설명한다. 음식 모험을 좋아하지 않는 사람은 고전적이고 편식쟁이다. 그들은 너무 달거나, 너무 맵거나, 너무 기름지거나, 너무 양념 맛이 강한 음식을 좋아하지 않는다. "그들은 스스로가 무엇을 좋아하는지를 알고 이전의 경험에 의거해 음식을 선택합니다. 까다로운 사람들이죠." 테퍼의 말이다. 우유를 넣은 강낭콩 요리를 좋아하는 사람은 아마 그 부류에 속할 것이다.

반면에 음식 모험을 즐기는 절대 미각가는 강한 맛에 놀라워하는 것을 두려워하지 않으며 첫 경험에서 당황스러웠던 음식이더라도 다시 그것에 도전한다. 그들은 강렬한 경험을 결코 주저하지 않기 때문에 음식 선호도 측면에서 보면 무미각가와 닮았다. 테퍼는 말한다. "나는 절대 미각가입니다. 그리고 이론적으로는 좋아하지 않는 음식이지만 실제로는 좋아하는 음식이 많습니다. 나는 또한 음식 모험가이기도 합니다." 그 말은 나를 완벽하게 설명해 준다. 나는 맛이 아주 풍부한 음식에서 강렬한 감각적 충격을 얻지만, 그 자극을 좋아한다.

내가 테스트한 이 몇 가지 유전자는 미각에서 유전적 차이를 보여 주는 모든 것에 비하면 빙산의 일각에 불과하다. 맛에 예민하게 반응하고 특정한 맛을 감지하도록 해 주는 유전자는 수십 아니 수백 개가 될 수 있다고 리드는 생각한다. 맛 수용체 유전자뿐 아니라 많은 다른 유전자가 맛 수용체가 한 번 자극을 받았을 때 세포가 응답하는 방법에 영향을 준다. 뿐만 아니라 맛을 감지하는 경로상에 있는 모든 단계에도 영향을 미치며, 뇌로 신호를 전달하는 방법에도 영향력을 행사한다. 나의 맛 세계가 당신과 다르다는 것은 명백하다. 똑같은 수프를 먹어도 다른 맛을 경험한다. 입으로 느끼는 맛이란 거대한 맛 방정식의 한 부분일 뿐이다. 자, 이제 맛의 중요한 두 번째 요소인 냄새를 탐방할 때가 되었다. 우리들의 차이는 그곳에서 더욱 커질 것이다.

PART
02

Flavor

후각: 맛의 핵심

냄새와 맛 연구원들의 북미 지역 주요 협의체인 화학감응과학협회The Association for Chemoreception Sciences는 남쪽 플로리다에서 매년 4월 개최된다. 개최지를 그곳으로 결정한 데는 나름의 이유가 있다. 단 몇 시간만이라도 햇빛과 백사장에서 지내도록 해 과학자들의 괴팍스러운 열정에 생기를 주려는 목적이다. 이곳에서의 회의는 놀랄 정도로 편안하고 비학술적인 느낌을 준다. 뽀얀 피부의 중년은 반바지와 하와이안 셔츠 차림으로 바bar를 찾아 들거나 수영장 가에서 햇볕을 쬔다. 그러나 테라스에서 나누는 대화의 주제가 쇼핑이나 아이들에서부터 G단백질 연결 수용체, 냄새 지각의 정신물리학, 모기의 후각 능력과 같은 것으로 바뀌기 시작하면서, 판에 박은 듯하던 플로리다리조트의 분위기는 즉각 비현실적으로 탈바꿈한다. 보니타스프링스Bonita Springs의 하얏트리전시 코코넛포인트the Hyatt Regency Coconut Point는 4월의 나흘간 평범한 리조트가 아니다.

참석자들은 수영장 주변이나 바에서 과학 토론을 하지 않을 때면 전시관에서 현재 진행되는 연구에 관한 포스터를 꼼꼼히 살피거나 업체가 판매하는 새로운 도구를 둘러본다. 초록과 검정 줄무늬가 들어간 럭비 셔츠로, 편안하고 격식 없는 차림을 한 리차드 도티Richard Dorty를 나는 제일 먼저 만났다. 짧은 백발에 유쾌한 매너를 갖춘 잘생긴 70세 노인, 도티는 냄새와 맛의 감각에 관한 한 세계 최고 전문가 중 한 명이다. 명성에 걸맞게 그 주제로 쓴 그의 책, 『후각과 미각의 핸드북』은 이 분야에서 고전이다. 설령 그것을 모르더라도, 누구나 만나고 싶어 하는 유명한 과학자의 계보를 그가 이어 가고 있음은 짐작하기 어렵지 않다. 하지만 지금 도티는 행상 역할을 하고 있다. 그의 회사는 사람의 후각을 시험하는 새로운 기계를 팔고 있으며, 그 기계를 시운전하려고 신청자를 모집하는 중이다. 내가 절대로 그냥 지나칠 수 없는 기회다.

도티의 기계는 사람들의 냄새 감각이 얼마나 민감한지를 나타내는 지표인 후각 역치olfactory threshold를 특별히 측정할 수 있도록 고안되어 있다. 그에 의하면 '후각 역치'는 감지할 수 있는 냄새의 가장 묽은 상태를 의미한다. 그 한계치가 낮을수록 예민한 코이다. 나를 그 과정에 참여하도록 해 준 도티의 조수 한 명이 실험 방법을 설명했다. "기계 앞에 앉아 작은 가면 속에 코를 집어넣으세요. 번갈아 가면서 기계가 두 차례 공기를 뿜을 것입니다. 그리고 그 두 가지 중 어느 쪽에서 페닐에틸알코올phenylethyl alcohol(장미 냄새와 짜릿한 맛을 가진 무색의 액체) 향이 나는지 컴퓨터가 물을 것입니다. 컴퓨터가 멈추라고 할 때까지 테스트는 계속됩니다."

조수는 뿜어지는 장미 향의 농도를 후각계olfactometer가 변화시킬 것이라는 말을 하지 않았다. 그 말은 나중에 도티가 해 주었다. 뿜어진 향이 뭔지 내가 올바르게 답하지 못하면, 기계는 내가 감지할 수 있는 향의 양이 너무 적다고 판단해 다음번에는 그 양을 점차 늘렸다. 내가 옳게 답하면, 농도가 나의 감지 한계치 이상이라고 여기며 양을 단계적으로 줄였다. 활동 과잉 상태의 아이들이 계단을 계속 오르내리는 것처럼 공기의 양을 늘렸다 줄였다 하며 시험은 계속되었다. 마침내 옳고 그름 사이의 경계치인 내 후각 역치에 맞는 냄새 농도가 결정되었다.

이때 도티가 근처를 오가다 인쇄된 내 결과물을 흘낏 보았다. 그의 눈썹이 위로 치솟았다. 그는 멈춰 서서 더욱 골똘히 인쇄물을 들여다보디니 몸을 돌리며 물었다. "혹시 후각에 장애가 있나요?"

맙소사. 후각 기능 장애 전문가가 내 시험 결과에 흥미를 갖는다면 그건 좋은 징조가 아니다. 그것도 나에게, 이 시점에 일어난 일이라니. 후각에 장애를 가진 사람이 쓴맛에 관한 책을 어떻게 신뢰할 수 있단 말인가(젤리빈 테스트를 통해, 맛이 주로 냄새에 의존한다는 사실을 독자들은 기억하고 있을 것이다)? 도티는 인쇄물을 보여 주었고, 얘기는 꽤 암울했다. 그의 기계에 따르면, 장미 향이 1,000분의 1 이상일 때 나는 안정적으로 그 냄새를 감지할 수 있었는데, 그 한계치는 평균 대비 천 배나 나쁜 수치였다.

창백해진 내 표정을 도티가 보았음에 틀림없다. 근처의 상자에서 봉투를 하나 꺼내더니 그는 이렇게 말했다. "이 실험도 한번 해 보지 그래요?" 그 봉투 안에는 도티의 유명세를 증명하는 펜실베니아대학 냄새 감별 테스트라는 이름의 설문지가 들어 있었다. 그것은 보편적으로 UPSIT University of Pennsylvania Smell Identification Test("업싯"이라고 발음한다)이라 칭하는 것으로, 스티커를 떼면 나는 냄새들을 이용한 40문항으로 이루어진 객관식 테스트다("이것은 어느 것의 냄새에 가까운가? a.가솔린 b.피자 c.땅콩 d.라일락" 나는 피자라고 생각했다). 네 개의 보기 중에서 하나를 선택하는 방식은 냄새의 이름을 직접 적는 어려움에서 벗어날 수 있게 해 준다(여기에 관해서는 몇 페이지 뒤에서 보다 상세히 이야기한다). 대부분 정답이 명확해 보였다. 그러나 40문항 중에서 5문항 내지 10문항 정도는 애매했다. "이것은 테레빈유turpentine(페인트를 희석하는 데 사용하는 기름)인가, 아니면 체더치즈인가? 확신할 수가 없다."라고 나는 답하고 있었다.

몇 시간 후 나는 전시장 플로어에서 도티와 마주쳤고, 점수가 매겨진 내 업싯을 그에게 넘겨주었다. 다행스럽게도 나는 40문항 중 37문항을 맞췄다. 그것은 55세 남성 부류에서 백분위 73위에 해당했다. "잘했습니다. 전체의 4분의 3이 당신보다 성적이 나빠요." 휴…… 내 코는 결코 나를 실망시키지 않았다.

내 후각 역치 테스트에서 문제가 발생한 까닭을, 도티는 주어진 환경이 열악했기 때문이라 추측한다. 번잡한 전시관은 민감하고 감지해 내기 어려운 냄새에 집중할 수 있는 이상적인 장소로는 어울리지 않았다. 게다가 나는 가능한 한 테스트를 빨리 끝내도록 종용받은 상태였다. 다음 사람도 시험에 참여해야 했기 때문이다. 그 테스트는 의사 사무실에서 아주 천천히 진행하는 것이 관례다. 한 차례 냄새를 맡고 나면 그 냄새가 완전히 소멸될 때까지 충분한 시간이 경과한 후 다음 차례를 시작해야 한다. 절차상의 이런 사소한 차이가 결과에는 거대한 차이로 나타난 것이다. 그것은 후각에 대한 거의 모든 연구를 왜곡시키는 아주 복잡한 문제이기도 하다.

 그것이 혼란스러운 후각 연구 세계에 내가 내디딘 첫발이었다. 모든 것은 보이는 모습보다 훨씬 어렵고 복잡하다. 맛 연구가 황금기를 구가하고 있다면, 냄새 연구는 대부분 아직 암흑기의 수렁에서 벗어나지 못하고 있다. 알려지지 않은 분자가 나오면 세계 최고라는 과학자조차 그것이 어쨌든 냄새를 갖고 있을 거라 추측만 할 뿐, 그 냄새가 무엇인지는 전혀 상상조차 못 하는 형편이다. 사실 후각세포가 냄새 분자를 어떻게 인식하는지 그 상세한 내용은 아직까지도 과학자들 사이에서 의견일치를 보이지 못하고 있다. 비단 맛의 관점으로만 접근하더라도, 가장 중요한 후각의 신비를 우리가 이해하기에는 아직 멀었다는 의미나 다름없다. '혹시 당신은 나와 다르게 느끼나요? 그렇다면 맛을 평가하는 면에서 어떤 의미인가요?'

 후각이 그처럼 어려운 문제가 된 이유는 맛보다 훨씬 복잡하기 때문이다. 앞장에서 보았듯이 이 두 가지 감각은 서로 다른 목적을 갖고 있다. 맛은 영양분 있는 음식을 섭취하게 하고, 독이 든 음식은 멀리하게 한다. 꽤 단순한 예, 아니요 결정이다. 입으로 느끼는 맛은 맛 방정식 중에 쉬운 부분이다. 혀는 기껏해야 30~40개의 수용체를 사용해 여섯 가지 정도의 기본 맛을 추적한다. 미각이 어떻게 작동하는지를 이해하는 건 간단하다. 반면 냄새의 경우에는 "그게 뭐지?"의 답을 생각해야 하며 계속 질문이 이어진다. 세상에는 냄새나는 물건이 엄청나다. 결국 우리 코는 그 모든 것에 다 대처할 필요가 있는 것이다.

모닝커피에서 훅 끼치는 냄새를 잠시 맡았다고 상상해 보라. 컵에서 피어오른 김에는 수백 개의 서로 다른 냄새 분자가 들어 있고, 숨을 들이쉬는 순간 코로 들어간다. 비강nasal cavity(콧구멍에서 목젖 윗부분에 이르는 빈 곳)의 꼭대기 언저리에 후각상피olfactory epithelium(비강의 후각감지부의 내면을 덮고 있는 다열상피多列上皮로서 냄새에 대한 수용체를 갖추고 있음)라고 불리는, 면적으로는 1제곱인치 미만인 작은 세포 패치가 있다. 이 패치 안의 신경세포는 그 수가 약 600만 개에 이르며, 각각의 표면에는 약 400개의 서로 다른 냄새 수용체 중 하나씩을 가지고 있다(사실은 일부 세포는 한 수용체에만 특화되어 있고 다른 수용체에 대해서는 덜 특화되어 있다. 여기서는 그런 상세한 내용은 무시한다). 이들 후각신경세포는 보유한 신호를 곧장 뇌로 보내 차별성을 부각시킨다. 자신들이야말로, 뇌가 외부 세계와 직접 연결될 수 있게 해 주는 유일한 신경세포라는 것을 알린다.

각 수용체는 커피로부터 특정한 냄새 분자의 특징을 인식해 낸다. 놀랍게도 과학자들은 아직까지 이런 인식이 어떻게 일어나는지 확실히 알지 못한다. 냄새 분자의 특별한 모양이 수용체의 모양에 상호보완적으로 잘 들어맞기 때문이라고만 대부분 생각한다. 마치 쓴맛 수용체에서 사용한 카메라와 그 케이스의 형상에 대한 비유처럼 말이다. 하지만 각 냄새 분자가 독특한 형태로 분자 진동을 일으켜, 양자터널효과quantum tunneling(자신이 가진 운동에너지보다 더 높은 퍼텐셜 장벽을 뚫고 마치 터널을 지나듯이 입자가 이동하는, 순간이동과 같은 현상)라고 하는 불가사의한 과정을 이용해, 이를 인식한다고 주장하는 보컬 마이너리티vocal minority(자기 의견을 큰 목소리로 개진하는 소수집단)도 있다. '모양론자'와 '진동론자' 사이에 여전히 활발한 논쟁이 격렬하지만, 최근 들어 모양론자 쪽으로 승기가 기운 듯하다.

대부분의 경우에 어떻게 이런 인식이 일어나는가 하는 문제는 별로 중요하지 않다. 중요한 것은 각 냄새 수용체가 많은 다른 냄새 물질도 인식하고, 또 각 냄새 물질은 많은 다른 수용체와도 결합된다는 점이다. 이는 각 냄새 분자가 여러 수용체를 활성화한다는 것을 의미한다. 말하자면 후각의 건반에서 다른 음을 내는 것이라 할 수 있다. 커피는 하나의 냄새 분자만이 아닌 수백 개의 분자를 포함하고 있고, 각각은 뇌 속에서 자신만의 뚜렷한 음을 낸다. 이 음 중 일부는 소리가 아주 희미해, 이미 경험한 맛 기억에 의존해서는 실제로 '들을' 수 없는 것도 있다(전문용어로 표현하면, 그들의 농도는 감지 한계치 이하다). 그러나 감지 한계치 이상의 냄새 물질은 특정한 수용체들을 자극해 전체 오케스트라에 도움이 되는 중요한 음을 남긴다. 그 불협화음 속에서 뇌는 하모니를 찾아낸다. 그것이 우리가 알고 있는 커피의 맛이다.

후각을 이해하기 힘들다는 것은 의심할 여지가 없다. 여기에 세 가지 종류의 복잡한 특징이 있다. 다양한 냄새 분자, 다양한 수용체 그리고 다양한 '조화'다. 냄새 분자부터 각각을 차례로 들여다보자. 세상에 얼마나 많은 종류의 냄새 분자가 있는지 정확하게 아는 사람은 아무도 없다. 수십 년 동안, 그 질문에 대한 표준 답안은 "약 1만 개"였다. 요리사의 블로그에서부터 과학 논문이나 신경과학 교과서에 이르기까지 모든 곳에서 그 숫자로 회자되고 있을 것이다. 냄새를 탐지하는 데 관여하는 수용체를 발견한 공로로 노벨상을 받은 리차드 액셀과 린다 벅조차 핵심 논문에서 그 수를 사용한다. 노벨상의 영광에 힘입어 1만 가지 냄새라는 개념은 급기야 사회적 통념으로 취급받기에 이르렀다. 결국 우리는 인간의 후각에 그것을 도입하면서 무능이라는 일반적인 감각 하나를 더하는 꼴이 되었다. 심리학자들은 우리가 750만 가지의 다른 색과 34만 가지의 가청음을 인식할 수 있다고 평가한다. 그것과 비교해 볼 때, 1만 가지 냄새란 참으로 초라할 따름이다.

　좀 더 면밀히 살펴보면 이 1만 가지 냄새라는 건 자연과학과는 거리가 먼 완전히 거짓임을 알 수 있다. 그 수치는 1927년으로 거슬러 올라가는 직감적인 계산법에 근거한 것이다. 크로커E.C. Crocker와 핸더슨L.F. Henderson, 이 두 명의 화학자는 맛과 마찬가지로 냄새도 네 가지 독립적 특성에 따라 분류할 수 있다고 생각했다. 우리가 느끼는 맛은 단맛, 짠맛, 신맛, 쓴맛이 있다(당시 일본인을 제외하면 우마미를 아는 사람이 거의 없었으므로, 그걸 생략해 맛의 종류를 단순화했다). 그들은 냄새를 향긋한 냄새fragrant, 시큼한 냄새acid, 탄 냄새burnt 그리고 한 가지를 더해 썩은 냄새putrid — 나중에는 동물 냄새caprylic, 염소 냄새goaty 등으로 바꾸어 표기 — 로 나누었다. 더 나아가 네 가지 각 냄새의 특성마다 강한 정도를 0(냄새 없음)에서 8(압도적임)까지로 등급을 매겼다. 그러면 9×9×9×9개의 다른 등급이 생겨 총 6,561가지가 된다. 대충 1만 가지라 할 수 있다. 그것이 과학적 정설이다. 만약 크로커와 핸더슨이 사향 냄새musky 같은 다섯 번째 냄새 특성을 포함하고 0에서 9까지로 등급화했다면, 우리는 그 대신 10만 가지의 냄새라고 이야기해 왔을 것이다.

　지금까지는 그런 형편이다. 모넬의 후각 연구원인 조엘 메인랜드Joel

Mainland는 더 나은 결과를 낼 수 있으리라는 생각을 한다. 그는 야윈 얼굴에 철테 안경을 쓰고 말을 빨리하는 작고 열정적인 사람이다. 시각 연구로 과학에 종사하기 시작한 메인랜드는, 그 분야에서 경력을 쌓는 것이 어렵다는 걸 일찍이 깨달았다. 그는 이렇게 말한다. "내가 그 분야를 둘러보았을 때, 큰 문제는 이미 해결되었다는 것을 알았습니다. 그러나 후각 쪽에서는 여전히 큰 문제가 미결 상태더군요. 그것이 내가 후각 쪽으로 전환하는 좋은 계기가 된 것입니다." 그의 예감은 적중했다. 메인랜드는 후각 연구계에서 최고로 각광받는 기대주 중 한 명이 되었다.

세상에 얼마나 많은 종류의 냄새 화합물이 있는지, 메인랜드는 경험에서 비롯된 추측 그 이상의 것을 찾아내려 애쓰고 있다. 그의 추론은 이렇다. 우리가 분자의 냄새를 맡으려면 휘발성이 있어야 한다. 달리 말하면 그 자체를 기체 형태로 공기 중에 내놓아야 하는 것이다. 큰 분자는 일반적으로 그렇게 될 수 없다. 원자 중에서는 페더급이라 할 수 있는 수소를 제외한 '무거운' 원자, 그것을 21개 이상 가진 분자 중에서 냄새나는 것은 거의 없다. 사실 이건 많은 화학자가 알고 있는 이야기다. 그렇다면 무거운 원자를 21개 이하로 가진 분자만이 냄새를 가진다고 가상해 보자며 그는 말한다. 그의 계산에 따르면 냄새를 가질 수 있는 후보 분자의 수는 약 2조7000만 개에 육박한다.

그러나 그런 작은 분자 모두가 실제로 냄새를 가지지는 않는다. 어떤 것은 비등점이 높아서 상온에서는 결코 공기 속에 유입되지 않는다. 또 다른 것은 기름기가 많아 코안의 점액질층이 이들을 쫓아내 버리기도 한다. 그러면 그들은 냄새 수용체를 활성화시킬 수 없다. 몇 가지 어설픈 작업을 거쳐, 메인랜드와 그의 동료는 분자의 기름기와 비등점을 이용해 냄새 유무를 예측할 수 있는 방법을 찾아냈다.

어느 날 아침 모넬에 있는 메인랜드의 연구실에서 그의 이론 중 일부 실험을 내가 도운 적이 있다. 누군가에게 샘플을 주면서 "무언가 냄새가 납니까?" 하고 묻는다면, 그 질문 자체가 다소 강한 인상을 줘서 그들은 거기서 나는 실제 냄새가 아닌 다른 냄새를 인지하기도 하고, 그 방 안의 엉뚱한 냄새를 인지하기도 한다. 그래서 연구원들은 대신 '삼각형 테스트'라는 것을 이용한다. 메인랜드의 조수는 나를 책상 앞에 앉힌 후 눈을 가렸다. 그리고 한 번에 하나씩 세 개의 약병을 내 코앞에서 흔들었다. 컴퓨터에서 A, B, C 중 어느 것에서 냄새가 나느냐고 합성된 목소리의 질문이 나왔다. 3회를 실시한 후 코의 피로를 방지하고자 30초간 '머리를 식히는 휴식'이 주어졌다. 컴퓨터는 짧은 노래 하나를 틀어 주고는 가수가 남자인지 여자인지를 물었다(의도적으로 모호한 목소리의 노래를 메인랜드가 선택했기에 이것은 어려웠다. 내 나이를 고려하면 타이니 팀Tiny Tim이나 마이클 잭슨Michal Jackson이 어울렸을 텐데, 나는 그 시대의 아티스트에 대해 워낙 무지한 상태였다).

이 실험은 다른 많은 사람 대상으로도 실시됐다. 그 결과 메인랜드는 사람들 대부분이 여자가수보다 남자가수를 더 어려워한다는 확신을 갖게 되었다. 한 걸음 더 나아가, 그는 모르는 분자가 냄새를 가지는지 아닌지를 예측한 것 중 72퍼센트가 옳았음을 알았다. 우주상에 존재하는 2조7000만 개의 후보 분자에 그런 예측 방법을 적용해, 그는 이 세상에 270억 개의 냄새를 가지는 분자가 확실히 존재한다는 충격적인 계산을 내놓았다.

그것은 270억 가지의 다른 냄새가 있다는 말과는 다르다. 확실하게 동일한 단맛을 내는 다른 분자가 많이 있고, 한 가지 쓴맛을 내는 수백 가지의 다른 분자가 있음을 우리는 안다. 냄새의 우주도 이와 유사하게 '같은 냄새'로 가득 차 있다면 독특한 냄새의 수는 270억 가지보다 훨씬 적을 것이다. 그러나 완전히 똑같은 냄새를 가진 두 개의 분자 중에서 혹시 아는 것이 있느냐고 내가 메인랜드에게 물었을 때 그는 그건 생각할 수조차 없는 일이라 답했다. "똑같은 냄새가 나는 두 개의 분자가 있다는 말은 들어 보지 못했습니다." 그의 말이다.

이제 방정식의 반대편으로 방향을 바꿔, 그러한 냄새 분자를 감지하는 수용체를 살펴보자. 2004년에 린다 벅과 리차드 액셀은 냄새 수용체가 후각상피의 신경세포 막에 내장되어 있는 단백질 분자라는 것을 밝힘으로써 노벨상을 수상했다. 벅과 액셀의 발견이 있고부터 수년 후 유전학자들이 인간 게놈을 처음으로 분석했는데 그들은 냄새 수용체 유전자를 보자마자 알아차렸다. 그들은 놀랍게도 게놈에서 수십 개가 아닌 거의 1,000개에 가까운 냄새 수용체 유전자를 찾아냈다. 잠시 생각해 보라. 인간 게놈에는 약 2만 개의 유전자가 있다. 세포 형태가 조직되고, 기관이 되고, 뇌가 됨으로써 하나의 난자는 제대로 기능하는 인간이 되어 간다. 모든 분자는 이 모든 작업이 계속 수행되도록 끊임없이 신호를 보낸다. 이런 유전적 지시를 유전자가 한다. 그런 유전자의 매 20개 중 하나가 냄새 수용체라는 말이다. 세계의 온갖 지식을 다 갖춘 도서관에 들어갔는데 그곳에 있는 책 20권 중 한 권이 기하학에 관한 책이라는 것을 발견한 것과 똑같은 뜻이다. 후각이 '나'라는 이 커다란 형체를 채우고 있다는 사실을 누가 감히 상상이라도 할 수 있었겠는가?

더 자세히 살펴보면, 이들 냄새 수용체 유전자의 절반 이상이 유전학자들이 '위僞유전자pseudogenes(유전자 기능을 잃고 있는 DNA의 영역)'라고 부르는 것이다. 다시 말해 그것은 우리의 진화론적 과거에서 한때 손상을 입어 못쓰게 된 폐기물이다. 정확히 얼마나 많은 냄새 수용체 유전자가 아직 기능을 발휘하느냐 묻는다면 그 답변은 꽤 까다롭다. 유명한 유전 기업가인 크레이그 벤터Craig Venter가 만든 공인 인간 게놈에는 약 350개의 작동하는 냄새 수용체가 있다. 그러나 인간 게놈 프로젝트의 유전자 서열 대신 각자의 게놈을 살펴보면 그 350개 중 일부가 손상됐다는 사실을 발견할 것이다. 반면 공인 인간 게놈에서 손상된 다른 것이 당신에게서는 잘 작동하고 있을 수도 있다. 한 연구팀이 1,000개의 인간 게놈 샘플을 살펴보았다. 적어도 인구의 5퍼센트에서 제 기능을 발휘하고 있는 413개의 냄새 수용체가 그곳에서 발견되었다. 연구원들이 보다 많은 사람을 조사했다면 두말할 필요 없이 더 발견할 수 있었을 것이다.

냄새 수용체 유전자의 수를 헤아리는 일과 달리, 어떤 수용체가 어떤 냄새 분자를 인식하는지 이해하는 것은 별개의 문제다. 후자가 더 어렵다. 냄새 수용체는 통상적으로 실험실의 배양접시에서는 자라기 힘든 신경 세포의 표면에 살기 때문이다. 그것이 실험을 어렵게 만든다. 그 결과 어마어마한 수의 수용체가 '고아' 수용체로 나타났다. 과학자들이 그처럼 화려한 은유적 수사를 동원해 표현하는 일은 드물지만, 이 고아 수용체란 의미는 그들이 어떤 냄새 분자들을 인식하는지 아직 전혀 모른다는 뜻이다.

다행히 분자생물학자들은 제2의 해결책을 찾아냈다. 신경세포보다는 실험실에서 배양하기 훨씬 쉬운 신장 세포의 표면에 냄새 수용체를 심는 방법이었다. 몇 년 후, 메인랜드와 다른 연구원은 힘들게 인간의 냄새 수용체 전체를 나타낼 수 있는 신장 세포 배양판을 배양 조직 당 하나씩 만들었다. 이 판이 준비되면서 냄새 물질들이 어떤 수용체를 작동시키는지를 볼 수 있는 테스트가 될 거라 기대했다. 냄새 수용체는 모두가 곧 '고아 신분에서 벗어날' 수 있을 것 같았다. 후각의 암호가 마침내 수중에 들어온 듯 보였다.

행운이 쉽게 찾아오는 건 아니었다. 메인랜드 팀은 지금까지 약 50개의 냄새 수용체에 대해서만 간신히 목적을 달성할 수 있었다. 아무리 노력해도 다른 350개 남짓의 수용체는 여전히 고아 상태에 놓일 수밖에 없다. 메인랜드가 말했다. "이들 수용체의 85퍼센트를 우리 분석 시스템에서 다루지 못했음을 의미합니다. 놀랄 따름입니다." 메인랜드가 시험할 때 미처 고려하지 못한, 흔치 않은 냄새 물질이 감지돼 실패했을 가능성도 있다. 물론 오래 살폈다면 그럴 가능성은 적었을 것이다. 복잡성을 간과한 것이 수용체가 신장 세포에서 정상적으로 작동하는 것을 방해했을 가능성 또한 존재한다.

(또 다른, 보다 재미있는 가능성이 있다. 어쩌면 냄새 수용체의 일부는 냄새를 감지하려고 거기 있는 게 아닐지도 모른다. 한 걸음 뒤로 물러서서 거시적으로 바라보면, 냄새 수용체가 실제 하는 일은 주변에 존재하는 특정한 작은 분자를 인식했을 때 신체에 경고를 보내는 것이다. 이 분자의 일부가 냄새이긴 하지만, 이런 인식 활

동은 다른 역할도 한다. 우리 몸은 성장과 발달이 이루어지는 동안 신체가 조직화되는 데 도움을 주는 호르몬과 신호 전달 분자도 인식해야 한다. 그들은 소화, 생식, 면역 방어 기능을 적절한 시기에 필요에 따라 활성화시켰다 말았다 하는 등의 일에 관여한다. 진화는 그동안 최상급 맥가이버였다. 우리 몸은 주변에 제멋대로 놓인 물질이 나타날 때마다 적당히 해결책을 찾아 꿰어 맞춰 왔다. 다른 기능을 하는 데 필요하다는데 냄새 수용체가 자기 본래의 기능이 아니라고 외면하며 동원에 응하지 않았을 리 없다. 생물학자들은 냄새 수용체가 고환, 전립선, 유방, 태반, 근육, 신장, 뇌, 내장 등 모든 곳에 존재한다는 것을 알아냈다. 코에서 이들 냄새 수용체 중 일부가 발견되지만, 그곳에서 아무 일도 하지 않을 가능성 또한 배제할 수 없다.)

냄새 수용체의 개수를 헤아리는 일이 냄새 이야기의 전부는 아니다. 왜냐하면 냄새를 인지하는 면에서는 미각에는 없는 새로운 층위가 있기 때문이다. 감각 과학자들은 미각에 분석적이라는 수사를 동원한다. 그 말은 맛을 구성 요소로 분해하는 일이 쉽다는 뜻이다. 달고 신 돼지고기Sweet and Sour Pork(탕수육)는 달고 시다. 간장은 짜고 우마미가 난다. 케첩은 달고, 시고, 짜고, 우마미가 난다.

후각은 그렇지 않다. 합성적인 감각이다. 우리 뇌는 냄새를 느낄 때 구성 요소를 조립해 하나의 통합된 지각으로 인지하며, 그 구성 요소를 분리된 상태로 따로 인지하지 못한다. 합성 감각의 다른 종류인 시각을 생각해 보면 쉽게 이해할 수 있다. 내가 애정을 갖고 아내를 바라볼 때 선, 곡선, 가장자리를 구분해 보지 않는다. 그것은 내 뇌가 감지하고 처리하는 것이며, 나는 지각의 합성물로서 그녀의 얼굴을 바라볼 뿐이다. 개개의 냄새 분자 역시 뇌 속에서 결합돼 구성 요소와는 전혀 다른 새로운 지각으로 코에 감지된다. 예를 들어 이소부티르산에틸ethyl isobutyrate(딸기 향이 나는 화학물질), 에틸몰톨ethyl maltol(캐러멜 향이 나는 화학물질), 알릴알파이오논allyl alpha-ionone(제비꽃 향이 나는 화학물질)을 적당한 비율로 섞은 후 냄새를 맡아 보면, 제비꽃이 깔린 침대에서 캐러멜을 입힌 딸기 냄새가 나는 것이 아니라 아니라 파인애플 냄새가 난다. 제라늄향의 1,5-옥타디엔-3$_{1,5\text{-octadien-3}}$(화학물질의 한 종류)과 구운 감자향의 메티오날methional(감자를 삶을 때 나는 향의 원인 물질)을 일정 비율로 섞으면 구성 요소가 가진 냄새와 전혀 상관없는 생선 냄새가 난다. 이 새로운 고차원의 지각 세계를 깨닫지 못하고 제라늄이나 구운 감자 냄새가 훅 끼쳐 오기를 바란다면 그건 헛된 몸부림일 뿐이다.

신경과학자들은 이런 수준 높은 지각을 '냄새 객체odor objects'라고 한다. 각각의 냄새 객체는 코에 있는 400여 개의 냄새 수용체가 조금씩 관련돼 활성화된 독특한 형태다. 내 아내의 얼굴이 그 구성품인 선이나 곡선으로 보이지 않고, 현실적인 모습인 시각 객체의 형태로 나에게 다가오듯이, 이 냄새 객체야말로 본질적으로 후각세계의 실체를 규명한다.

선과 곡선의 작은 집합들로 무한한 수의 얼굴을 만들어 낼 수 있듯이, 400여 개의 냄새 수용체는 엄청난 수의 서로 다른 냄새 객체를 만들어 낼 수 있다. 몇 년 전, 연구원들이 10~30개의 냄새 분자를 섞어서 사람들에게 주면서 그것을 구별할 수 있는지 질문한 적이 있다. 그 결과를 토대로 계산해 보면, 사람들은 최소한 1조$_兆$ 가지의 서로 다른 냄새 객체를 구별할 수 있다고 한다. 그것은 이미 알려진 1만 가지라는 전설적인 숫자에 비해 한 단계 크게 올라선 것이다(반면 눈은 수백만 가지의 색을 감지하고, 귀는 50만 가지의 음을 감지한다고 감각 과학자들은 말한다). 그 이후 '1조'라는 그 숫자가 불확실한 가정에 많이 기초하고 있기 때문에 조심스럽게 취급되어야 한다고 지적하는 연구원이 없지는 않았지만, 어쨌거나 냄새의 우주가 거대하다는 메시지만큼은 강하게 남겼다.

뇌가 이런 냄새 객체를 어떻게 처리하는지 이해하고자, 나는 후각연구계의 원로 중 한 명인 고든 셰퍼드Gordon Shepherd를 찾았다. 플로리다에서 열린 화학감응과학협회 학회에 참석했을 때, 냄새 객체에 관해 내가 이야기해 본 모든 사람들은 이구동성으로 말했다. "고든 셰퍼드를 만나 보세요." 심지어 냄새신경과학에 관한 그의 연구가 워낙 중요해서 노벨상을 받을 만한 가치가 있다고까지 말하는 사람도 있었다. 그는 맛을 감지하는 생물학에 관해 『신경미식학Neurogastronomy』이라는 훌륭한 책도 저술한 바 있다.

내가 리조트 테라스에서 만난 셰퍼드는 붉은 양모 스웨터를 입은 백발의 신사였다. 그는 맛 이야기로 오후를 보낼 수 있다는 사실에 행복해했다. 그는 내게 냄새 객체는 뇌 속에서 그에 상응하는 물리적 형태를 띤다고 말했다. 400개나 되는 코의 냄새 수용체는 받아들인 신호를 첫 번째 중계국이라 할 수 있는 뇌 속 후신경구嗅神經球, olfactory bulb(냄새 맡는 신경계통)의 각기 다른 부분에 전달한다. 냄새 수용체 별로 해당하는 불빛을 만들고 그것을 스위치 판에 배치한 후 그 판을 후신경이라 상상해 보자. 그곳에서 냄새 객체는 해당되는 냄새 수용체의 불을 밝히므로 불빛 패턴으로 이미지화 되어 뚜렷하게 나타날 것이다. 그 불빛 패턴을 처리할 때 뇌는 그것이 단일후각 분자의 결과물인지 아니면 여러 분자의 결과물인지 알지 못한다. 단지 패턴 형태로 그것을 본다.

셰퍼드는 그 복잡한 패턴을 일반화시켜 설명하기는 어렵다고 말한다. 닮은 어떤 사람의 얼굴이나 사이 톰블리Cy Twombly(미국의 추상화가)의 작품을 설명하는 일이 비프스테이크나 아티초크artichoke(엉겅퀴과의 다년초 식물로 꽃봉오리는 식용이 가능하며 약용으로 사용함)의 향기를 설명하는 것만큼이나 어렵다는 것을 사람들 대부분은 안다. 셰퍼드는 말한다. "똑같은 문제지요. 아주 복잡한 이미지를 말로 표현한다는 것은 거의 불가능한 일입니다."

냄새뿐 아니라 맛에 대해서도 사람들 대부분은 비슷한 경험을 한다. 창의적이면서도 도발적인 성향인 냄새 연구원 노암 소벨Noam Sobel은 냄새에 이름을 부여하려는 행위야말로 일반적으로 인간이 저지르는 '놀라울 정도로 나쁜' 일이라고 말한다(그의 이름을 기억해 두자. 아주 심오하면서도 동시에 바보 같기도 한 실험과 연관돼, 그의 이름이 이 장에서 반복해 나올 것이다). 소벨은 의심 많은 친척 한 명에게 그것이 얼마나 쓸데없는 일인가를 증명하려고 눈을 감도록 했다. 그리고 냉장고에서 땅콩버터 한 병을 꺼내와 뚜껑을 열고 그녀의 코밑에서 흔들었다. 그녀는 거의 매일 땅콩버터를 먹었으면서도 익숙한 그 냄새에 이름을 붙이지 못했다. 똑같은 실험을 여러분도 해 볼 수 있다. 가정의 익숙한 냄새를 맡을 수 있는 환경이 되도록 꾸민 후, 친구에게 부탁해 눈을 감은 상태에서 얼마나 많은 냄새를 규명할 수 있는지 알아보라. 아마도 소벨과 그의 연구원들처럼 친숙한 냄새임에도 이름을 붙이는 일에는 반도 성공하지 못한다는 것을 알 수 있을 것이다(나는 매일 아침 식사로 마시는 커피 향조차

이야기하지 못한 적도 있다). 냄새와 달리 만약 색깔이나 모양에 이름을 붙이는 게 힘든 사람이 있다면 그 사람은 바로 신경과 의사에게 가서 무엇이 잘못되었는지 알아보는 것이 좋겠다고 소벨의 동료는 첨언했다.

냄새 규명이 어려운 한 가지 큰 이유는 뇌가 냄새 정보를 처리하는 방법이 시각이나 청각을 처리하는 방법과 전혀 다르기 때문이다. 장면과 소리는 빠른 길을 취해 의식의 문지기로 활동하는 뇌의 일부분인 시상視床, thalamus(감각이 소뇌와 바닥핵에서 대뇌 겉질로 전달될 때에 중개 역할을 하는 달걀 모양의 회백질 덩어리)으로 다가간다. 우리는 그들에게 의식적으로 관심을 기울이도록 연결되어 있다. 그렇게 직접적으로 연결되어 있다는 말은 장면과 소리가 뇌의 영역 중에서도 말과 언어를 다루는, 더 새롭고 강력한 영역으로 빠르게 접근할 수 있다는 뜻이다. 이와 달리 후각적 신호는 감정과 기억을 제어하는 전의식前意識 뇌 영역인 편도체扁桃體, amygdala(동기, 학습, 감정과 관련된 정보를 처리하는 데 중요한 역할을 하는 뇌의 부분)와 해마海馬, hippocampus(장기 기억과 공간 개념, 감정적인 행동을 조절하는 뇌의 부분)로 먼저 간다. 냄새가 강력하게 연상 작용을 일으키는 이유는 바로 이 때문이다. 후각 신호는 그 이후에도 여러 번 제지를 받고 나서야 비로소 의식과 언어로 가는 관문을 통과한다.

냄새 규명이 어려운 두 번째 이유는 영어와 대부분의 서양 언어에 냄새를 묘사하는 어휘가 많이 부족하기 때문이다. 냄새를 묘사할 수 있다고 해봐야 고작 그 냄새가 무엇과 같다는 식으로밖에 표현할 수 없다. 잘 익은 샤르도네Chardonnay(화이트와인을 만드는 포도의 일종)는 버터 냄새가 난다든가, 가구 광택제는 레몬 냄새가 난다든가 하는 그런 식이 최선일 따름이다. 여기 계피 향에 이름을 붙이려 애쓰는, 영어를 사용하는 미국인이 있다. "달콤한 그 향을 어떻게 말해야 할지 모르겠습니다. 빅 레드Big Red(계피 맛이 나는 껌)나 그 비슷한 것을 맛본 적은 있지만, 도대체 무어라 말해야 좋을지 생각나지 않는군요. 젠장, 빅 레드 같은 껌 냄새라고, 그리 말하면 되는 건가요? 좋습니다. 빅 레드. 그냥 빅 레드라고 하죠." 맡은 냄새를 묘사하려 할 때 그와 비슷하게 실패한 경험이 있을 것이다. 하지만 색깔에는 특정한 어휘가 있다. 스웨덴 국기 색깔을 표현할 때 레몬색이나 하늘색으로 굳이 표현할 필요가 없다. 노랑과 파랑이라고 그 색을 직접 지칭할 수 있다.

일부 문화권에서는 냄새도 그런 식으로 표현하고 있음이 밝혀진 바 있다. 우리가 냄새를 얼마나 더 잘 인식하고, 규명하고, 이야기할 수 있는지 알아보려면 잠시 시간을 내 태국 남부 산악 지역을 방문해 보자. 말레이시아 국경 인근인 그곳에 자하이라고 하는 수렵 유목민 종족이 산다. 자하이 언어에는 냄새를 묘사하는 십여 개 이상의 단어가 있다. 하지만 그것은 특정물의 냄새와는 전혀 관련이 없다. '먹을 수 있는 냄새', '향기로운 냄새', 또는 내가 좋아하는 표현인 '호랑이에게 매력적인 냄새'들을 그들은 언어로 표현해 낸다. 냄새를 표현한다고는 하지만 그 실제 개념을 외부 사람이 이해하는 것은 쉽지 않다. '먹을 수 있는 냄새'라는 표현은 'knus' 비슷하게 발음되는데, 가솔린, 연기, 박쥐 배설물, 노래기, 야생 망고나무 등을 암시한다. 뜻과는 달리 어떤 것도 특별히 먹을 수 있다고 느껴지지는 않는다. '향기로운 냄새'는 여러 가지 꽃과 과일, 약간의 나무 그리고 사향고양이 냄새를 포함한 단어다.

다소 기이하게 여겨지더라도, 어쨌거나 이 특화된 어휘는 자하이끼리 냄새 이야기를 할 때 더 쉽게 소통하도록 해 준다. 연구원들이 10명의 자하이 남자를 대상으로 표준 냄새 규명 테스트를 실시한 적이 있다. 테스트에 사용된 냄새 대부분은 자하이에게는 생소한 것이었다. 그럼에도 그들은 신속하고 일관되게 그 냄새를 묘사했다. 자하이가 색깔 묘사만큼이나 냄새를 편하게 묘사한다는 사실이 증명된 것이다. 이에 비해 영어를 사용하는 텍사스인 10명은 신속하고 정밀하게 색깔을 묘사해 내면서도 정작 냄새는 전체적으로 애매하고 모호하게 표현했다(그 텍사스인 중 한 명이 몇 단락 전에 인용한 계피 향을 절망적이고도 불분명하게 묘사한 바로 그 사람이다).

조금만 노력하면 배울 수 있는 게 어휘라는 점에서 이는 다행스럽다. 어떤 영역에서는 서양인에게도 냄새를 표현하는 어휘가 있다. 전문적인 조향사가 사용하는 어휘가 좋은 예다. 그들은 향수의 후각적 스펙트럼에서 꽃향기의 톱노트top note(향수병의 뚜껑을 막 열었을 때나 뿌린 후 10분 내외에 나는 향), 사향의 베이스노트base note(향수를 뿌린 후 가장 마지막에 올라오는 향) 그리고 그와 유사한 것까지 빠르게 구별해 표현한다. 숙련된 와인 애호가도 비슷한 방법으로 잔에 든 와인의 냄새를 표현할 수 있다. 테스트를 해 보면 와인 전문가의 코는 일반인보다 나은 점이 없다. 단지 냄새를 알아차리는 연습과 냄새를 단어로 표현하는 연습을 더 했을 뿐이다. 희망이 없다고 느끼는 그 누구라도 와인에 대한 자신의 후각 능력을 개선할 수 있다. 한 와인이 다른 와인과 차이가 있다는 것만 안다면 요구되는 기본적인 감각 도구는 갖춘 셈이다. 어휘를 더욱 공고히 할 수 있는 약간의 노력만 더하면 된다.

(실제로는 아무리 전문가라 해도 와인 한 잔이나 조금의 향수로 그 향기를 분석해 내는 데는 한계가 있다. 오스트레일리아인 심리학자인 데이비드 레잉David Laing은 실험 참가자를 대상으로 1980년대에 테스트를 실시했다. 정향cloves(열대성 정향나무의 꽃을 말린 것으로 향신료로 씀), 스피어민트spearmint(유럽 원산의 박하 향신료), 오렌지, 아몬드 같은 친숙한 냄새를 단독으로 혹은 최대 다섯 가지까지 혼합해서 냄새 맡도록 한 후, 그들에게 일곱 가지의 냄새목록을 제공하고 각자가 맡은 냄새에 체크해 보라고 했다. 그 결과 단일 냄새나 두 가지 혼합 냄새는 아무런 문제가 없었다. 그러나 세 가지 이상의 혼합냄새는 정확도가 현저히 떨어졌다. 다섯 가지 냄새 혼합물의 모든 요소를 옳게 규명한 사람은 단 한 명도 없었다. 훗날 연구에서 이 결과는 공식화되었다. 향료 전문가나 조향사라도 혼합물에서 세 가지 내지 네 가지 이상의 냄새를 정확하게 규명하기는 어렵다. 냄새가 코나 뇌에서 부분적으로나마 서로 간섭을 일으키기 때문으로 풀이된다. 이를 염두에 두고 있는 한, 여섯 가지에서 여덟 가지 향을 규명해야 하는 와인 시음의 정확성에 회의적일 수밖에 없다.)

냄새를 규명하는 데 도움을 주는 방법이 있는가? 다시 말해 냄새를 좀 더 이해하기 쉽도록 종류별로 카테고리를 만들어 분류할 수 있는가? 맛은 그럴 수 있다. 단맛, 짠맛, 신맛, 쓴맛, 우마미 그리고 몇 가지 더 있다. 색깔과 소리도 분류가 간단하다. 그것은 빛의 파장이나 소리 진동의 주파수가 전부다. 그러나 냄새는 수천, 수십억 개의 분자가 만들어낸다. 또 그들은 제각각 다른 형태를 가지며, 다른 냄새 수용체를 활성화시킨다. 어떻게 이 모든 것을 이해할 수 있을까?

물론 사람들은 알고자 노력해 왔고, 오래전부터 분자에 관한 것을 알아냈다. 모든 생명체를 분류하는 방법을 찾아냄으로써 유명해진 칼 린네Carl Linnaeus는 냄새도 분류하려고 시도했다. 그는 모든 냄새를 일곱 가지 카테고리로 분류할 수 있다고 생각했다. 향긋한 냄새fragrant, 강한 양념 냄새spicy, 사향 냄새musky, 마늘 냄새garlicky, 염소 냄새goaty, 역겨운 냄새repulsive 그리고 메스꺼운 냄새nauseating였다. 동시대 사람인 알브레히트 본 할러Albrecht von Haller는 더욱 단순한 시스템을 만들었다. 모든 냄새를 아주 맛있는 냄새ambrosial와 악취stench 사이의 스펙트럼으로 분류한 것이다. 그보다 거의 2세기 후, 1만 가지 냄새를 주장한 크로커와 핸더슨은 냄새의 차원을 향긋한 냄새fragrant, 시큼한 냄새acid, 탄 냄새burnt, 염소 냄새goaty의 네 가지로 나눌 수 있다고 생각했다(냄새에 왜 염소를 끌어들였을까? 나는 숫염소의 고약한 냄새를 기본적으로 경험하는 감각의 하나로 인정할 수 없는데, 여러분의 생각은 어떤가? 내 생각이 어떻든, 앞으로도 계속 그렇게 나온다).

모르는 사람들이 보면 약간 신기하다 할 정도로 냄새의 분류 체계는 계속 바뀐다. 브라질의 수야Suya는 냄새를 단조로운 냄새bland, 강한 냄새strong, 그리고 자극적인 냄새pungent로 분류한다. 민감한 이야기일지 모르지만 이상하게도 그는 성인 남자에게서는 단조로운 냄새가, 여자에게서는 강한 냄새가 그리고 노인에게서는 자극적인 냄새가 난다고 했다. 세네갈의 세레르 엔두트Serer Ndut는 지린내urinous, 썩은 냄새rotten, 우유 냄새 및 생선 냄새milky/fishy, 매캐한 냄새acrid, 향긋한 냄새fragrant의 다섯 개 카테고리로 나눈다. 그의 분류에 따르면 원숭이와 고양이와 유럽인은 지린내가 나고, 썩은 냄새는 시체, 버섯, 오리에서 나며, 매캐한 냄새는 토마토와 영적 존재에서 난다고 한다(토마토와 유령의 공통점을 설명할 수 있는 사람은 상을 받을 자격이 있다). 세데르 엔두트의 말을 빌리면 자기네 종족에게서는 당연히 이 다섯 개의 카테고리 중 가장 좋은 냄새인 향긋한 냄새가 난다고 한다. 양파에서도 그 냄새가 난다니 글쎄, 모를 일이다.

분류 체계라는 것은 분류한 사람 나름의 단어와 개념을 도입하기 때문에, 문화적 색안경을 낀 상태에서 행해질 수밖에 없는 일이다. 자신에게 중요한 것을 이용하거나, 매일 대하는 것으로 이름을 짓는다. '우리'는 항상 좋은 냄새가 나고, '그들'은 항상 나쁜 냄새가 난다. 염소를 결코 만난 적이 없는 사람이라면 염소 냄새를 이해할 수 없다. 7장에서 알게 되겠지만 식품 향료 조향사는 냄새를 과일 냄새fruity, 꽃 냄새floral 그리고 양념 냄새spicy의 카테고리로 분류한다. 이는 그들이 매일 일하면서 기본적으로 취급하는 식재료들이다.

언어에 의존하지 않고 문화적 함정을 벗어나 냄새를 분류할 수 있는 방법이 있는가? 안드레아스 켈러Andreas Keller는 그럴 수 있다고 생각하는 사람이다. 부드러운 독일 악센트를 구사하는 덩치 큰 사나이 켈러는 과학과 철학의 경계에서 연구하며 양 분야 모두에서 훌륭한 업적을 쌓았다. 켈러는 무엇보다 우선 냄새에 몇 가지 차원이 존재하는지 알아보려고 다른 냄새 분자가 있는 세 개의 약병을 준비한 후 사람들에게 유사한 것끼리 그룹을 지어 보라고 했다. 모든 사람이 같은 짝의 병을 유사한 냄새로 선택한다면, 그 두 가지 향은 과일 향이라든지 하는 특정한 동일 차원에 있다고 할 수 있다. 반면에 유사한 냄새라고 지어진 짝이 사람마다 모두 제각각이라면 그 세 가지 냄새는 마치 등변삼각형의 꼭

짓점처럼 서로 등거리를 유지하고 있는 것이다. 즉, 두 가지 이상의 차원이 있음을 의미한다. 네 가지 등거리 냄새는 세 가지 이상의 차원을 필요로 한다. 차원 수가 늘어남에 따라 수학적으로 복잡해지긴 하겠지만 이 개념은 간단하다.

켈러의 희망은 조만간에 많은 냄새들을 추가해, 더 이상의 새로운 차원이 필요 없을 정도로 시험 환경을 만드는 것이다. 가장 큰 문제는 몇 개 또는 많은 수의 차원을 찾더라도 그것을 의미 있는 카테고리로 분류하는 일이 가능하느냐는 것이다. 최악의 시나리오는 400여 개나 되는 냄새 수용체가 제각각 다른 차원으로 존재할 경우다. 그 말은 분류에 근본적인 틀이 없다는 뜻이며, 지각의 카테고리로 냄새를 그룹화하는 효과적인 방법이 없다는 의미이기 때문이다. "약 20개 내지 30개 정도의 차원으로 분류된다면 나는 흥미로울 것이라 생각합니다."라고 켈러는 말한다. 그의 실험은 내가 글을 쓰는 순간에도 계속되고 있다. 그러나 결국 감당할 수 있는 수의 차원에서 멈추고 말 것 같아 비관적이다.

냄새를 분류하거나 냄새에 이름을 붙이는 성과가 이처럼 초라한 이유를 많은 사람들은 인간이 후각적으로 무능하기 때문이라 생각한다. 고작해야 코의 역할이라는 게 안경이 흘러내리는 것을 방지하는 정도란 얘기다. 그러나 이는 실로 너무 가혹한 이야기다. 코는 우리가 알고 있는 것보다 훨씬 더 강력한 도구이며, 많은 경우 실험실에 있는 최고 비싼 장비보다 더 민감하다.

좋은 예가 있다. 2000년대 초반에 버클리에 있는 캘리포니아대학 캠퍼스를 가로질러본 적이 있다면 눈가리개, 귀마개, 무릎 보호대, 두터운 장갑, 상하가 붙은 작업복 등으로 무장한 한 학부생이 잔디밭 위에서 땅바닥에 코를 박고 지그재그로 기어서 왔다 갔다 하는 모습을 보았을 것이다. 동아리에 가입할 때 행해야 하는 임의의 통과의례로서 캠퍼스를 가로질러 가며 코로 땅콩을 굴린 것일까? 선배 회원에게 굽실거리느라 그런 걸까? 아니다. 그는 바닥에 놓인 초콜릿 끈을 따라 냄새 흔적을 거의 완벽하게 추적하고 있었다.

우스꽝스러운 이 광경은 노암 소벨이 아이디어를 발굴하려는 약간 삐딱한 행동이었다(지금 그는 이스라엘의 바이츠만과학연구소Weizmann Institute of Science에서 일하지만, 그때는 버클리에서 조교수로 일했다). 초콜릿 추적 실험에서 소벨과 그의 학생들은 총 32명의 사람을 테스트했고, 그중 21명이 다른 감각은 차단당한 상태에서 코로만 초콜릿을 추적하는 데 성공했다. 한 걸음 더 나아가, 네 명의 실험 참가자에게 반복해 연습할 기회를 주자 그들 모두는 덜 주저하면서 더 빠르게 추적했다. 대신 코를 클립으로 막은 후 다시 시도했을 때는 모두 추적에 실패하고 말았다. 추적자가 냄새를 추적할 때는 실험자가 놓친 다른 단서를 이용하는 것이 결코 아니라는 명백한 증거다.

생각보다 나쁜 결과는 아니었다. 우리의 코는 냄새 맡는 일이라면 일가견 있는 다른 동물과 비교해도 실제로 별 손색이 없다. 스웨덴의 링코핑대학Linkoping University 심리학자인 매티아스 라스카Matthias Laska는 소벨이 초콜릿 연구를 하기 전부터 수십 년 동안 동물 코의 예민한 정도를 측정해 왔다. 이를 알 수 있는 대표적인 표준은 감지할 수 있는 가장 낮은 농도를 의미하는 후각 역치를 측정하는 것이다. 후각 역치는 도티의 기계가 내 코에서 측정하려 한 바로 그것이다. 원숭이나 코끼리에게 냄새를 인지했는지 여부를 물어볼 수는 없으므로 라스카는 차선책을 선택했다. 그는 음식으로 보상하는 방법을 냄새와 연계했다. 코끼리에게는 아주 맛있는 당근을, 다람쥐원숭이에게는 땅콩을 이용했다. 그리고 동물이 두 개의 상자 중 하나를 선택하도록 했다. 하나는 아무 냄새가 없는 빈 상자이고, 다른 하나는 숨길 수 없는 냄새가 나는 특별한 물건이 담긴 것이었다. 동물이 계속 특별한 물건 상자를 선택한다면 그들은 냄새를 맡을 수 있다는 말이다. 라스카는 냄새 농도를 낮춰가며 테스트를 반복했다. 특별한 물건이 든 상자가 어떤 것인지 동물이 알 수 없는 지점까지 오면 냄새 신호가 후각 역치 이하로 떨어졌음을 의미한다.

수년간 라스카는 박쥐부터 생쥐, 코끼리, 원숭이에 이르기까지 이 방법을 사용했다. 그는 호기심이 일어 자신의 시험 결과를 인간을 대상으로 실시한 다른 연구 결과와 비교해 보았다. 그 결과 동물이 인간보다 반드시 냄새를 더 잘 맡지는 않는다는 사실을 알았다. 그는 인간이 아닌 동물의 후각 역치에 관한 문헌을 있는 대로 모두 찾기 시작했다. 그런 다음, 사람에게 필적할 만한 한계치가 있는지 살펴보았다.

그는 자신의 첫 비교 결과가 우연이 아님을 알았다. 예를 들어, 시험한 41개 화학물질 중 31개 화학물질에 인간의 코는 쥐의 것보다 더 민감했다. 또 냄새 탐지 부문에서 인간은 15개 냄새 중 다섯 개 냄새에서 개보다 더 나은 결과를 보였다. 라스카는 이렇게 말했다. "인간의 냄새 감각이 미개하다는 옛 교과서의 논지가 맞다고 할 수 없습니다. 우리에게 희망이 없는 것이 아닙니다."

만약 그렇다면 세관원이 마약 밀수를 탐지할 때 보스턴 시민이 아닌 비글beagle(다리도 짧고 몸집도 작은 사냥개)을 선호하는 이유는 무엇일까? 공원에서 개가 우리를 추적하듯 우리는 왜 기꺼이 개를 추적하지 않는 것일까? 이는 대부분 시각과 청각에 의해 산만해지는 인간 감각의 특징 때문이라고 일정 부분 설명할 수 있다. "나 같은 냄새 연구원을 제외하면, 대부분은 주어진 환경에서 지속적으로 냄새 자극을 인지하지 못합니다." 라스카는 말한다. 첫째로 냄새에 주의를 집중하는 일은 장면이나 소리에 집중하는 일보다 더 힘들다. 군중 속에서 친구의 얼굴을 찾거나, 혹은 선반에서 특별한 제목의 책을 찾을 때, 시각은 공간의 특정한 위치에 초점을 맞춘다. 이와 비슷하게, 시끄러운 칵테일파티를 하는 도중에 누군가의 대화를 들으려 할 때, 우리는 화자의 얼굴을 향해 고개를 돌리고 어느 한 지점을 응시한다. 이 강렬한 공간적 초점이 우리가 보고 듣는 것이 무엇인지 알아차릴 수 있게 해 준다.

하지만, 냄새는 보통 동일한 방법으로 초점을 맞추지 않는다. 물론 와인 잔 속으로 코를 밀어 넣거나 아이의 기저귀 뒤에서 킁킁거릴 수 있다. 그처럼 냄새에 실제로 주의를 기울이는 경우도 있다. 그러나 그런 행동은 우리가 통상적으로 코를 사용하는 방법이 아니다. 대부분 코는 특정한 무언가에 초점이 맞추어져 있지 않다. 대신 주변에 떠도는 모든 것을 나누어지지 않은 혼합물 형태로 냄새 맡는다. 후각은 초점 한가운데에 있는 어떤 것이 아니라 주변시야peripheral vision(시선의 바깥쪽 범위)와 같은 것이다. 특정한 냄새에 주의를 집중한다손 치더라도 그 목표물을 감지하는 면에서 더 나은 효과가 있지 않음을 많은 연구 결과가 보여 준다.

우리는 생각보다 훨씬 많은 냄새를 무의식 상태에서 맡는다. 예를 들어, 사람들이 누군가와 악수한 후 잠시지만 자신의 손을 냄새 맡는 경향이 있다는 걸 알고 있는가? 소벨은 심리학 실험에 참여하려고 그저 무심하게 기다리던 학생을 비밀리에 촬영했다. 실험자를 방으로 데려와서 자기소개를 하게 했다. 때로는 악수하기도 하고 또 때로는 악수하지 않았으며, 그 후에는 다시 방을 나갔다. 몇 초가 지나자 악수를 한 학생은 자신의 손을 코에 갖다 대고 냄새를 맡았다. 특히 상대가 자신과 동성일 경우 더 심했다. "우리는 사람들이 마치 쥐처럼 자신에게 킁킁대는 것을 볼 수 있었습니다." 소벨은 말했다. 인식하지 않는 순간에도 확실히 우리는 어떤 종류의 정보를 취하고 있다(이를 알게 됨으로써, 당신이 인사를 나누는 경험에 영원히 오점을 생겼을지도 모르겠다. 미안하다).

장면과 소리는 연속적인 흐름으로 찾아온다. 반면 냄새는 수 초 동안의 '후각침묵'으로 분리되었다가 별도의 킁킁거림으로 맡아진다. 중요한 차이로 보이지는 않지만 어쨌든 그렇다. 연속성은 장면과 소리의 변화를 훨씬 알아차리기 쉽게 만든다. 연속성이 끊어지면 종종 '변화실명變化失明'이 된다. 한 유명한 실험 사례가 있다. 한 배우가 지도를 들고 순진한 보행자에게 다가가 길을 물었다. 보행자가 방향을 알려주기 전, 그 두 사람 사이로 큰 문을 옮기는 한 쌍의 작업자가 끼어들었다. 이 작업자들은 사실 실험자와 공모한 사람들이다. 보행자의 시야가 차단된 동안 두 번째 배우가 첫 번째 배우 자리를 대신했다. 작업자들이 지나가고 나서 실험 대상 중 절반이 단순히 방향을 알려주는 일을 계속했으며 그들이 대화하고 있는 사람이 바뀌었다는 사실을 알아차리지 못했다. 그들은 시야에 간격이 생긴 동안 일어난 변화에 눈이 멀어 있었다.

　변화실명이 시력과 같은 최전방의 감각에 영향을 미친다면, 후각에 미치는 영향은 훨씬 더 크다. 후각에서는 숨을 쉴 때마다 앞의 실험에서 큰 문이 지나가는 것과 같은 차단효과가 일어난다. 이처럼 변화실명은 변화하는 냄새를 추적하기 훨씬 어렵게 만들며, 또 그런 이유로 보고 듣기와 같은 방법으로 냄새를 알아차릴 수 없다.

　인간이 개처럼 냄새에 집중할 수 없는 매우 간단한 이유가 있다. 개의 코는 대부분의 냄새가 존재하는 땅 가까이에 위치해 있다. 반면 인간의 코는 그보다 훨씬 높은 허공에 위치한다. 소벨이 실험한 인간 사냥개 행위 같은 특별한 경우를 제외하고는, 우리가 모니터링할 수 있는 냄새 흔적만 좇는 것으로 그 풍부한 후각 세계를 간단히 인지하기는 불가능하다.

　우리 코가 땅 위의 냄새 흔적을 좇기에 적합하지 않은 위치에 있긴 하지만, 그 진가를 완벽하게 발휘할 수 있는 곳에 위치한 냄새도 있다. 바로 음식과 음료의 맛에 관계하는 냄새들이다. 인간은 맛 세계의 거장일지도 모른다. 왜 그런지 이해하려면, 우리가 '후각'이라고 생각하는 것이 사실은 두 가지 다른 감각임을 인정하지 않으면 안 된다. 교대제로 근무하는 택시 운전수가 차 한 대를 공유하듯, 그 두 가지 감각은 같은 장비를 공유한다.

　지금까지 우리는 냄새를 콧구멍을 통해 후각상피 쪽으로 공기를 들이마시는 과정이라 이야기해 왔다. 이런 종류의 냄새는 향기가 나는 꽃, 불타는 잎사귀, 바로 옆에 있는 연인같이 이 세상에 무엇이 있는지를 알려준다. 전문가들은 이것을 전비강성후각前鼻腔性嗅覺, orthonasal olfaction(코의 앞쪽인 비강을 통해서 느끼는 후각)이라 부르지만 그냥 단순히 코를 킁킁거려 맡는 냄새 정도로 생각하는 편이 좋을 듯하다.

그러나 냄새 분자가 후각상피에 도달하는 다른 경로가 있다. 뒷문을 통하는 것이다. 이 후비강성후각後鼻腔性嗅覺, retronasal olfaction(코의 뒤쪽인 인두를 통해서 느끼는 후각)은 무엇을 먹고 마실 때만 일어난다. 숨을 내쉴 때 음식이나 음료의 냄새 화합물 일부가 목구멍 뒤에서 생겨 뒤편에서부터 비강 쪽으로 들어간다. 목구멍의 형태는 음식의 냄새를 비강으로 밀어 넣기 좋은 구조로 되어있다. 이것을 보여 주고자 고든 셰퍼드는 CAT 스캐너Computerized Axial Tomograph(엑스레이나 초음파를 이용한 신체 내부 촬영장치)를 사용해 58세 실험 참가자의 코와 입, 목구멍의 정밀한 모양을 알아냈고 3D 프린터를 활용해 실물 크기의 해부학 모형을 만들었다. 그들은 이 모형을 이용해 공기의 흐름을 측정했고, 코로 흡입된 공기가 목구멍에서 공기 커튼을 형성해 효과적으로 입과 담을 쌓음으로써 입 속의 음식 조각과 냄새 분자가 폐로 흘러들어 가지 않도록 한다는 사실을 알아냈다(입을 닫은 상태로 씹는 것이 좋고 유용한 이유가 그것이다. 입을 열면 공기가 흘러들어 가 공기 커튼 만들기를 방해한다). 뿐만 아니라 커튼은 입에서 나온 음식 냄새가 전비강성후각을 오염시키지 않도록 해 준다. 숨을 내쉬면 공기커튼이 멈추고 냄새 분자는 입에서부터 비강으로 소용돌이쳐 들어가 후각상피에 도달한다. 결국 후비강성후각은 다른 말로 하면 맛의 전부다.

셰퍼드에 따르면 후비강성후각은 독특하게 인간에게만 발달한 능력이다. 개의 머리 모양과 인간의 머리 모양을 비교해 보라. 개는 긴 코를 가지고 있으며 머리는 목에서 앞쪽으로 돌출되어 있다. 그래서 비강이 입의 뒷면보다 앞쪽에 자리 잡는다. 그 결과 후각상피로 가는 후비강성후각 통로가 좁은 튜브 모양이어서, 냄새 분자는 긴 여행을 해야 한다. 이렇게 피곤한 여행을 하는 냄새 분자는 거의 없을 것이다. 다시 말해 개의 코는 전비강성후각에 최적화되어 있다. 이와 대조적으로 인간은 상대적으로 코가 짧다(내 코는 짧지 않다고 말하는 사람들이 있겠지만 집에서 키우는 푸들과 비교해 보면 확실히 알 수 있다). 더 중요한 것은 기립자세 때문에 인간의 머리가 목으로부터 튀어나오지 않고 목 위에 자리한다는 점이다. 그래서 냄새 분자가 입의 뒷면부터 후각상피까지 짧은 길을 따라 퍼진다. 이는 냄새를 맡고 맛을 느끼기에 훨씬 짧고도 쉬운 경로이며, 따라서 인간이 후비강성후각에 더 잘 어울린다는 생각은 합리적이다(인간은 또한 맛을 생각할 수 있는 큰 뇌를 가졌으며, 그 때문에 훨씬 더 정확하게 판단한다. 이에 대해서는 다음 장에서 다룬다).

냄새 맡는 방법이 두 가지 있다는 사실은 맛 경험의 특이한 점 중 하나를 잘 설명해 준다. 음식에서 맡은 냄새는 먹으면 얻을 수 있는 맛에 대해 꽤 많은 것을 말해 준다. 물론 전부를 알려주지는 않는다. 림버거 Limburger(젖소의 원유로 만드는 벨기에산 치즈)와 같은 악취 나는 치즈나 두리안durian(냄새는 고약하지만 맛은 달콤한 열대 과일)이라는 악명 높은 아시아 과일같이, 웬만큼 용기 내지 않으면 먹으려는 시도조차 못 할 정도로 불쾌한 냄새가 나면서도 막상 입에 넣으면 아주 훌륭한 '맛'이 나는 음식이 있다. 이와 비슷하게, 거의 모든 사람이 방금 내린 커피 향을 좋아하지만 모두가 그 맛(풍미)까지 좋아하진 않는다. 식품 향료 조향사가 말하기를 모든 냄새의 약 15퍼센트에서 그런 현상이 일어난다고 한다. 우리가 후비강성후각과 전비강성후각에 따라 다르게 반응한다는 사실을 감안한다면, 냄새와 맛 사이에 발생하는 차이는 이해할 수 있을 것이다.

이것을 과학적으로 확인하기란 말처럼 쉬운 일이 아니다. 후비강성후각 연구가 만만치 않기 때문이다. 입안에 커피를 조금 부어 넣는 식으로는 실험할 수 없다. 코 밑에서 손을 흔들어 냄새 맡을 때와는 달리 입안에 커피가 들어오면 맛과 촉각적 느낌을 함께 전달하게 되기 때문이다. 그런 이유로 과학자들은 후비강성 연구를 하려고 모든 기술을 동원해야 했고, 두 개의 플라스틱튜브를 꿰어 콧속으로 집어넣기에 이르렀다. 삽입된 튜브의 한쪽은 콧구멍 안쪽에서(전비강성용), 다른 한쪽은 목구멍 위쪽에서(후비강성용) 개방했다. 그리고 컴퓨터를 이용해 전비강성후각용 튜브와 후비강성후각용 튜브 양쪽 중 한쪽에 정확한 양의 냄새물질을 분무했다. 반면 다른 쪽 튜브에는 냄새-촉각에 대한 어떤 힌트도 느끼지 못하도록 무취의 공기를 흘렸다.

이 연구는 후비강성후각이 전비강성후각에 비해 참으로 다루기 힘들다는 것을 보여 준다. 그 한 가지로 후각 역치는 전비강성후각에 도착하는 냄새에 더 낮은 경향(더 민감한 경향)을 보인다. 맞는 것 같다. 전비강성후각은 환경 변화가 일어나면 조기에 경고한다. 따라서 사용할 수 있는 가장 민감한 감지기여야 한다. 반면 후비강성후각은 이미 입속에 들어온 음식의 맛을 감지한다. 그곳에는 많은 자극이 존재하기 때문에 먹은 음식을 규명하려면 뚜렷이 구별되는 특징을 집어내야만 한다.

그러한 분업을 지켜야 하므로 후비강성후각에서 감지되는 냄새는 맛을 처리하는 일을 담당하는 뇌 영역을 보다 효과적으로 자극한다는 것이 밝혀졌다. 이는 4장에서 다시 논의하도록 하겠다.

동일한 음식이 전비강성후각과 후비강성후각이라는 다른 경험을 왜 거치는가 하는 데는 신체적 이유가 있는 것 같다. 또 공기의 흐름과도 관계가 있음에 틀림없다. 연구원들이 아직 상세한 것을 밝혀내지는 못했지만, 400여 개의 수용체는 후각상피를 가로질러 무작위로 흩어져 있는 대신 수용체끼리 서로 혼합된 형태로 분류되어 네다섯 지역에 나뉘어 분포해 있는 것이 확실하다. 특히 우리 몸에서 가장 오래된 냄새 수용체는 후각상피의 맨 앞쪽에 밀집해 있다. 냄새 수용체는 물고기 조상으로부터 물려받은 것으로서 물고기가 유일하게 감지할 수 있는 수용성 냄새 물질에 잘 반응한다. 냄새 수용체는 전비강성 냄새를 제일 먼저 접촉하지만, 후비강성 냄새는 제일 마지막으로 접촉한다. 후비강성 냄새의 기류가 이 냄새 수용체에 도착할 때는, 많은 수의 수용성 냄새 물질은 이미 떨어져 나가고 물기 많은 비강의 훨씬 더 뒤편에서 아무 쓸모없게 된다. 코가 냄새를 앞쪽에서부터 뒤쪽으로 분류해 배열한다는 증거 또한 소벨이 발견한 것은 말할 것도 없다. 콧구멍에 따라 맡는 냄새가 다르다는 것도 그는 알았다. 높은 기류를 흡입하는 콧구멍은 비수용성 냄새에 잘 맞춰져 있으며, 전비강성 냄새의 기류가 흡입되면 이 비수용성 냄새를 훨씬 뒤편에 있는 관련 수용체에 전달한다. 똑같은 이유로, 후비강성 냄새를 내쉴 때와 전비강성 냄새를 들이마실 때, 냄새 물질은 서로 다르게 분류된다. 신선한 커피의 훌륭한 냄새와 숙성된 치즈나 두리안의 끔찍한 냄새는 수용성인 경향이 있어, 후비강성후각보다는 전비강성후각에 더 쉽게 접근한다는 사실을 만약 누군가가 밝혀낸다면 그건 결 될 것이 틀림없다. 불행하게도 내가 아는 한 아직까지 어느 누구도 그것을 밝혀낸 사람이 없다.

같은 날 나는 플로리다에 있는 셰퍼드와 후비강성후각에 대해 이야기했는데, 예기치 않게 거기서 얻은 새로운 지식을 써먹었다. 그날 밤, 내가 묵은 싸면서 적당히 좋은 모텔에서 얼마 떨어지지 않은, 싸지만 정말 괜찮은 멕시코 레스토랑에서 저녁을 먹었다(학회를 주최한 하얏트리전시 코코넛그로브는 내 급여 수준 이상이다. 유감이라 생각한다). 내가 제일 좋아하는 멕시코 맥주인 네그라모델로Negra Modelo(멕시코에서 생산되는 맥주 가운데 가장 깊은 맛을 지닌 맥주)를 주문하자 웨이터는 테이블 위에 맥주병을 갖다 놓았다. 웨이터에게 유리잔을 부탁하려 했다. '맥주를 더욱 맛있게 먹으려고' 항상 잔에 술을 따라 먹는 일종의 고상한 체하는 사람이 나였던 것이다. 그때 셰퍼드가 그날 오후에 한 말이 기억났다. 뭘 먹으려 앉는 순간 후비강성 냄새의 존재를 잊어버린다고 그가 말했었다. "생각해 보세요. 맛의 대부분은 당신이 숨을 내쉴 때 나는 거예요." 아하, 나는 생각했다. 유리잔은 맥주의 맛과 아무 상관이 없다. 그것은 나의 전비강성후각 경험을 풍부하게 해 줄 뿐, 전혀 다른 것이다. 나는 병째로 맥주를 마셨다. 분명히 맛은 거기에도 있었다.

그러나 어떤 맛이었을까? 맥주병을 입에 대고 네그라모델로의 초콜릿과 캐러멜 맛을 즐기는 장면에서 잠시 멈추어 보자. 그리고 다른 사람도 똑같은 맛을 느낄 수 있을지 물어보자. 사람마다 다른 맛 수용체를 가지고 있다는 것을 우리는 이미 알고 있다. 그렇기에 당신이 느낀 홉 맛 강한 맥주의 쓴맛은 나와 다를 수 있다. 또 나처럼 쓴맛을 더욱 강하게 느끼는 사람조차 맥주의 쓴맛을 좋아하는 법은 학습해야 한다는 것도 안다. 그러나 맛의 알짜배기는 후비강성후각에서 나오기 때문에(젤리빈 테스트를 기억하라) 사람마다 후각이 어떻게 다른지 살펴볼 가치는 충분히 있다.

사람이 약 400개의 냄새 수용체를 가지고 있다는 것은 이미 아는 사실이다. 여기 재미있는 사실이 있다. 그 400개 가운데 절반 정도는 모든 사람에게 작동하기 때문에 모두가 원하는 분자의 냄새를 맡을 수 있다. 나머지 절반은 어떤 사람에게는 효과가 있고, 어떤 사람에게는 효과가 없다. 그 말은 일부 사람은 냄새를 맡을 수 있지만 일부는 맡을 수 없는 거대한 영역에 포함된 물질이 있음을 의미한다. 좀 더 깊이 파고 들어가면, 작동하는 수용체조차 사람마다 조금씩 유전적 차이를 보이며 어떤 냄새에 좀 더 민감한 사람이 있는가 하면 그 반대도 있다. 사실 1천 개의 게놈 샘플을 조사해 보면 냄새 수용체의 약 30퍼센트가 사람에 따라 의미 있는 차이를 보인다. 이는 당신의 맛 세계가 나와 다른 것은 물론, 당신의 절친한 친구와, 심지어 당신의 부모와도 다르다는 의미다. 어떠한 두 사람도(일란성쌍둥이는 제외하고) 후각을 정확하게 공유할 우연은 없다. 모든 사람이 각자만의 독특한 맛 세계를 구축하고 있다.

사람들은 각자 정상 수용체와 손상 수용체를 세트로 모두 가지고 있지만, 그들의 코에 있는 이 수용체의 혼합 비율은 다 다르다. 영국 케임브리지의 생거연구소Sanger Institute에 근무하는 대런 로간Darren Logan은 이 증거를 보여 준다. 로간은 짧은 바지에 검은색 머리카락, 최신 유행하는 안경을 쓰고 호리호리하지만 후각 수용체에 대단한 열정을 품고 있는 압축된 에너지 집합체와도 같은 사람이다. 특히 그는 코에 있는 수백 개의 풍부한 후각 수용체를 측정하려고 유전자 서열 기술을 사용한 것으로 유명하다. 여기서 거북한 일이 생겼다. 각 개인이 보유한 수용체의 완전한 목록을 조사하려면 그는 코 전체, 좀 더 정밀하게 이야기하면 후각상피 전체를 연구할 필요가 있었다. 그러나 아무리 과학을 위해서라 해도 살아 있는 사람에게서 후각을 빼앗을 수는 없는 일이다. 또 아무리 신선한 시체라 해도 그 시체로부터 좋은 상태의 조직을 얻기 또한 어렵다. 그래서 로간은 대신 생쥐를 이용하기로 했다.

생쥐의 코는 1099개의 정상 수용체를 모두 사용하지만, 로간은 그 빈도수가 수용체별로 일정한 비율이 아님을 알았다. 일부 수용체는 빈도수가 아주 높고, 좀 많은 수의 수용체는 보통이었으며, 대부분은 빈도수가 낮았다. 그런 패턴은 유전자로부터 지시를 받는 것 같았다. 생쥐를 이용하는 것의 좋은 점 하나는 생쥐공급회사로부터 카탈로그를 받아 여러 가지 품종의 생쥐 중 유전적으로 동일한 생쥐만 골라 살 수 있다는 것이다. 로간은 유전적으로 동일한 두 마리의 생쥐를 비교했는데, 냄새 수용체의 빈도수 패턴이 정확하게 일치했다. 다른 말로 표현하면, 코에서 냄새 수용체의 혼합이 일어나는 이유는 유전자가 통제한다는 말이다. 다른 품종의 생쥐를 선택하자 패턴이 확실히 달랐다. 다른 아종亞種, subspecies(종種을 다시 세분한 생물 분류 단위로 종의 바로 아래 단위)으로부터 생쥐를 선택하자 그 차이는 더욱 커졌고, 빈도수는 수용체의 절반에서 백 배만큼 차이가 났다. "그것은 이론상으로 한 유형이 다른 유형에 비해 백 배 민감하다는 뜻입니다. 해당되는 수용체가 무엇을 감지하든 말이죠." 로간은 말한다.

쥐로 추정한 내용을 사람에 대입하는 일은 매우 신중해야 한다. 결국에는 말뿐인 결과로 만들어버려 꼴이 아주 우스워진 연구원이 많았다. 그러나 만약 사람이 이 점에서 생쥐와 같다면, 당신과 나의 정상 냄새 수용체는 조금은 다른 조합으로 이루어져 있을 뿐만 아니라 그렇게 다른 비율로 혼합되도록 유전자가 프로그램했다고 할 수 있다. 더 나아가 그것은 당신의 맛 세계를 내 것과 다르게 만들 것이다. 내가 이 글을 쓰는 동안 로간은 그의 생각을 직접 테스트할 수 있도록 더 신선하고 더 나은 시체의 코를 찾고 있을 것이다. 계속해서 지켜보도록 하자.

유전학에 대한 이런 이야기는 후각이 관여하는 부분에서 우리가 의도적으로 할 수 있는 일이 별로 없음을 알려준다. 물론 그 말은 어느 정도 사실이다. 만약 특정 냄새 수용체 유전자에 손상을 입는다면 그 수용체는 결코 사용할 수 없다. 그러나 실제로는 그보다 좀 더 복잡하다. 찰리 와이소키Charles Wysocki에게 물어보자.

와이소키는 1970년대부터 모넬에서 근무한 가장 오래된 연구원 중 한 명으로서, 연구를 시작하면서부터 바로 개인적 후각 차이에 매료된 사람이다(경력 중 가치 있는 업적으로, 그는 갓난 생쥐의 성 감별법에 대한 논문을 저술했다). 30년도 더 전에 사람들이 안드로스테논androstenone(수퇘지의 고환과 침에 담긴 화학물질) 냄새를 식별할 수 있는지 없는지 결정하는 것이 유전자라고 밝혀낸 사람이 개리 보챔프와 그였다. 안드로스테논은 수퇘지가 정력을 과시하는 표시로 사용하는 사향 냄새와 지린내를 내는 화합물로서, 송로松露, truffles(값비싼 버섯의 일종)의 핵심적인 맛 성분이기도 하다. 그들의 연구는 유전자가 후각에 영향을 미친다는 최초의 확실한 증거였다. 그 과정에서 그들은 다른 것도 알아냈다.

지금은 반 은퇴한 와이소키는 화려한 손풍금 연주자가 했을 법한 콧수염과 백발을 한 구부정한 자세의 작은 사람이다. 그는 회상한다. "나는 1978년에 그 화합물(안드로스테논)을 다루기 시작했는데, 나는 전혀 그 냄새를 맡을 수 없었습니다. 느끼지도 못했지요. 올바른 물질을 만들려면 천칭과 저울만 믿어야 했습니다." 매일 화합물과 씨름하던 수개월 후, 그는 연구실 주변에서 새로운 냄새가 나는 것을 알아차렸다. 놀랍게도 그 장본인은 안드로스테논이었다는 게 밝혀졌다. 왠지 모르게 그에게 안드로스테논을 냄새 맡을 수 있는 능력이 생긴 것이다. 그만이 아니었다. 그의 기술자 몇몇도 똑같은 사실을 보고했다. 아주 흥미로워진 그는 더 큰 규모의 표본을 테스트했다. 냄새를 못 맡던 사람 중 반이 그 화합물에 노출된 지 수 주일 후에 훨씬 민감해져 있었다. "이 사람은 냄새를 못 맡던 사람이었지만, 꽤 민감하게 냄새를 맡는 사람으로 바뀌었습니다." 원래부터 냄새를 아주 잘 맡던 사람 수준에까지 도달하지 않았지만, 어쨌든 그들은 안드로스테논을 미세하나마 감지할 수 있는 사람이 된 것이다.

상황은 점점 복잡해진다. 와이소키는 땀 냄새가 나는 3-메틸-2-헥세노익산3-methyl-2-hexenoic acid과 같은 다른 냄새 물질로 같은 실험을 실시했지만 감지 능력에 어떤 변화도 발견되지 않았다. 그의 동료인 팸 댈튼Pam Dalton이 마라스키노체리Maraschino-cherry(칵테일 또는 아이스크림, 파르페 등에 자주 사용되는 설탕에 절인 단 체리) 냄새가 나는 벤즈알데히드benzaldehyde(무색 또는 약간 황색인 수용성 휘발성 기름)에 반복 노출되면 일부 개선이 일어난다는 것을 보여 주었지만, 그것도 생식 가능 연령의 여성에게만 해당되고 남자나 어린 소녀, 폐경기 여성과는 무관한 이야기였다. 거의 30년이나 지난 지금까지도 다른 사람이나 다른 냄새와 달리 왜 유독 그 냄새에 노출된 일부 사람만이 냄새를 감지하는 능력이 나아졌는지 와이소키는 확실하게 알지 못한다.

그 해답의 일부는 냄새 수용체 그들 자신에 있거나, 그들이 냄새 물질에 상호작용하는 방법과 관련 있을 법하다. 뇌가 냄새 정보를 처리하는 방법에도 해답이 있을 수 있다. 후각 역치를 측정하는 사람들은 항상 그 수치가 똑같지 않음을 안다. 특정한 냄새에 대한 감지 한계치는 한 실험에서 다음 실험으로 넘어가는 사이 수천 배로 다양해질 수 있으며, 그 실험이 30분 만에 행해지든 1년이 지난 후에 행해지든 문제 되지 않는다. 그렇다는 말은 최소한 우리 코가 항상 똑같은 몫의 의식집중을 요구하지는 않는다는 걸 부분적이나마 보여 주는 것이다.

또한 냄새를 인식하고 규명하는 능력이 차츰 나아질 수도 있다. 연습은 확실히 많은 도움을 준다. 직접 증명도 가능하다. 주방 선반에서 양념 뚜껑을 연 후 눈을 감고 그것이 무엇인지 규명하려고 애써보라. 시행착오를 몇 차례 거치다 보면 점점 나아질 것이다. 연습의 힘은 와인 전문가의 시연에서 가장 생생하게 드러난다. 맛을 본 유리잔에서 피어오르는 냄새에 누구보다도 이름을 잘 붙일 수 있는 사람이 그들이다.

그러나 과학자들은 그런 전문가들을 테스트할 때마다(와인 전문가들은 자신의 후각 능력이 평균 이하로 드러날지도 모르는 테스트에 굳이 참여하려 하지 않는다) 그들의 후각 능력이 별 신통치 않다는 것을 발견했다. 그들의 평범한 코에 비범한 재주를 부여한 것은 그저 남보다 조금 많은 냄새에 대한 경험이다. 이은 자신의 맛감각이 예리하기를 원하는 사람에게는 고무적인 소식이다.

만약 도심에서 가장 좋은 레스토랑에 테이블을 예약했거나 좋은 와인을 마실 예정이라면, 여느 때보다 훨씬 더 맛이 나도록 후각을 확장할 수 있는 방법이 있다. 다소 이상하게 느낄지 모르지만, 기꺼이 수용한다면 얼마든지 가능하다. 구연산나트륨sodium citrate(무취이면서 산뜻한 짠맛이 있는 무색 또는 백색의 결정성 분말)이나 EDTAEthylene Diamine Tetraacetic Acid(에틸렌디아민 사초산四醋酸이라고 하며 혈액응고방지제로 주로 사용함)라고 불리는 화합물이 든 비강 스프레이를 사용하면 된다. 그것은 후각상피를 덮고 있는 점액질층에서 칼슘이온과 결합해 후각세포를 민감하게 만든 후, 몇 분이 지나서야 비로소 정상으로 돌아온다. 프렌치론드리French Laundry(토마스 켈러가 요리사 겸 주인인, 미국 나파밸리에 있는 유명한 프랑스 요리 전문 레스토랑)와 같은 고급 식당에서 15분마다 코에 스프레이를 뿌리는 것이 다소 지나친 일이라 생각한다면 또 다른 방법이 있다. 프로선수들이 콧구멍을 개방하려고 콧등을 가로질러 붙이는 비강 확장 밴드를 사용하는 것이다. 선수들은 많은 공기를 더 빨리 들이마시고자 그것을 사용한다. 그러나 부작용으로 후각상피로 가는 기류가 늘어나기도 한다. 이것을 사용하면 냄새 감지와 인식이 더 쉬워진다는 실험 결과도 있다(나는 중간 휴식 시간에 라커룸에서 비강 확장 밴드를 붙인 채 와인 시음을 하는 선수를 상상하면서 일요일 오후에 미식축구를 볼 때면 즐겁다).

경험이 후각을 어느 정도 바꿀 수는 있지만, 맛을 인지하는 데 결정적인 역할을 하는 것은 냄새 수용체의 유전적 구성이다(사실 이는 냄새 수용체 문제만은 아니다. 냄새가 수용체에 결합된 후 감각 경로에서 일어나는 일에는 1천 개 이상의 다른 유전자가 영향을 미친다. 사람마다 유전자가 차이를 보이는 것은 일부 사람이 다른 사람에 비해 냄새 전반에 걸쳐 더 예민한 감각이 있을 수 있다는 이야기다. 일부 사람이 다른 사람에 비해 더 잘 보고 더 잘 들을 수 있는 것과 마찬가지다. 그러나 일반적인 이 후각 민감도의 차이가 얼마나 큰지 측정해 본 사람은 아무도 없다. 따라서 그 주제는 아직도 커다란 의문부호로 남아 있다).

유전적 구성의 차이가 맛 경험에 어떻게 영향을 미치는지를 이해하는 것으로부터 출발해 보자. 예를 하나 들자면, 전부는 아니지만 많은 사람이 채소를 먹은 직후 소변을 보면 거기서 독특한 아스파라거스 냄새가 난다(마들렌의 맛 때문에 촉발되는 7권짜리 몽상으로 유명한 마르셀 프로스트는 아스파라거스가 "나의 요강을 향수 플라스크로 바꾸어놓았다."고 표현했다. 프로스트는 확실히 이상한 친구이며, 그런 표현은 그의 냄새 선호도가 어떤지를 보여 준다. 나는 아스파라거스에서 '향수' 냄새가 난다고 묘사할 생각은 전혀 없다). 냄새나는 소변을 본 사람은 메테인싸이올methanethiol(무에 들어 있는 독특한 향기 성분으로 썩은 배추와 같은 악취를 내는 유기 황화합물)로 불리는 냄새 분자를 생산하는 방법으로 아스파라거스를 소화시킨 것이며, 나머지 사람은 그렇지 않다고 과학자들이 오랫동안 추정해 왔다(나머지 사람들이 본 소변을 향기로운 소변이라고 부르자). 1980년 어느 날 연구원들은 캔에 든 아스파라거스 약 500그램을 향기로운 소변을 본 실험 참가자에게 먹인 후 그들의 소변을 채집했고, 아무런 의심을 하지 않는 실험 참가자에게 그 냄새를 제공했다. 자신의 소변에서 아스파라거스 냄새를 맡은 사람이 다른 대상자의 향기로운 소변에서도 아스파라거스 냄새를 감지해 내는 것을 발견하고 연구원들은 깜짝 놀랐다. 달리 말하면 향기로운 소변과 아스파라거스 냄새와의 차이는 먹은 사람의 소화 문제가 아니라 냄새 맡는 사람의 코에 따른 것이었다. 지금은 그 원인이 특정 냄새 수용체인 OR2M7 때문이라는 것을 안다(실제로 일부 사람은 무취의 소변을 보았음이 밝혀졌는데 그 이유는 아직 알려지지 않고 있다).

후각의 차이는 사람이 왜 다른 음식을 좋아하는지 설명하는 데 도움을 줄 가능성이 크다. 고수의 잎cilantro(음식에 향신료로 씀)를 예로 들어 보자. 대부분의 사람들이 강하고 풀잎 같은 그 냄새를 좋아하지만, 소수는 그 맛을 비누 같다거나 '벌레 같은' 것으로 묘사하며 혐오한다(어떻게 그들이 벌레 같은 맛을 알 수 있는지 궁금하다). 개인유전체학 기업인 23앤드미Company 23andMe(구글이 투자한 유전자 정보 분석 기업)의 과학자들은 최근 이 선호도를 OR6A2 유전자의 차이와 결부시켰다.

자세히 살펴보면, 유전자가 운명이라고 믿고 싶어 하는 사람들이 주의해야 할 점이 있다. 만약 OR6A2의 한 가지 변종(X변종이라 하자)을 가진 사람이 모두 고수 잎을 좋아하고 Y변종을 가진 사람이 모두 싫어한다면, OR6A2는 100퍼센트의 지각 차이를 설명한다고 말할 수 있다. 만약 OR6A2가 전혀 영향을 끼치지 않는다면 그건 당연히 차이가 0퍼센트라는 설명이다. 100퍼센트로 접근할수록 효과는 강하다. 고수 잎의 선호도에서 OR6A2는 지각 차이의 9퍼센트 이하를 설명하는 것으로 나타났다. OR6A2가 고수 잎 선호도에 대해 알려주는 바는 많이 없다는 해석이 가능하다.

나 자신의 후각 유전자를 밝혀 보려고 조엘 메인랜드에게 물었다가 배웠듯, 후각유전학의 많은 부분이 그렇다. 과학자들은 지각에 관여하는 극히 일부 후각 수용체 유전자만 알고 있기 때문에, 후각유전학은 내 게놈서열을 전부 조사하는 것이라기보다 몇 가지 OR 유전자의 변종을 규명하는 것일 뿐이다. 몇 주 후 나는 메인랜드의 실험실을 방문했고, 그 유전자가 감지하는 냄새의 강도와 쾌적함을 평가하는 일련의 후각 테스트를 받았다.

결과는 실망스럽다고 밖에 표현할 수 없다. 예를 들어 OR11A1를 알아보면, 이 OR$_{olfactory\ receptor}$(후각 수용체)은 2-에틸펜졸$_{2\text{-ethylfenchol}}$이라 불리는 흙냄새가 나는 분자를 감지한다. 그 분자는 가끔 맥주나 청량음료에서 오프플레이버$_{off\text{-}flavor}$(식품성분의 화학적 변화나 외부로부터의 혼입 등에 의해 제2차적으로 생긴 이취異臭, 변질취, 불쾌취, 악변취를 말함)를 내기도 한다. 인간에게 일반적인 것은 이 OR의 세 가지 변종 또는 대립유전자인데, 하나는 2-에틸펜졸을 감지하는 데 능숙하고 나머지 둘은 상대적으로 그 일에 서툴다. 내 게놈에 대한 메인랜드의 보고서에는 내가 대립유전자 복제물을 두 개 가지고 있고 그것이 2-에틸펜졸의 냄새에 특별히 민감한 사람으로 만들었다고 되어 있었다. 사람들은 대체로 강한 냄새를 덜 유쾌하게 받아들이는 경향이 있기 때문에, 메인랜드는 내가 2-

에틸펜졸을 보통 사람보다 더 불쾌하게 평가하리라 예측했다.

강도와 쾌적함의 두 가지 면 모두에서 예측은 잘못된 것으로 판명 났다. 0(감지 못함)에서 7(압도적으로 강함)까지의 척도에서, 나는 2-에틸펜졸의 강도를 메인랜드가 예측한 4.8보다 훨씬 적은 3.4로 평가했다. 쾌적도에서는 내가 5.0을 준 데(명백히 나는 진흙 냄새를 좋아한다) 반해, 메인랜드는 3.2로 주거나 다소 불쾌하다고 평가하리라고 예측했다. 또 OR10G4와 매캐한 냄새가 나는 과이어콜guaiacol(나무연기에 들어 있는 무색의 방향성 기름), OR11H7과 치즈 냄새 혹은 땀 냄새가 나는 이소발레르산isovaleric acid(무색, 신맛이 있는 액체로 불쾌한 산패치즈 냄새를 가짐), OR5A1과 베타아이오넌beta-ionone(화합물로서 제비꽃 향기 성분 중 하나)과 같은 수용체와 냄새의 짝에서도 비슷하게 혼란스러운 결과가 나왔다. 더러는 더 분명해진 부분도 있었다. 나는 OR7D4의 정상적인 복제물과 손상을 입은 복제물을 각각 하나씩 갖고 있다. 그 수용체는 와이소키가 연구하던 돼지 오줌과 송로 냄새가 나는 안드로스테논을 감지한다. 그렇다면 송로 냄새를 맡을 수 있는 내 능력이 보통이거나 그 이상이라는 뜻이다. 틀리지 않았다. 그러나 그것도 절대적이지 않다는 메인랜드의 말이 이어졌다. "두 개의 정상적인 복제물을 가진 사람이라도 그 냄새를 맡지 못하는 사람이 있는가 하면, 둘 모두 비정상적인 복제물을 가졌다 해도 여전히 냄새를 맡을 수 있는 사람도 있습니다."

단일 유전자를 가지고 맛 지각을 예측하는 데 서툴다는 사실은 놀랄만한 일이 아니라고 메인랜드는 말한다. 대부분의 냄새는 하나의 수용체가 아닌 다수의 수용체를 촉발시키기 때문에, 주어진 냄새에 대한 반응은 다수 유전자의 유전적 구성에 따른다. 이는 물을 많이 넣어 희석시키는 행위나 다름없다. "나는 하나의 수용체에 기초해 당신을 분류합니다. 그러나 당신은 399개의 다른 수용체 또한 가지고 있으며, 이것은 내가 끝까지 작업을 해내는 데에 잡음으로 작용할 것입니다." 그의 말이다. OR10G4를 예로 들어 보자. 그와 그의 동료는 이 OR10G4가 과이어콜과 바닐린vanillin(바닐라 향기의 핵심 분자)을 둘 다 감지할 수 있지만 과이어콜을 훨씬 더 민감하게 감지하는 수용체임을 알아냈다. 그러나 더 많은 조사가 이루어지면서, 손상된 OR10G4 복제물을 가진 사람이 과이어콜의 냄새를 보다 낮은 강도로 인식하는 반면 바닐린에는 어떤 차이도 보이지 않는다는 사실이 밝혀졌다. 바닐린이 OR10G4 대신 다른 수용체에 더 크게 의존하고 있다는 걸 짐작할 수 있었다. 유전학을 맛 지각과 연계하는 작업은 아직도 가야 할 길이 요원하다는 게 확실한 듯하다.

우리가 실로 원하는 바는 장면과 소리를 재생할 수 있듯이 후각도 충분한 이해가 이루어져 인위적으로 재생할 수 있는 수준까지 도달하는 것이다. 루크 스카이워커Luke Skywalker(영화 스타워즈의 등장인물)의 엑스윙 스타파이터X-wing Starfighter(영화 스타워즈에 나오는 유명한 전투기)가 다스 베이더Darth Vader의 데스스타Death Star(영화 스타워즈에 등장하는 죽음의 별)를 파괴할 때, 우리 앞에 실제로 보이는 것은 화면상의 픽셀pixels(텔레비전이나 컴퓨터 화면의 화상을 구성하는 최소 단위)일 뿐이지만 우리는 조정석에 있는 루크를 본다. 눈과 뇌가 그것을 실제 일어난 것으로 해석하려면 픽셀을 어떻게 혼합해 비디오 이미지로 만들어야 하는지 우리가 알고 있기 때문에 그것이 가능하다. 또 우리는 디지털 파일에서 0과 1의 문자열만으로 소리를 재현하는 방법을 알기 때문에, 실제로는 아무것도 일어나지 않았지만 폭발 소리를 듣기도 한다(진공의 공간이라면 당연히 어떠한 음파도 이동할 수 없다. 그러나 이는 전혀 다른 문제다).

어디에서도 맛을 재생할 수 없다. 다만 영화 역사상 영화 장면에 맞는 특정한 냄새를 재현한, 보다 정밀하게 말하면 도입한 괴짜들의 에피소드가 있기는 하다. 스멜오비전Smell-O-Vision(냄새를 풍기는 영화)이 대표적인 예다. 1960년 영화제작자인 마이크 토드Mike Todd(당시 그는 엘리자베스 테일러의 의붓아들이었다)는 <신비의 냄새>라는 영화를 상영하는 극장 안에 기계적으로 냄새를 내뿜을 수 있는 시스템을 개발했다. 어떤 배우가 화면에 등장하는 장면에서 파이프 담배 냄새를 관람객에게 뿌리도록 설계되어 있었다. 그러나 1960년도 당시에 큰돈인 수만 달러를 들여 극장마다 구축한 이 시스템은 제대로 작동하지 않았다. 2000년에 <타임>의 독자들은 스멜오비전을 '사상 최악의 100대 아이디어' 중 하나로 선정했다. 아직도 새로움을 추구하는 영화 제작자가 종종 다시 시도하고는 있지만, 최근에는 당시의 공조 시스템 대신 긁었을 때 냄새가 나는 카드를 주로 사용한다.

이런 것이 모두 참신하다고는 하지만 단순히 미리 준비한 냄새를 사용한 것에 불과하다. 그런 의미에서 복사된 그림을 보여 주는 것과 다를 바 없다. 아직 어디에서도 찾을 수 없는 디지털 후각의 진정한 목적은 소량의 '기본 냄새' 세트에서 필요한 요소만을 골라 결합함으로써 원하는 어떤 냄새라도(때에 따라서는 어떤 맛까지도) 만들어 낼 수 있도록 하는 것이다.

수십 년이 지난 오늘날, 그 목표는 언덕 너머 수평선 위 저 멀리서 보이는 듯도 하다. 최소한 문제의 크기가 어느 정도인지는 추정할 수 있게 된 것이다. 지구상의 모든 냄새는 400여 개의 냄새 수용체의 결합에 의해 암호화되어 있음에 틀림없다. 그렇다면 이론상으로는 어떤 냄새를 재현하려면 각기 다른 냄새 수용체를 자극하는 약 400개의 냄새 물질을 섞어 할당하면 된다. 냄새 수용체의 일부가 불필요한 복제물일 가능성도 있다는 것을 고려하면, 실제로 그 일은 좀 더 간단해진다. 더군다나 맛과 관련된 냄새만 디지털화한다면 음식 냄새 물질에 의해 활성화되지 않는 냄새 수용체는 전부 무시해도 되므로, 그 영역은 더욱 좁아진다. 조엘 메인랜드는 400개보다 훨씬 적은 수의 기본 냄새 물질로 대다수 음식의 냄새(그러니 풍미)를 적어도 개략적으로는 묘사할 수 있으리라 생각한다. 그는 코카콜라에서 식품 향료 조향사와 함께 일하고 있다. 그 식품 향료 조향사는 단지 40개의 기본냄새로 모든 음식의 85퍼센트에 해당하는 식별 가능한 복제물을 만들 수 있다고 주장한다.

메인랜드의 실험실을 방문했을 때, 그는 병뚜껑을 열어 나에게 혼합물의 냄새를 잠시 흘려주었다. "이것을 인식할 수 있습니까?" 그가 물었다. 친숙한 냄새가 났다. 하지만 냄새를 규명하려고 하면 별다른 이유 없이 얼어붙는 것처럼, 나는 혀가 꼬여 말이 나오지 않았으며 냄새에 이름을 붙일 수 없었다. 그가 딸기라고 말했을 때 비로소 모든 것이 제자리를 찾아갔다. 딸기. 완전하지는 않지만 참으로 그렇다고 느낄 만한 모조품이었다. 실제 딸기는 수백 개의 냄새 분자를 가진다. 그러나 시스-3-헥세놀cis-3-hexenol(막 베어 낸 풀 냄새가 나는 화학물질), 감마데칼락톤

gamma-decalactone(복숭아 냄새가 나는 화학물질), 에틸부티레이트ethyl butyrate(파인애플 냄새가 나는 무색, 무독, 휘발성 액체), 퓨라네올furaneol(솜사탕 냄새가 나는 화학물질) 이 네 가지만으로 메인랜드는 딸기와 같은 냄새가 나는 혼합물을 만들 수 있다. 그것이 고해상도 이미지라기보다는 픽셀 이미지에 가까운, 완전하지 않은 것이라고 그는 인정한다. 그가 말했다. "냄새에 관한 연구가 어떻게 진행되고 있는지 대충 개요를 보여 주는 8비트 그래픽에 불과한 것이지만 만족합니다. 다소 이상한 부분도 있지요. 그래도 체리나 바나나가 아닌 딸기임이 분명하고, 그것만으로도 우리는 매우 행복합니다."

그가 완벽하게 실제 물건과 같게 만들지는 못했지만, 사람들은 그 차이를 알아챌 수 없을 것 같다. 메인랜드는 그의 복제물을 이렇게 말한다. "사람들이 그것을 끔찍한 딸기라고 우리에게 말할지 모르지만, 만약 실제 딸기를 으깨어 후각계에 넣는다면 그들은 그때도 끔찍한 딸기라고 말할 것입니다." 보통 일상생활에서 우리는 친숙한 냄새의 모든 구성 성분을 인지하지 못하며, 실제 물건이 무슨 냄새를 내는지에 대한 제대로 된 심상心像도 갖고 있지 못하다고 알려져 있다. 예를 들어, 딸기에서 초록색의 식물과 관련한 분위기를 인지하는 사람은 드물다. 그래서 왜곡된 상태로 남은 딸기의 존재는 사람들을 어떻게든 오류로 이끈다.

메인랜드는 이제껏 딸기나 블루베리 또는 오렌지 냄새를 모방하려고 그 냄새에 자연적으로 포함되어 있는 냄새 성분을 사용해 왔다. 그는 좀 더 이상적인 것을 지향한다. "정말 우리가 원하는 바는 실제 딸기에는 없는 냄새 성분으로 딸기를 만드는 것입니다." 그는 말한다.

그 목적을 달성하고자, 메인랜드는 트위티 버드Tweety Bird(워너 브라더스의 만화영화에 나오는 노란색 카나리아)에게 식식거리며 말하는 실베스터Sylvester(워너 브라더스의 만화영화에 나오는 수고양이) 같은 목소리가 아니고는 발음하기조차 힘든 에틸메틸페닐글리시데이트ethyl methylphenylglycidate(화장품이나 향료를 만들 때 사용하는 유기 화합물)라고 화학자들이 부르는 분자에 흥미를 갖기 시작했다. 식품 향료 조향사 사이에 그 화학물질은 '스트로베리 알데히드'로 알려져 있다. 이름에서 벌써 이 물질이 딸기 냄새를 내며, 인공적으로 딸기 냄새를 만들 때 사용하고, 실제 딸기에서는 나오지 않는 것임을 추측할 수 있을 것이다(스트로베리 알데히드라는 이름에도 불구하고 이 물질은 알데히드aldehyde〔알데히드기-CHO를 가진 화합물의 총칭〕가 아니니, 이름을 항상 신뢰할 수는 없다). 메인랜드는 스트로베리 알데히드가 활성화시키는 냄새 수용체가 실제 딸기 냄새의 성분이 활성화시키는 수용체와 똑같은지 알고 싶었다. 딸기 모조품이 믿을 만한지 알기 위해서다.

만약 8비트 그래픽이 아니라 실제 맛을 정밀하게 재현하는 고해상도 이미지를 원한다면 어떻게 해야 할까? 지금까지 이 궁극적 목표에 가장 가까이 다가간 것은 뮌헨공과대학의 토마스 호프만Thomas Hofmann이 주축이 된 독일의 연구다. 대학도서관에서 영웅적 도전이라고까지 불린 그 연구에서, 호프만과 그의 동료들(식품과학 분야에서 일할 수밖에 없는 운명을 타고난 사람이라고 아주 좋은 호칭까지 얻은 디트마르 크라우트부르스트Dietmar Krautwurst를 포함해)은 특정한 음식에 존재하는 맛 분자를 분석한 6500권 이상의 과학책과 논문을 읽었다. 그들은 이 중 가장 훌륭하고 가장 상세한 연구만을 골라냈고 마침내 버섯에서 타코셸taco shells(만두피와 같이 저민 고기를 싸먹을 수 있도록 한 식품)에 이르기까지, 또 스카치위스키부터 도넛에 이르기까지, 모든 음식이라 칭할 수 있는 200개의 아이템을 선정했다. 그 음식의 핵심 냄새 물질 분자는 이미 규명된 상태였다. 대부분의 논문은 그 핵심 냄새 물질의 혼합물 냄새가 실제의 것과 구별할 수 없을 정도라는 진일보한 내용을 담고 있었다.

놀라운 사실은 이 다양한 음식 냄새나 맛을 단 226가지의 핵심 냄새 물질 팔레트로 재현할 수 있다는 점이다. 다양한 종류의 음식에 수천 개의 냄새 분자가 포함되어 있을 것을 감안하면 실로 고무적인 일이 아닐 수 없다. 이 핵심 냄새 물질 중 일부는 계속 반복해 나타난다. 그들의 표현을 빌리면 '보편적인 것'이다. 예를 들어 요리된 감자 냄새가 나는 메티오날은 그 음식 중 반 이상에서 나타났고, 풀 냄새의 헥사날hexanal(불포화 지방산이 분해될 때 생기는 산화물로 곰팡이나 세균의 증식을 억제하는 기능이 있음)과 신선한 과일 냄새의 아세트알데히드acetaldehyde(아세트산 제조용 가연성 무색 액체)는 각각 40퍼센트와 29퍼센트를 차지했다. 마늘 냄새가 나는 다이알릴디설파이드diallyl disulfide(마늘 기름의 주성분)와 그레이프프루트 냄새가 나는 1-p-멘텐-8-티올1-p-menthene-8-thiol 같은 냄새 물질은 적은 수의 음식 아이템에서만 뚜렷하게 나타났다. 때때로 몇 안 되는 냄새 물질만으로 음식 맛을 복제할 수 있는 경우도 있다. 예를 들어, 발효 버터는 단 세 가지만 필요로 한다. 보편적인 것인 버터 냄새가 나는 부탄-2,3-디온butan-2,3-dione과 코코넛 냄새가 나는 델타데칼락톤delta-decalactone, 땀 냄새가 나는 부탄산butanoic acid(불쾌한 산패 냄새를 가진 기름상의 액체)이다. 맥주나 코냑 같은 음식은 상대적으로 냄새를 더 정밀하게 모방하자니 보다 많은 18가지와 36가지의 핵심 냄새 물질이 필요했다. 그래봤자 그 수는 여전히 전체 기본 냄새 세트 중 10퍼센트에서 15퍼센트에 불과하다.

물론 226가지 기초 냄새로 디지털 맛 유닛을 만들려는 시도는 아직은 거대한 기술적 도전이다. 서너 가지 색깔밖에 되지 않는 프린터 잉크를 계속 채워 유지 관리하는 것만으로도 대다수의 사람들은 벅차하지 않는가? 그러나 숙련된 기술자와 값비싼 장비로 잘 갖춰진 실험실을 이용해서라도 이 일을 해낸다면, 후각은(더욱 확장해 맛까지도) 결국 주관성에서 자유로이 벗어날 수 있을 뿐 아니라 실로 객관적인 발판까지도 마련할 수 있다. 그렇게만 되면 8월의 열기가 가득한 정원에서 얻은 잘 익은 조지아 복숭아와 신선한 토마토라는 '짤막한 정보'만으로 그것을 정확하게 재현해 낼 수 있을 것이다. 유명한 요리사의 최고 요리를 저장할 수도 있고, 박물관에 기록 보관할 수도 있다. 지금 사진이 하는 역할처럼 여행 당시의 맛 기억을 수집할 수도 있으며, 집에서 그들을 다시 만날 수도 있다.

환상이 현실이 되려면 아직 해야 할 일이 많이 남아 있다. 후각 전선에서만이 아니다. 밝혀졌듯이, 맛에는 입맛과 후비강성 냄새 그 이상의 것이 있다. 질감과 온도 같은 신체적 촉각 또한 거대한 역할을 한다. 다음 장에서 살펴보기로 하자.

PART
03

Flavor

식감: 세 번째 맛

나는 이것을 계속 미루어 왔다. 식당 테이블 위에는 세 개의 매운 고추가 놓여 있다. 붉은색이 가미된 오렌지 빛깔에 손전등 모양의 하바네로habanero(강력한 매운맛뿐만 아니라 감귤류의 과일 향기를 가지고 있는 고추의 한 품종)와 날렵하고 작은 타이새눈칠리Thai bird's eye chilis(작지만 매운맛이 강하며 동남아시아에서 주로 많이 사용하는 고추), 큰 초록빛 비행선에 비교되는 상대적으로 덜 독한 할라피뇨jalapeno(멕시코 요리에 쓰이는 아주 매운 고추). 어쩔 수 없이 선택할 수밖에 없는 나의 임무는 그것을 먹는 것이다. 독자 여러분을 위해.

나는 매운 고추를 어느 정도 좋아하긴 한다. 우리 집 냉장고에는 세 가지 종류의 살사salsa(멕시코 음식에 쓰이는 소스)와 스리라차sriracha(태국 동부의 해안도시 스리라차에서 유래한 매운 소스의 한 종류) 한 병, 두반장 한 병이 있다. 이 모든 것을 나는 정기적으로 사용한다. 그러나 극단적이지는 않다. 타이 카레를 먹을 때, 나는 음식 속의 고추를 모두 한쪽으로 골라낸다. 하바네로는 먹어 본 적도 없다. 식품점에 가면 쉽게 알 수 있는 가장 매운 고추라는 그 명성이 나를 겁먹게 만들었다. 그것으로 요리도 하지 않았으며 달랑 그것만 먹을 엄두조차 내지 못했다(사실 내가 처음으로 산 하바네로는 용기를 내는 동안 냉장고에서 썩어갔다). 하지만 매운 고추를 폭넓게 다루는 장章을 쓰려면 최고 수준의 경험을 직접 해야 한다. 게다가 나는 자신에게 일어난 차 사고를 그저 막연히 바라보는 방관자만큼이나 별난 사람이니, 기꺼이 매운 고추를 먹고 말 것이다.

사람들이 맛을 이야기할 때, 보통 입맛과 냄새에 초점을 맞춘다. 누구나 마찬가지다. 그러나 세상에는 세 번째 맛감각이 있고, 사람들은 그걸 가끔씩 간과하는 경향이 있다. 바로 촉각이다. 여기 있는 불타는 듯한 맛의 칠리고추가 가장 친숙한 예지만, 다른 것도 있다. 와인 전문가는 와인의 '식감'을 입을 오므리게 하는 탄닌산tannins(떫은맛을 가지는 화합물의 총칭)의 톡 쏘는 맛과(이것은 차를 마시는 사람도 느끼곤 한다) 와인에 강한 향을 전해 주는 풍성한 질감의 개념으로 이야기한다. 껌을 씹는 사람과 박하를 좋아하는 사람은 그들이 먹는 제품에서 박하 맛의 시원한 느낌을 감지한다. 그리고 우리 모두는 탄산음료의 기포가 주는 짜릿함을 알고 있다.

이런 감각은 모두 냄새나 맛과는 무관하다(코카콜라 역시 단맛뿐 아니라 캐러멜이나 감귤 냄새, 그 외 다른 맛까지 가지고 있다). 사실 세 번째 기본 맛감각은 우리의 감시망에서 워낙 동떨어져 있어, 미식가조차 단일 이름으로 명명하지 못한다. 감각 과학자들은 그것을 '케메스세시스chemesthesis(화학적 화합물이 특정한 수용체를 활성화시킬 때 나타나는 감각)', '체지각somatosensation(눈,귀 등의 감각기 이외의 감각)', '3차 신경감각trigeminal sense(안면감각을 담당하며 일부는 씹기 근육의 운동에도 관여하는 감각)' 등으로 언급하기도 한다. 각각의 용어는 감각의 조금 다른 측면을 다루는 것이다. 하지만 이런 전문용어는 일반 대중에게는 별 의미가 없는 말이다. 그럼에도 공통적으로 관심을 갖는 까닭은 이들 감각이 명백한 촉각이며 맛을 경험하는 데 놀라울 정도로 필수적이라는 점 때문이다. 입맛과 냄새 그리고 촉각은 맛의 삼위일체다.

칠리의 화끈거림은 감각과학자에게 맛이나 냄새와 달리 고통에 훨씬 더 가까운 것으로 수십 년간 알려져 왔다. 칠리의 화끈거림을 이해할 수 있는 돌파구는 1997년에 찾았다. 당시 샌프란시스코에 있는 캘리포니아대학의 약리학자이던 데이비드 쥴리어스David Julius와 그의 동료는 칠리의 매움을 유발하는 자극적 성분인 캡사이신 수용체를 확인했다. 그 과제는 많은 인내를 필요로 했다. 쥴리어스와 그의 팀은 캡사이신에 반응하는 세포인 감각신경세포에서 활성화되어 있는 모든 유전자를 채집해, 캡사이신에 반응하지 않는 세포인 배양된 신장 세포로 가져가 그곳에 있는 유전자와 바꿔치기했다. 그 결과 그들은 신장 세포가 캡사이신에 반응하게 만드는 유전자를 찾을 수 있었다. 그 유전자는 '트립비원trip-vee-one'으로 발음하는 TRPV1이라는 수용체를 생성하는 것으로 밝혀졌다. 또 TRPV1 수용체는 캡사이신뿐 아니라 위험할 정도로 뜨거운 온도에 의해서도 활성화된다는 것이 추가적으로 알려졌다. 결국 칠리고추에 '뜨겁다hot'는 표현까지 동원하는 것은 단순한 비유가 아니라 뇌가 그렇게 말하는 것이며, 입이 실로 불타는 듯하다는 말인 것이다. 그것은 냄새나 맛이 아니라 느낌이고, 촉각을 다루는 신경을 통해 뇌로 전달된다. TRPV1 수용체는 피부의 안쪽 층 전반에서 발견되며, 한여름의 아스팔트나 오븐 속에서 달궈진 접시 때문에 화상을 입을 위험이 있다고 경고해 준다. 캡사이신이 침입할 수 있을 정도로 보호 외피가 얇은 곳에서는 더러 칠리의 화끈거림을 느낄 수도 있다. 눈이나 입 그리고 태양빛이 닿지 못하는 몇 군데가 그런 곳이다. 이것은 나이 든 헝가리 사람들이 왜 "좋은 파프리카는 두 번 불탄다."라고 말하는지 잘 설명해 준다(따라 해 보면, 두 번이란 입에 넣을 때와 뺄 때라는 걸 금방 알 수 있다).

연구를 더 진행한 결과 TRPV1은 열과 캡사이신 뿐 아니라 후추, 생강, 마늘, 양파, 계피를 포함해 다른 다양한 '매운' 음식에도 반응한다는 것을 알았다. 최근 들어 음식과 관련한 다른 체지각을 전해 주는 많은 TRP 수용체가 발견됐다. 쥴리어스가 '와사비수용체'라고 부르는 TRPA1은 와사비, 서양고추냉이, 겨자로부터 불의 감각을 느끼게 한다. TRPA1은 엑스트라버진 올리브오일extra-virgin olive의 열렬한 팬이 높이 평가하는 목넘김이 매운 느낌에도 관여한다.(목구멍 뒤쪽이 화한 느낌일수록 좋은 올리브오일이라고 여기는 사람이 많다.) 좋은 오일은 화끈거리는 느낌을 줘 목구멍의 이물감과 기침의 원인이 된다. 사실, 올리브오일을 맛본 사람들은 "기침 한 번 오일" 또는 "기침 두 번 오일"로 오일을 평가하며 그 횟수가 많을수록 높은 등급으로 여긴다(와사비가 올리브오일과 다른 느낌을 주는 이유 중 한 가지는 와사비에 있는 유황함유 화학물질이 휘발성이기 때문이다. 그래서 와사비는 고유의 특징인 '코 충격'을 느끼게 만들지만, 비휘발성인 올리브오일은 단순히 목구멍을 화끈거리게 만든다. 올리브오일은 TRPV1 수용체 또한 어느 정도 자극했을 것이다). 신기한 것은 TRPA1은 방울뱀이 어두운 밤에 먹이를 찾을 때 사용하는 열 수용체이기도 하다는 점이다.

따뜻한 온도보다는 차가운 온도에서 촉발되는 TRPM8은 멘톨 menthol(박하로부터 얻어지는 쏴한 맛이 나는 물질)과 유칼립톨eucalyptol(자극성의 짜릿한 맛이 나는 무색의 액체)의 시원한 감각을 불러일으킨다. 식품 회사 는 TRPM8을 좋아한다. 껌이나 구강세정제같이 시원한 입맛에 관련한 거대한 시장이 형성되어 있기 때문이다. 씹는 껌에 신선한 박하 향이 나게 하던 멘톨은 보다 효과적으로 TRPM8을 촉발시키는 다른 분자로 대부분 대치돼, 요즘은 훨씬 더 오래 박하 향이 유지되는 껌이 나오고 있는 실정이다.

과학자가 이런 지각을 설명하는 수용체를 이해하게 됨으로써, 칠리 고추의 민감한 맛 중 일부를 제거하는 일이 가능해졌다. 칠리마니아는 자신들의 기호에 집착하는 성향이 강해, 수십 가지 칠리 가운데 용도에 꼭 맞는 칠리만 선택하는 경향이 있다. 칠리 품종의 차이는 부분적으 로 냄새와 맛의 차이다. 어떤 것은 더 달고, 어떤 것은 과일 맛이 더 나 며, 또 어떤 것은 그 맛이 깊고 탁하다. 입안에서 느껴지는 방식도 품종 별로 차이가 있다.

한 가지 명백한 차이가 있다. 매운 정도다. 칠리 전문가는 칠리의 화 끈거림 정도를 스코빌지수Scoville Heat Units(칠리고추의 매운 정도를 나타내는 단위)로 측정한다. 그것은 1912년 약사이자 약학 연구원인 윌버 스코빌

Wilbur Scoville로부터 유래되었다. 정확히 칠리 요리의 온상이라고는 할 수 없는 디트로이트에서 일하면서 스코빌은 아주 참신한 아이디어를 떠올렸다. 맛 감식가가 더 이상 화끈거림을 느끼지 못할 때까지 고추에서 뽑아낸 추출물을 묽게 희석시키는 방법을 사용하면, 고추의 매운 정도를 측정할 수 있을 것이라 생각한 것이다. 매운 고추일수록 화끈거림을 씻어내려면 그것을 더욱 묽게 해야 했다. 10스코빌을 잠재우려면 고추 추출물을 10배 묽게 해야 한다. 더 매운 정도인 10만 스코빌은 10만 배 묽어져야 한다. 오늘날에 이르러서는 칠리의 캡사이신 함량을 연구실에서 직접 측정해 그것을 스코빌 단위로 환산함으로써, 더 이상 값비싼 음식 감정가를 동원해 매운 정도를 측정할 필요가 없게 되었다.

아무리 칠리의 매운 정도를 측정할 수 있게 되었다손 치더라도, 칠리의 매운 정도는 워낙 광범위하다. 안하임anaheims(끝이 가늘고 짙은 녹색이며 윤기가 나는 칠리고추의 일종)과 포블라노poblanos(멕시코 푸에블라 지방에서 재배되는 고추)는 상대적으로 꽤 순해 약 500에서 1,000스코빌이다. 할라피뇨는 5,000 주변이고, 세라노serranos(작고 매운맛이 강한 고추)는 15,000, 카이엔cayennes(기니아 향신료로 알려져 있는 고추)은 약 40,000, 타이 새눈칠리는 100,000 근처 그리고 내 식탁에 있는 하바네로는 100,000과 300,000스코빌 사이다. 이 글을 쓰고 있는 중에도 두려움을 모르는 영혼은 충격적인 숫자인 220만 스코빌에 달할 정도로 어마어마하게 매운 캐롤라이나리퍼Carolina Reaper(세계에서 가장 맵다고 알려진 고추)에 도전하고 있을지도 모르겠다. 그 정도면 경찰이 사용하는 페퍼스프레이pepper spray(호신용 분사 액체)의 강력함에 육박한다. 이런 고추를 먹는 강한 영혼의 온라인 동영상을 확인해 보라. 때때로 '성공한' 소비자가 앰뷸런스 신세를 지는 상황으로 끝을 맺는 경우도 있다. "그들은 고통 속에서 먹은 것을 몇 시간 동안 토해냈습니다. 실로 끔찍했지요."라고 모넬화학감각센터에서 매운 고추와 식감 연구를 하는 브루스 브라이언트Bruce Bryant는 말한다. "나는 고추를 잘 먹는 사람이 아닙니다. 30년 전 일이지만, 그보다 더 큰 고통은 없을 것입니다." 그가 덧붙이는 말이다.

극단적인 사고방식을 가진 사람들은 다른 것이 섞이지 않은 순수한 형태의 캡사이신이 엄청나게도 1,600만 스코빌이라는 사실도 문제 삼지 않는다. 만약 극도로 매운 것을 찾는다면, 모로코의 스퍼지spurge 나무에서 발견되는 레시니페라톡신resiniferatoxin이라고 하는 화학물질이 있다. 그것은 정제된 형태에서 160억 스코빌이나 되므로 치명적인 화학적 화상을 일으키기에 충분하다. 사람들은 그것을 먹지 않는다.

다시 요리 영역으로 돌아가서, 많은 칠리 애호가가 고추의 매움을 강한 정도 이외의 것으로도 정의할 수 있다고 주장한다. 여기에 관해 알고 싶다면, 뉴멕시코주립대학 칠리고추 연구소의 폴 보스랜드Paul Bosland 이사를 찾아보라. 보스랜드의 연구소는 칠리의 모든 것에 관여하며, 그는 식물 육종가라는 직업을 가진 사람으로서 칠리의 매움이 종류마다 어떻게 달라지는지 그 모든 세부 사항에 날카로운 직업적 관심을 보인다.

보스랜드와 그의 동료들은 매운 강도 이외에 네 가지 구성 요소를 따로 구별해 칠리의 매움을 표현한다고 한다. 그 첫 번째는 매움이 얼마나 빨리 시작하는가다. "사람들 대부분은 하바네로를 깨문 후 매움을 느끼기까지 약 20~30초 정도 걸립니다. 반면 아시아칠리는 즉각적이지요." 보스랜드의 말이다. 칠리는 또한 화끈거림의 지속성에서도 차이를 보인다. 할라피뇨와 아시아품종은 매운맛이 상대적으로 빨리 사라지는 데 비해 하바네로 같은 것은 몇 시간 동안 남아 있다. 칠리의 매운맛이 공격해 오는 곳 또한 다르다. "할라피뇨는 보통 혀와 입술 끝을 공격합니다. 뉴멕시코칠리의 공격 장소는 입의 한가운데죠. 그리고 하바네로는 그 뒷면입니다." 라고 보스랜드가 말한다. 그들은 네 번째로 '날카로움'과 '무딤'으로 화끈거림의 질을 구분한다. "날카롭다는 입 안에 핀이 꽂히는 것 같은 느낌이고, 무디다는 페인트브러시 같은 느낌입니다." 역시 그의 말이다. 뉴멕시코칠리는 무딘 반면, 아시아 칠리들은 날카로운 경향이 있다. 지난번에 타이 음식을 먹으면서, 나는 확실히 그 질을 인식할 수 있었다.

칠리의 화끈거리는 정도는 캡사이신에 관한 것만은 아니기 때문에 일부 차이가 확실히 발생한다. 알고 보면 캡사이신 계열에는 22개의 다른 화학물질이 있으며, 그들 각각은 TRPV1 수용체를 약간 다르게 자극한다. 예를 들면 노르디하이드로캡사이신nordihydrocapsaicin은 입의 앞부분에서 더 화끈거리며, 호모디하이드로캡사이신homodihydrocapsaicin은 목구멍 뒤편에서 화끈거린다고 코넬대학의 칠리 육종가인 마이클 마조우렉Michael Mazourek이 설명한다. 그러나 그 차이는 생각보다 중요하지 않다. 노르디하이드로캡사이신은 캡사이신 자체에 비해 강한 정도가 반밖에 되지 않으며, 캡사이신 함량이 기껏해야 7퍼센트에 불과하다. "노르디하이드로캡사이신은 약간 다른 성질을 가지고 있지만 그것이 끼치는 영향은 미미합니다."라고 마조우렉은 말한다. 캡사이시노이드 capsaicinoid(캡사이신과 이에 관련된 화합물)를 대표하는 두 가지는 캡사이신 그 자체와 디하이드로캡사이신dihydrocapsaicin이다. 둘이 합쳐 모든 고추 품종에 있는 캡사이시노이드의 50퍼센트 내지 90퍼센트를 차지하는 이들은 단연코 가장 강력한 존재로서 그 세계의 주도권을 쥐고 있다.

일부 고추가 다른 고추와 차이 나는 보다 큰 이유는 식품과학자가 흔히 '매트릭스 효과matrix effects(목적 성분의 농도가 동일함에도 불구하고 공존 성분이나 결정 구조 등의 차이에 따라 영향을 받는 현상)'라고 일컫는 것 때문이라고 마조우렉은 생각한다. 캡사이신은 고추의 매움을 표현하려고 고추 세포에서 빠져나와 혀와 입술 그리고 입천장에 달라붙는다. 튼튼한 세포를 가진 고추 품종일수록 씹을 때 캡사이신이 훨씬 천천히 나온다. 그럼으로써 더 천천히 화끈거림을 전하고, 입의 더 뒷면까지 공격해 들어간다. 기름기는 캡사이신을 씻어내는 속도에 영향을 미치므로 화끈거림의 지속 시간에도 영향력을 행사한다.

그러나 이 어떤 것도 칠리의 '날카로움'과 '무딤' 사이의 차이를 설명해 주지는 못한다. 사실 내가 얘기를 나눠본 어떤 사람도 이 현상을 명쾌하게 설명하지 못했다. 마조우렉과 줄리어스 두 사람도 마찬가지다. 보스랜드는 다른 캡사이시노이드가 관여했을 수도 있다고 말했지만, 그 예측을 뒷받침할 수 있는 어떤 데이터도 갖고 있지 않음을 인정했다. 브라이언트Bryant는 모든 사람이 단순히 차이가 있을 거라는 믿음으로 스스로를 속이고 있는지도 모른다고 얘기한다. 그는 이렇게 말했다. "아마도 다른 느낌이 날 것이라고 다른 사람에게 말하기만 하면 됩니다. 나는 이런 종류의 보고서에 실로 회의적입니다."

좋다, 이론은 충분하다. 나는 칠리 맛보기를 할 수 있는 한 늦추어왔지만 이제는 단행할 때가 된 것 같다. 첫 번째는 할라피뇨다. 매운 고추 서열상 비교적 약한 수준을 유지한다고 나와 있듯이 그것은 입의 전면에서 약하고 부드럽게 느껴지는 가벼운 화끈거림만을 전해 준다(보스랜드는 1점을 매겼다). 다스릴 수 있을 정도의 화끈거림을 느끼면서, 나는 두텁고 아삭한 과육과 달콤하면서도 거의 피망 맛이 나는 느낌에 집중할 수 있었다.

두 번째 목록에 있는 타이새눈칠리는 크기가 훨씬 작으며 과육은 더 얇고 거칠다. 그럼에도 곧바로 입 속 앞쪽에서부터 뒤쪽에 이르기까지 매움을 한바탕 가득 풀어 놓아 숨이 턱 막히도록 만든다. 점진적으로 일어나는 것이 아니라 치명적인 타격이다. 더 깊이 생각해 보면, 그 매움은 할라피뇨에 비해 약간 더 날카롭고 가시로 찌르는 듯한 느낌이다. 어쩌면 내 자신을 속이는 건지도 모르겠다.

마침내 내가 두려워하던 것, 하바네로다. 나는 아주 작게 잘라내(겁쟁이라 할지 모르지만, 나는 결코 30만 스코빌의 경험에 참여하겠다고 사인한 적이 없다) 씹기 시작한다. 처음으로 나를 덮쳐온 것은 맛이 이렇게 다를 수 있는가 하는 점이다. 하바네로가 전해 준 첫인상은 식물성 피망 맛 대신 훨씬 달고 과일 같은 놀라울 정도의 상쾌한 맛이다. 어쨌든 15초에서 20초 정도는 그랬다. 그러더니 느리지만 가차 없이 매운맛이 일어났다. 그리고 또 매운맛이 생겼다. 다시 또 매운맛이 생기더니, 조그만 그

고추 조각을 삼킨 후 오랫동안 나는 입안을 가득 채운 그 불 이외의 다른 어떤 것도 생각할 수 없었다. 하바네로는 타이칠리보다는 입의 뒷면 더 깊은 곳을 강타했으며 혀는 뒤늦게 불타올랐다. 5분에서 10분간 그 일은 지속되었다. 그리고 30분이 족히 지난 지금도, 내 입안에는 불에 탄 석탄 조각이 지그시 쌓여 있는 듯하다. 와우.

계속 입이 불타고 있는 것 같아 불을 끄고 싶은 마음뿐이다. 놀랍게도 과학자들은 이런 상황에는 아무런 도움이 되지 못한다. 차가움이 캡사이신에 자극받은 열감지수용체, TRPV1을 진정시키기 때문에 찬 음료는 다소 도움이 된다. 문제는 입이 정상 체온으로 돌아오면 불과 몇 초 지나지 않아 그 효과가 사라져 버린다는 점이다. 이 방법으로 칠리의 화끈거림에 대처해 본 사람이라면 누구나 쉽게 알 수 있다.

당분과 지방이 불을 끄는 데 도움을 준다는 말 역시 들은 적 있겠지만, 연구원들은 이 말을 완전히 신뢰하지 않는다. "거기서 탈출할 수 있는 가장 좋은 방법은 차가운 전유全乳, whole milk(지방분을 빼지 않은 우유)입니다."라고 펜실베니아대학의 존 헤이예스John Hayes는 말한다. 우리는 1장에서 쓴맛을 이야기할 때 헤이예스를 마주한 적이 있지만, 그는 칠리 고추의 식감에도 많은 관심을 갖고 있다. 이 사람은 강렬한 맛에 매료된 게 분명하다. "전유의 차가움은 화끈거림을 가리는 데 도움을 주며, 점성은 화끈거림을 완화해 주고, 지방은 수용체로부터 캡사이신을 빼앗아 버릴 것입니다." 그는 이렇게 말하면서도 그것을 뒷받침할 수 있는 데이터는 많지 않다고 지적한다. 음식의 점도를 높이면 맛을 약화하는 결과를 가져오는데, 아마도 그 이유는 점성이 맛에 버금가는 다른 감각을 유발해 우리의 주의를 분산시키기 때문이라고 그는 생각한다. 그러나 그것이 칠리의 화끈거림도 감소시키는지는 그 누구도 테스트한 적이 없다. 당분이 실제 도움을 주는지도 그는 확신하지 못한다. "당분이 실로 매운맛을 떨어뜨린다거나 부드럽게 만든다는 말을 확신하지 못합니다." 그는 말한다. 캡사이신이 기름에 잘 용해되는 지용성이므로 지방이나 오일이 수용체에서 캡사이신을 씻어 내는 데 확실히 효과적인 역할을 할 것으로 보이지만 그조차도 지금 논쟁 중에 있다. 만약 화끈거림을 느낀다면 이미 캡사이신이 조직 속에 침투했다는 말이며, 전유의 겉핥기식 헹굼으로는 그다지 큰 도움을 받을 수 없는 상태라고 브라이언트는 말한다. 대신 브라이언트는 다른 제안을 한다. "가서 벽돌담을 걸어차거나 망치로 손가락을 때리십시오. 당신의 혀가 느끼는 모든 것을 잊을 수 있을 겁니다."

브라이언트가 한 말에는 틀림없이 속뜻이 있을 것이다. 적어도 나는 그렇게 생각한다. 왜냐하면 매운 고추를 좋아하는 어떤 사람도 화끈거림을 이기려고 실제 자신의 손가락을 망치로 내려칠 리는 없기 때문이다. 어떤 면에서는 칠리고추나 와사비 같은 것의 가장 특징적인 부분을 강조했다고도 할 수 있다. 수백만의 사람들이 매운 칠리의 고통을 적극적으로 받아들여 기쁨의 형태로 느낀다. 세계 인구의 4분의 1이 매일 매운 고추를 먹듯이, 화끈거리는 매운맛은 세계의 유명한 요리 중 몇 가지 그 이상에서 두드러진 특징으로 나타난다. 미국에서도 최근 실시한 한 설문조사의 참석자 중 4분의 3 이상이 매운 칠리를 먹는 데 관심을 표명했다.

고통을 가함으로써 쾌감을 얻으려는 일부 특이한 사람도 있다. 탈 정도로 뜨거운 음식을 오븐에서 꺼내 먹을 때면 칠리를 먹을 때와 똑같은 수용체, 똑같은 신경이 반응해 정확하게 똑같은 감각이 전해진다. 그렇지만 기쁨을 누릴 수는 없다. 우리는 강한 산酸을 먹어 혀가 화학적인 화상을 입도록 하지는 않는다. 또 재미 삼아 손가락을 망치로 내려치지도 않는다. 그러면 왜 우리는 칠리로 기꺼이 고통을 가하며, 또 그러면서 왜 행복해할까? 비밀이 무엇이든 인간에게는 독특한 무엇이 있는 것 같다. 지구상의 어떤 포유류도 칠리에서 그와 비슷한 맛을 느끼지 않는다(새들은 칠리를 아주 미친 듯이 먹지만, 그것은 캡사이신에 반응하는 수용체를 갖고 있지 않기 때문이다. 가장 매운 하바네로도 잉꼬에게는 피망처럼 특별한 맛이 없다).

한 가지 가능한 설명은 칠리 애호가가 느끼는 고통은 매운 고추를 피하는 사람의 고통만큼 강하지 않다는 것이다. 캡사이신에 반복적으로 노출된 사람은 그것에 덜 민감해지는 것을 실험으로 확인했다. 히트Heet(고통을 누그러뜨리는 로션의 일종)나 아이시핫Icy Hot(고통을 누그러뜨리는 로션의 일종) 같은 리니먼트liniments(피부 또는 점막粘膜에 바르는 약제)는 고통을 없애는 성분으로서 캡사이신을 포함한다. 매운 고추를 먹은 사람에게 캡사이신 복용 테스트를 한 결과 화끈거림이 덜했다는 보고가 많은 것으로 보아, 칠리를 좋아하는 사람도 그러리라고 쉽게 생각할 수 있다. 그러나 조금만 더 자세히 결과를 들여다보면 그것이 그다지 설득력이 없음을 알 수 있다. 한 가지 예를 들어 보자. 칠리에 미숙한 사람은 어떤 샘플을 먹은 후 자기가 먹어 본 것 중 가장 맵다고 생각하면서 화끈거림 정도를 10점 중 9점으로 평가할지 모른다("내 입으로 담배에 불도 붙일 수 있겠어요!" 인도식 저녁 식사를 하는 동안 충격받은 루마니아 친구가 한때 이렇게 외친 적이 있다). 반면 숙련가는 "하하, 더 매운 것을 먹은 적이 있어요."라면서 동일한 샘플에 5점을 줄 수도 있다(경험은 화끈거림을 무마시키는 게 아니라 주관적인 등급을 낮출 뿐이라는 뜻-옮긴이). 일부 연구원은 무미각가인 린다 바르토슉의 선례를 내세우면서 등급의 최상단을 '지금까지 경험한 일 중에서 가장 강한 감각'으로 정의한다면 이 또한 아무 문제가 안 된다고 항변할 수도 있겠지만, 모든 연구 결과가 그렇지는 않았다.

유전학이 일부 역할을 할 수도 있다. 일란성쌍둥이(모든 유전자를 공유하는)와 이란성쌍둥이(유전자의 반만을 공유하는)의 연구에 따르면, 칠리 고추에 대한 선호도에 유전자가 18퍼센트에서 58퍼센트를 차지한다고 한다. 유달리 민감한 TRPV1 수용체를 가진 사람들도 있다. 예를 들면 지금 그것을 조사하고 있는 헤이예스가 그러하다. 그는 이렇게 말한다. "의미 있는 TRPV1 변이가 있는지는 아직 확실치 않습니다." 이와 비슷하게, 칠리가 절대 미각가나 혀에 용상유두가 많은 사람(짐작건대 그 때문에 통증신경말단이 많은 사람)에게 더 큰 고통을 야기한다는 것이 일부(전부는 아니다) 연구에서 밝혀졌다.

칠리 애호가가 고통에 면역되지 않는다는 것은 아주 분명하다. 그냥 물어보기만 해도 알 수 있다. "나는 모든 모공이 열리고 눈물이 흐를 정도로 강하게 매운맛을 좋아합니다. 그러나 어린 두 아이와 함께 집에 있으면 그러기 쉽지 않습니다." 헤이예스가 말한다. 지금껏 헤이예스는 스리라차 한 병으로 고통을 주로 즐겨 왔다. "내 아이들은 그것을 아빠의 케첩이라고 부릅니다."

　헤이예스의 말을 들어 보면, 칠리를 좋아하는 다른 사람처럼 그도 적극적으로 고통을 즐기는 사람임에 틀림없다. 그 역설은 지금까지 수십 년 동안 심리학자의 관심을 집중시켜 왔다. 1980년대로 되돌아가, 펜실베니아주립대학의 선구적인 연구원 폴 로진Paul Rozin은 칠리를 먹는 행위가 무서운 영화를 보거나 롤러코스터를 타는 것과 같은 '양성마조히즘masochism(타인에게 물리적이거나 정신적인 고통을 받고 성적 만족을 느끼는 병적인 심리상태)'의 한 형태라고 설명한다. 고통은 대부분 임박한 해로움을 경고하는 형태로 나타난다. 오븐에서 김을 계속 내는 구운 감자는 입에 분포되어 있는 세포를 죽일 정도로 충분히 뜨거워서, 잠재적으로 영구적 손상을 야기할 수 있다. 손가락으로 떨어지는 망치는 뼈를 부러뜨릴 수 있다. 그러나 칠리의 화끈거림은 최고 극단치인 백만 스코빌을 제외하고는 위장 경보 정도다. 실제 위험에 노출될 걱정 없이, 그저 가장자리에서 생의 스릴을 즐기는 한 가지 방법일 뿐이다.

　십여 년 후, 헤이예스와 그의 학생 나디아 번스Nadia Byrnes(최소한 크게 불릴 때 그는 매운 고추 연구원으로서는 가장 좋은 이름을 가진 사람이다. —Byrens와 Burns의 발음이 비슷함을 빗대는 말-옮긴이)는 로진의 일을 맡아 진행하고 있었다. 만약 칠리 애호가가 정말로 칠리에서 스릴을 찾는다면, 그들에게 감각추구성향sensation-seeking personalities(다양하고 신기하고 복잡한 감각과 경험을 추구하며 이러한 경험을 얻고자 신체적, 사회적, 법적, 재정적인 위험을 기꺼이 감수하려는 경향으로 정의되는 특질)이 있는 것으로 볼 수 있다고 번스와 헤이예스는 추론했다. 그들은 자료실에서 감각추구성향을 측정하는 여러 가지 방법을 찾아냈다. 자료실에는 심리학자들이 사람마다의 개성을 측정하고자 개발한 방대한 종류의 개인 성향 테스트 '도구'가 보관되어 있었다. 그중 가장 최근의 것이면서 최고의 것은 아넷Arnett의 '감각추구성향 목록'이라는 설문이었다. 그들은 그것을 이용해 칠리 애호가들이 흥분을 실제로 추구하는 사람인지 알아보기 시작했다.

칠리를 먹는 사람으로서 나 역시 이해관계가 걸려 있었기에, 인터넷에서 아넷의 목록을 찾아 스스로 테스트해 보았다. 그건 20문항밖에 되지 않는다. 각 질문은 자신에 대한 진술(예를 들어 "음악을 들을 때 큰 소리로 듣는 것을 좋아한다."라든가, "자동차 사고를 보는 것은 재미있다." 그리고 "미지의 땅을 처음으로 탐험하는 것을 즐긴다."와 같은 것)을 던져 주고, '전혀 아니다'부터 '매우 그렇다' 사이에서 최고 4점을 기준으로 점수를 매기도록 되어있다. 점수를 모두 더해 나온 20과 80 사이의 숫자가 자극에 대한 열망 정도를 보여 주며, 이를 바탕으로 성격 연구가 이루어진다(실제로 아넷은 신기성 추구novelty-seeking(새로운 감각을 추구하는 성향)와 강렬함 추구intensity-seeking(보다 강렬한 감각을 추구하는 성향)라는 두 가지 하위 영역을 제공한다. 첫 번째 영역에서 나는 40점 만점에 30점이라는 높은 점수를 받았다. 두 번째 영역에서는 19점으로 다소 점수가 낮았다. 나는 심리학자가 아니고, 자기진단이라는 것 자체가 으레 어떤 경우에도 의심스럽기 마련이라 그것의 신뢰성에 크게 기대하지 않았지만 공교롭게도 결과는 나의 성향과 정확히 일치했다. 나는 새로운 장소를 방문하거나 새로운 음식을 먹는 것에 열망이 강하고 기꺼이 즐기려 하지만, 롤러코스터를 무서워하고 과도하게 소리가 큰 음악에는 짜증을 내는 사람이다).

번스와 헤이예스가 거의 250명에 가까운 실험 참가자를 테스트했을 때, 그들은 칠리 애호가가 칠리를 피하는 사람에 비해 실제로 감각 추구자에 가깝다는 것을 알았다. 그렇다고 감각 추구자가 생의 모든 부분에 더 열정을 갖고 다가간다는 말은 아니다. 그 효과는 칠리에만 특정된다. 솜사탕이나 핫도그, 탈지우유와 같이 심심한 음식은 감각 추구자가 소심한 사람보다 더 잘 먹는 것 같지 않다.

칠리를 먹는 사람들은 또한 보상 민감도라는 개성의 측면에서 높은 점수를 얻는 경향이 있다. 보상 민감도는 칭찬, 관심 그리고 기타 외부 강화 요인에 얼마나 이끌리는가를 측정하는 지표다. 좀 더 자세히 연구원을 살펴보자 재미있는 패턴이 나타났다. 여자에게는 감각 추구 성향이 칠리를 먹는 것을 예측하는 아주 훌륭한 지표인데 비해, 남자에게는 보상 민감도가 더 나은 예측지표였다. 남자가 칠리를 먹는 데는 남자다움을 과시하려는 허세가 일정 부분 역할을 하지만 여자에게는 그렇지 않기 때문이라고 헤이예스는 생각한다. "여자들은 가장 매운 칠리고추를 먹을 수 있다는 사회적 위신을 의식하지 않지만, 남자들은 의식합니다."라고 그는 짐작한다. 여자들이 칠리를 먹는 행위는 남자다움 같은 것에 좌우되지 않고 흥분을 추구하려는 내부적 동기에 보다 강하게 영향받은 것이다.

그건 그렇고, 칠리 애호가가 매운 요리에서 얻은 쾌감을 떠벌이기도 하고 또 때로는 고추를 다른 미각을 '일깨워주는 것'이라 주장하는 사이, 칠리의 화끈거림이 음식의 다른 맛을 즐기는 데 방해가 된다는 칠리 혐오자의 불평도 종종 들려온다. 어떤 쪽이 맞을까? 중요한 것은 이 문제에 대한 과학적 연구가 놀랍게도 거의 이루어지지 않았다는 점이지만, 핵심은 캡사이신이 다른 맛을 차단한다 하더라도 그 효과는 작다는 데 있다. 매운 것을 한입 먹은 후에 '맛을 잘 느끼지 못한다'고 사람들이 불평하는 이유는 분명, 그들이 친숙하지 않은 화끈거림에 너무 집중한 나머지 다른 맛을 감지하지 못했기 때문이다. 바꿔 말하면, 맛을 즐기는 데 방해되는 것은 '매운' 것이 아니라 '너무 매운' 것이라는 뜻이며, 매운 것이 너무 매운 것이 되는 그 경계치마저도 지극히 개인적이라는 뜻이다.

칠리가 맛에 관련하는 촉각을 주는 음식으로서 많은 관심을 독차지하고 있지만, 유일한 것은 아니다. 그 이외의 흥미를 끄는 것은 화자오에서 느낄 수 있는 얼얼한 감각이다. 화자오는 중국과 인도 그리고 네팔요리에 공통적으로 들어가는 재료다. 만약 이런 독특한 느낌을 경험해 보지 못했다면 한 번 시도해 볼 것을 나는 적극 권장한다. 아시아 식료품점이나 식품 전문점에 가면 쓰촨후추Szechuan peppercorns라는 이름으로 발견할 수 있을 것이다. 그것은 쓰촨후추라는 이름에도 불구하고 칠리도 아니고 후추도 아니며 감귤류의 한 종류로 꽃눈일 따름이다. 그들은 작은 갈색 팩맨Pac-men(일본 회사가 만든 비디오 게임에 나오는 입을 살짝 벌린 모양의 캐릭터)같이 생겼다. 그것을 집어 입안에 넣고 잠깐 동안 씹어 혀에 잘 닿도록 한 후 몇 분만 기다려 보라. 처음에는 후추를 연상시키는 약간 매운맛이 전해질 것이다. 그리고 그 맛은 한 번도 경험해 본 적이 없는 얼얼한 감각으로 빠르게 대체될 것이다. 어떤 사람들은 혀끝에 9볼트 배

터리가 닿은 느낌과 유사하다고 표현한다. 또 다른 사람들은 진동과 같은 것이라 말하기도 한다. "그것은 진짜 미친 감각입니다. 상처를 주지도 않으며, 캡사이신처럼 고통스럽거나 짜증나게 하지도 않아요. 그저 윙윙거릴 따름입니다." 오하이오주립대학에서 화자오를 연구하는 식품 과학자, 크리스 사이몬Chris Simons은 그렇게 말한다. 영국의 연구원들이 일반인을 대상으로 화자오의 느낌을 손가락 끝에 전해지는 기계적 진동과 일치시키는 실험을 한 적이 있다. 그들은 화자오의 윙윙거림이 50헤르츠의 진동과 같다는 것을 발견했다. 그것은 대략 피아노에서 왼쪽에서 일곱 번째 흰 건반인 가장 낮은 G의 진동수에 해당한다.

상세한 것은 아직 완전히 밝혀지지 않았지만, 화자오에 들어 있는 활성성분인 산쇼올sanshool(혀끝이 아린 듯한 느낌을 주는 매운맛을 내는 성분)이 신경세포에서 칼륨의 흐름을 막은 것으로 보인다. 칼륨은 신경 활동을 억제하는 작용을 하는데, 이 작용이 산쇼올 때문에 막히다 보니 자연히 신경을 자극하는 결과로 이어진 것이다. 결국 신경은 무작위로 발화될 가능성이 커지고, 신경의 이런 불안정한 상태가 윙윙거리는 느낌의 이유가 되었다고 할 수 있다. 제약 회사는 진통제 개발을 목표로 이러한 칼륨 활동 경로를 연구하고 있다. 실제로 산쇼올은 15분 내지 20분 후에 마비 현상을 유발하고, 그 마비는 15분 정도 지속되는 것으로 나타났다. 사이몬은 이 마비 때문에 칠리고추에서 비롯되는 고통이 어느 정도 차단됨을 알아냈다. 이 점이야말로 요리사가 자신의 요리에 화자오를 추가하는 참 원인일 것이라고 그는 추측한다.

만약 나와 같은 취향의 사람이라면, 화자오가 들어간 마파두부를 먹는 순간 한 컵의 차가운 맥주로 그 입을 씻어내 버리고 싶을 것이다. 혀에 작용하는 맥주나 탄산음료의 거품은 맛의 식감 측면에서 매운맛과의 관계를 설명하는 또 다른 일반적인 사례가 될 수 있기 때문에, 적어도 이 장을 읽고 있는 중이라면 그건 좋은 선택이다. 만약 맥주와 탄산음료의 감각을 생각해 본 적이 있다면, 아마도 탄산화 작용 중의 톡 쏘는 맛이 오로지 거품 때문이라고 추정했을 것이다. 대부분의 과학자도 최근까지 그렇게 생각해 왔다. "내가 이 일을 처음 시작했을 때, 과학자들은 톡 쏘는 맛을 만드는 것이 혀 위에서 터지는 거품이라고 말했습니다."라고 브라이언트는 말한다. 브라이언트는 우연히 한 권의 의학저널을 마주하면서 그 간단한 이야기를 다시 생각하게 되었다. 그 저널에는 고지대 등산가이기도 한 의사의 편지가 실려 있었다. 다른 등산가와 마찬가지로 그 역시 산을 오를 때면 고산병을 극복하려고 약을 먹었다. 문제의 어떤 등산길에서 여섯 병의 축하용 맥주를 가지고 힘들게 산을 오른 그는 정상에 도착한 후 한 병을 따 마셨는데, 거품은 풍부했지만 톡 쏘는 맛이 없음을 알아차렸다. 흥미로워진 그와 동료는 해수면에서 다시 그 효과를 테스트해 보았다. 그 결과 고산병 약이 거품이 그대로라도 탄산화작용 중의 톡 쏘는 맛은 완전히 없애 버린다는 것을 알았다.

이 수수께끼의 핵심은 고산병 약이 탄산탈수효소炭酸脫水酵素, carbonic anhydrase(이산화탄소와 물을 탄산수소이온과 수소이온으로 바꾸는 촉매로 작용하는 효소)라고 불리는 효소를 억제한다는 데 있다. 탄산탈수효소는 탄산음료에 거품의 형태로 들어 있는 이산화탄소를 탄산으로 바꾸는 역할을 수행한다. 유리잔에서 이산화탄소는 매우 천천히 탄산으로 변하지만, 음료가 일단 입안에 들어오면 탄산탈수효소가 반응을 훨씬 빨리 일으켜 탄산화한다. 결국 그 약이 탄산화 과정을 저지해 톡 쏘는 맛을 해체시킨다는 뜻이다. 또 이 말은 톡 쏘는 맛에 영향을 미치는 것이 거품이 아니라 탄산임을 암시한다.

브라이언트와 그의 동료 폴 와이즈Paul Wise는 거품은 제거하고 이산화탄소는 보존하는 방법으로 이 생각을 테스트할 수 있을 거라 판단했다. "우리는 탄산수와 맥주를 조금씩 가져와 고압실에 넣고 2기압까지 상승시켰습니다." 그는 회상한다. 증가한 압력은 병속에 봉인된 것과 같은 상태로 거품을 액체에 용해시켰다. "탄산수는 거품이 없었는데 정상적인 압력 하에서 거품과 함께 마셨을 때 느껴지는 것과 똑같은 톡 쏘는 맛을 갖고 있었습니다." 거품이 터지는 이야기는 그쯤 하기로 하자. 다만 탄산화 과정 중의 톡 쏘는 맛은 산酸에 의한 일종의 화상火傷에 불과하고, TRPV1 수용체가 감지하는 또 다른 감각이었을 뿐이다.

그러나 여전히 무언가가 브라이언트를 괴롭혔다. 거품도 경험의 어떤 부분이 아닐까 하는 생각을 버릴 수 없었기 때문이다. 그래서 그와 와이즈는 다른 시험을 실시했다. 이번에는 탄산화 과정이 중간 정도 진행돼 톡 쏘는 맛을 아주 조금 생성하면서 눈에 띌 정도의 거품은 없는, 그런 물을 실험 참가자들에게 제공했다. 그리고 그들의 혀 아래쪽에 수족관 에어스톤air stone(물속에서 공기를 발생시키는 조그만 돌)을 살짝 끼워 약간의 거품이 일어나도록 했다. 이때 거품은 산 성분이 없는 순수한 것이었다. 그는 말한다. "우리는 근본적으로 거품을 사용해 혀를 자극했습니다. 그러자 탄산화 과정 중의 톡 쏘는 맛이 증가했다는 보고가 있었죠." 그러나 톡 쏘는 맛이 늘어난 원인이, 거품 뒤에는 으레 톡 쏘는 맛이 따르게 마련이라고 대상자들이 예상했기 때문인지, 아니면 다른 무엇이 계속 진행되고 있어서인지는 명확하지 않다. 거품과 톡 쏘는 맛의 학문적 연계는 곧 다시 자세히 살펴볼 예정이다.

음식을 한입 베어 물 때, 캡사이신, 멘톨, 산쇼올, 산과 같은 특정한 화학물질의 존재를 감지하는 것은 신경세포다. 지금까지 우리는 입맛과 냄새가 맛에 기여하듯, 그 신경세포가 가진 감각도 맛에 기여한다는 사실을 이야기해 왔다. 유일한 차이점은, 이 경우에는 정보가 후각이나 미각 신경보다 촉각신경을 통해 전달된다는 것이다. 그러나 식감 사이에 끼어 있는 애매한 층 또한 존재한다. 일반적 의미에서는 촉각에 더 가까운 문제인데, 특히 주목할 것이 떫은맛이다. 덜 익은 바나나를 먹어보거나, 맛이 강한 홍차 혹은 어린 캘리포니아 까베르네로 만든 탄닌 성분이 강한 레드와인을 마셔보면 이 감각을 쉽게 알 수 있다. 건조하고 입을 오므리게 하는 느낌을 인식해 보라. 그것이 떫은맛이다. 음식 속 탄닌과 그밖의 폴리페놀이 침 속의 단백질에 달라붙어 침이 음식을 씹을 때 입 속에서 윤활 작용하지 못하게 방해하면 떫은맛을 느끼게 된다(홍차에 우유를 넣어 보면 그 차는 덜 떫어진다. 석탄산이 침 속 단백질에 달라붙기 전에 우유 속 단백질이 석탄산과 먼저 결합해 버리기 때문이다).

떫은맛을 느껴보면, 특정한 음식이 왜 서로 잘 어울리는지 이해할 수 있다. 스테이크를 곁들인 레드와인, 크림이 풍부한 수프 뒤의 셔벗 sorbet(과즙에 물, 설탕 따위를 넣어 얼린 것. 흔히 디저트로 먹음), 소시지와 함께 먹는 피클pickles, 기름진 제육볶음에 더한 녹차 등을 생각해 보라. 가끔 '구강세정제'라고 불리는 이 떫은 음식과 음료의 조합 각각에는 지방이 풍부한 음식이 포함되어 있다. 지방과 떫은맛이 최고의 상호 보완제로서 음식의 음과 양이 될 수 있다는 말은 아닐까?

이 질문은 폴 브레슬린의 흥미를 끌어, 모넬의 연구원으로서 저녁 식사 식탁에 강한 호기심과 열정을 보이는 계기가 되었다. 몇 년 전 브레슬린과 그의 동료는 실험실에서 제대로 된 실험을 실시해 구강세정제의 개념을 확인하기로 결정했다. 브레슬린 팀은 실험 참가자에게 포도씨와 녹차에서 추출한 표준화된 떫은맛을 약간 제공하고 입에서 느껴지는 느낌을 설명해 보라고 했다. 떫은맛이 포함된 음식을 직접 제공하지 않은 이유는 실험과 상관없는 여러 가지 성분이 음식에 포함돼 있어 실험 결과에 복잡한 혼란을 야기할 수 있기 때문이다. 실험 참가자는 떫은맛을 반복해서 섭취하다 보니 점점 누적돼, 마침내는 그다지 떫지 않은 것을 마셨음에도 강하게 입을 오므리는 결과를 보여 주었다. 그러나 홍차 한 모금과 기름진 말린 고기 씹기를 번갈아 되풀이하도록 했더니, 반대의 결과를 내놓았다. 고기의 지방은 홍차의 떫은맛을 부드럽게 만들고, 홍차는 혀에서 고기의 기름진 느낌을 "씻어낸" 것이다. 다음에 립아이스테이크rib-eye steak를 구워 먹을 때, 잊지 말고 와인 한 모금을 마시면서 확인해 보시길.

이따금 윤활성과 떫은맛 두 가지 모두를 동시에 가지는 음식도 찾을 수 있다. 초콜릿은 아주 대표적인 예다. 그러한 사실은 헤이예스로 하여금 윤활성을 없애는 것만이 과연 떫은맛을 내는 유일한 원인인지 의심을 품도록 만들었다. 만약 입의 윤활 작용을 돕는 코코아버터로도 떫은맛이 충분히 씻기지 않는다면, 우리가 떫은맛을 보다 직접적으로 감지한다는 뜻이 되기 때문이다. 아니나 다를까 최근 들어 린다 바르토슉과 독일연구원들이 연구 결과를 발표했다. 떫은맛 감지에도 수용체가 관여할 가능성이 높다는 것이다. 하지만 그 의문은 지금까지 확인되지 않은 상태로 남아 있다.

한편 지방 쪽 문제는 순수한 질감의 문제인 듯 보인다. 1장에서 보았듯이 지방의 일부분인 지방산에서 우리가 느끼는 맛감각은 크림 같고 감미롭고 풍성한 맛이 아니라 끔찍하고 변질된 듯한 맛이다. 대신 버터가 든 소스나 아이스크림을 먹을 때면, 지방은 입속에서 점성을 가진 부드러운 것으로 느껴진다. 그건 혀나 입술 위에 분포된 보통의 촉각 수용체가 느끼는 감각이다.

이 시점에 이르면 이야기는 맛과 냄새라는 소위 '화학적 감각'과 칠리의 화끈거림 같은 수용체 기반의 체지각적 감각 모두를 넘어서기 시작한다. 이 세상에서 일반적인 감각이라 할 수 있는 촉각, 시각, 청각은 활동하는 데 당연히 매우 중요한 역할을 한다. 바삭바삭한 감자 칩과 눅눅한 것 그리고 적당히 씹히는 맛이 있는 브로콜리 요리와 너무 익혀 곤죽같이 되어 버린 것 사이의 차이를 생각해 보자. "음식을 먹는 데에서 내가 가장 중요시하는 것으로는, 맛과 냄새가 확실히 중심을 차지하지만 윤활성, 바삭함, 씹힘 등도 거의 대등한 위치를 차지합니다. 질감과 지방질, 크림 같은 부드러움, 윤활성, 심지어 바삭함에 이르기까지 이런 것이 우리 음식에 얼마나 중요하게 작용하는지 생각해 본다면, 그것을 빼고 맛을 이야기한다는 것은 생각조차 못 할 일입니다. 생각조차 할 수 없는 일이지요." 브레슬린은 말한다.

사람들 대부분은 음식의 이런 질감이 맛과는 구별되는 무언가라 생각한다. 나 역시 처음에는 그렇게 생각했다. 그러나 다음 장에서 볼 수 있듯, 이 감각이 뇌에 도달하는 순간 그들은 전혀 구별되지 않는다.

PART
04

Flavor

맛이 왜 당신의
머리를 지배하는가

런던의 번화가 이스링턴 지구Islington district의 어퍼스트리트Upper Street를 오가다 보면 셀 수 없이 많은 식당을 만나는데, 그중에서 울프하우스the House of Wolf는 아마 좀 이상하다는 느낌이 든다. 1층에 커다란 창문이 있는 단조로운 3층짜리 회색 벽돌집은 한때 빅토리아 음악당이었다. 오늘날은 '인형의 집The Doll's House'이라 불리는 나이트클럽으로 바뀌었지만, 2010년대 초반 수년간은 소유주가 "식사와 음주, 예술과 오락을 독창적으로 추구하는 사람들에게 바친 다기능적, 다중 감각적 기쁨의 궁전."이라고 명명한 집이었다. 다른 사람은 그곳을 런던의 가장 실험적인 식당이라 불렀다. 그 식당 주방의 특징이라면 예측 가능하기도 하고 예측 불가능하기도 한 전위적 객원 요리사 집단이라고 할 수 있는데, 그 요리사들은 하나같이 단 한두 달 동안만 스토브를 쥐었다가 다음 사람으로 대체되곤 했다.

2012년 10월, 울프하우스가 처음 문을 열었을 때 운 좋게 우연히 그곳을 방문했다면, 아마도 생애 최고로 독특한 식사를 경험할 수 있었을 것이다. 맨 먼저 식당에 들어서는 순간 천장에 떠 있는 헬륨 풍선의 줄에 매달린 롤빵을 마주한다. 요리사인 예술가 캐롤라인 홉킨슨Caroline Hobkinson은 귀마개를 끼우라고 일러 주고는, 손을 사용하지 않고 줄에 매달린 빵을 먹으라고 한다. 마치 허공에 매달린 사과를 잡으러 다니듯이 롤빵을 야금야금 갉아먹다 보면, 빵 껍질에서 아작아작 소리가 나고 그 소리는 귀에 꽂힌 귀마개 때문에 더욱 확대되어 들린다. "당신은 맛을 들을 수 있습니까?" 홉킨슨이 메뉴판을 통해 묻는다.

다음 코스에서는 눈가리개를 써야 한다. 웨이터는 따뜻한 염소젖 치즈를 얹은 크래커를 준다. 그것은 로즈메리와 구운 붉은 고추를 연상하기 충분하다. 처음 한입 베어 먹은 후에 눈가리개를 풀면 크래커 위에는 로즈메리와 고추가 전혀 없다는 것을 알게 된다. 당신이 크래커와 맛없는 치즈를 먹는 동안 그들은 코앞에서 단지 냄새만을 피웠을 뿐이다. "당신은 맛을 볼 수 있습니까?" 홉킨슨이 메뉴에서 묻는다.

다음 코스에는 눈가리개도 귀마개도 없다. 대신 웨이터는 당신 앞에 연어회 한 접시와 호박색이 가득 찬 주사기 하나를 놓아둔다. 지시에 따라, 당신은 물고기에 액체를 주입한다. 그 액체는 10년산 아드벡Aardbeg(우아한 스모크 향이 나며 알코올 함량이 높은 스코틀랜드산 위스키)으로 밝혀진다. 마술처럼, 위스키로부터 나온 스모크 향은 맛을 활어에서 훈제 연어로 바꾸어놓는다. "당신은 맛을 냄새 맡을 수 있습니까?" 메뉴는 묻는다.

이제 당신은 구강 세정 과정을 거친다. 진gin(정류精溜 알코올에 노간주나무 열매로 향기를 내는 무색투명한 증류주) 액이 주입된 얼린 오이를 소금 결정으로 코팅된 스푼을 사용해 한 번, 장미 향수 결정으로 코팅된 스푼을 사용하여 한 번씩 번갈아 가며 먹음으로써 혀에 두 가지 이상한 질감을 부여한다. 그 후에 메인 요리인 최고급의 사슴 허리 고기가 버섯, 말린 자두 그리고 야생 체리와 함께 나온다. "아, 마침내 정상적인 것이 나왔군." 하고 당신은 생각한다. 글쎄, 그런 것 같지 않다. 포크 대신 웨이터는 끝이 무디게 깎여 갈라진 팔뚝만 한 나뭇가지를 가져다 준다. 석기시대의 사냥꾼처럼 이 나뭇가지를 사용해 고기를 찍어 먹어야 한다. "당신은 맛을 느낄 수 있습니까?" 홉킨슨은 묻는다.

마지막 코스는 '소리 케이크팝cake pop(막대 위에 둥근 모양의 초콜릿케이크를 꽂은 막대사탕 같은 당과 제품)'이라는 디저트로 그것은 특이한 장식물과 함께 제공된다. 다름 아닌 전화번호다. 휴대전화를 꺼내 그 번호로 전화를 하면 쓴맛이면 '1', 단맛이면 '2'를 누르라는 안내 음성이 나온다. 당신이 한 선택에 따라 낮은음의 천둥소리나 높은음의 칭얼대는 소리를 들을 수 있다. 그 소리는 디저트의 맛을 쓰게 하거나 달게 만든다. "당신은 맛에 접속할 수 있습니까?" 홉킨슨은 묻는다.

그 모든 것은 식사보다 행위예술에 가까운, 다소 과장된 것처럼 보인다. 단계마다 그러하다. 그러나 대부분의 예술이 그렇듯 거기에는 보다 깊은 메시지가 있다. 홉킨스는 식사 경험에서의 선입견을 이용해 놀이 그 훨씬 너머의 것을 수행하고 있다. 그녀의 별난 연회는 견고한 과학에 바탕을 둔 것으로서, 맛의 개념을 보기, 듣기, 만지기, 심지어 생각하기까지 포함하도록 확장하고 있다. 사실 지각 과학자들은 음식의 맛이 실제로 그 음식 안에는 전혀 포함되어 있지 않다고 강하게 주장하기도 한다. 대신 한 번 베어 물 때 느껴지는 전 영역의 감각을 이용해 마음속에 맛을 구축한다는 것이다. 홉킨스의 식사는 그런 창의적인 과정의 일부를 설명하도록 설계되어 있다.

이 모든 연구를 막후에서 홉킨스를 도운 공동 연구원은 옥스퍼드대학의 심리학자인 찰스 스펜스Charles Spence다. 성긴 머리카락에 깊게 패인 턱, 아랫입술이 약간 돌출된 잘생긴 남자인 스펜스는 열정적이고 자기 일을 사랑하는 사람으로서 자신감이 강한 편이다. 왜 그렇지 않겠는가? 그는 '다중 감각적 지각'이라 칭하는 분야에서 세계 최고 전문가 중 한 사람이다. 스펜스는 끊임없이 자신의 음식을 대상으로 음식이 왜 그런 식으로 맛이 나는지 그리고 요리사, 식품 회사, 평범한 가정 요리사가 스스로 준비한 요리의 맛을 높일 수 있는 방법은 무엇인지를 이해하고자 연구를 거듭한다. 그 방면에서 스펜스는 잉글랜드의 헤스톤 블루멘살Heston Blumenthal과 스페인의 페란 아드리아Ferran Adria를 포함해 세계 최고 요리사들과 협력한다. 그는 세계에 있는 거의 모든 고급 식당에서 VIP 테이블을 장악할 만한 영향력이 있는 몇 안 되는 과학자 중 한 사람이다.

많은 스타 과학자처럼, 스펜스도 그를 유명하게 만든 연구에 도달하기까지 지름길이 아닌 둘러 가는 길을 택했다. 그는 언제나 다중 감각적 지각에 흥미를 느꼈지만, 처음에는 이미 더 많은 성과가 나와 있는 시각, 청각, 촉각 쪽에 초점을 맞추었다. 1990년대에는 미각이나 후각 같은 '사소한' 감각 쪽에 종사하는 사람이 거의 없었다. "이상하게 보일지 모르지만, 심리학자 대부분이 소위 고차원적 감각이라는 데만 관심을 두었습니다. 음식과 맛에 관해서는 읽을거리도 많지 않았어요.” 그는 말한다. 그러나 그는 일찌감치 맛에 다중 감각적인 접근 방식을 적용하려고 유니레버Unilever(유지 제품을 주력으로 생산하는 다국적 기업) 같은 식품 회사로부터 약간의 보조금을 받고 있었다. 그는 개인적으로나 직업적으로나 곧 다중 감각적 지각으로 빠져들었다. “음식과 음료는 인생의 가장 즐거운 활동 중 하나이며, 또한 가장 다중 감각적이기도 합니다. 심리학자들이 결국 찾아오게 되는 확실한 곳입니다.” 그의 말이다.

연구원은 다중 감각에 놀라기보다 관심이 적었다. 지금까지 올바르게 생각해 왔다면, 여러 가지 감각이 맛에 기여하고 있음을 우리는 알지만. 예를 들어, 바닐라가 가미된 휘핑크림을 듬뿍 바른 잘 익은 딸기의 훌륭한 맛을 상상해 보라. 쉽지 않은가? 그러나 실제로 느껴지는 맛은 달콤함과 약간 신맛 정도라는 것을 기억하라. 나머지는 모두 코가 인지하는 냄새. 그러나 아직도 세상 모든 사람에게 맛은 입으로 경험하는 것인 듯하다. 더 나쁜 것은, 달콤함이란 실제로는 냄새로 알 수 없는 맛의 일부분임에도 종종 딸기에서 달콤한 냄새가 난다고 말한다. 우리는 자라면서 냄새와 입맛을 하나의 맛으로 결합하는 데 익숙해졌고, 보통 그것을 혼동한다. “사람들은 딸기에서 왜 달콤한 냄새가 나는지 결코 생각하지 않지요. 사실 그건 아주 일상적인 일입니다.” 스펜스는 말한다. 이런 감각적 마법은 홉킨스의 저녁에서 고추나 로즈메리의 냄새가 어떻게 담백한 염소젖 치즈로 그 맛을 전달했는지 또한 설명해 준다. 손님의 시각이 지배적으로 작용해 환상을 망치는 요소가 되지 않는 한 말이다.

과학자는 당연히 모호함보다 명백함을 추구하는 사람들이다. 그러니 스펜스와 연구실의 연구원들이 실험실에서 이 감각적 혼선을 파헤쳐보려 한 노력은 놀랄 일이 아니다. 예를 들면, 10여 년 전에 리차드 스티븐슨Richard Stevenson은 오스트레일리아의 실험 참가자에게 냄새 없는 설탕인 순수한 수크로스의 당도를 평가하도록 해 보았다. 설탕은 단독 상태 그리고 캐러멜 향이 든 상태 두 가지로 제공되었고 캐러멜 향 그 자체에는 단맛이 전혀 없음을 연구원이 확인했다. 말할 것도 없이 사람들은 캐러멜 향이 나는 쪽을 더 달다고 느꼈다.

그런 효과가 널리 퍼져 있다는 것은 유사한 많은 연구에서 나타난다. 바닐라나 딸기 같은 냄새는 설탕의 맛을 더욱 달게 만든다. 딸기 향은 휘핑크림의 단맛을 상승시키지만 땅콩버터 향은 그렇지 않다. 껌은 단맛이 사라졌을 때 박하 '맛'이 덜 나지만, 설탕 두 스푼을 맛본 후면 박하 맛은 다시 돌아온다. 박하 맛이라는 게 사실은 맛이 아니라 냄새와 식감이지만 그렇다는 이야기다.

때때로 이런 실험은 또 다른 주목할 만한 사실을 시사한다. 냄새와 맛은 문화권에 따라 가끔 다른 형태로 합쳐지기도 하다. 예를 들어, 많은 아시아인에게는 캐러멜 향이 단맛을 상승시키지 않는다. 서양인이 사탕에서 주로 캐러멜 향과 접하지만, 아시아인은 요리에서 자주 접하는 것이다. 같은 예가 아몬드 향의 주요 성분인 벤즈알데히드에서도 일어난다. 그것은 패스트리에서 아몬드를 자주 만나는 서양인에게는 단맛을 상승시킨다. 그러나 일본인에게 벤즈알데히드는 우마미를 상승시킨다. 아몬드는 맛있는 절임의 일반적인 재료이기 때문이다.

　사실 연구원들은 냄새와 맛 인식을 거의 마음대로 다룰 수 있음을 밝혀왔다. 몇 년 전 서섹스대학University of Sussex의 마틴 여만스Martin Yeomans 와 그의 동료들은 사람들이 이전에 접한 적이 없고 잘 알려지지 않은 어떤 냄새를 손에 넣었다. 그들은 그 냄새에 '크림', '맥주' 그리고 '홍차' 라고 라벨을 붙이고 실험 참가자에게 단맛의 음식이나 쓴맛의 음식 중 한 가지와 함께 제공했다. 실험 참가자에게 수차례나 그 조합을 제공해 익히게 한 후, 냄새와 맛을 분리해서 테스트했다. 실험 참가자들은 그 맛에 익숙한 냄새를 맡았을 때, 여지없이 단맛은 더 달게 쓴맛은 더 쓰게 느꼈다. 요컨대 어떻게 냄새와 입맛을 합쳐 익숙한 맛이 되도록 우리가 학습한다는 이야기다. 핵심 포인트이므로 한 번 더 반복하고자 한다. 우리는 냄새와 입맛을 이용해 맛을 조립하는 법을 학습한다. 잠시 후에 이곳으로 다시 돌아올 것이다.

　냄새가 맛을 느끼는 면에서 커다란 부분을 차지한다는 점을 받아들이는 데 거창한 결심이나 결단이 필요하지는 않다. 스펜스가 지적했다시피, 국제표준기구International Standards Organization와 같은 권위적인 통계신봉자조차 그 개념을 받아들였다. 그 이름이 암시하듯이, 국제표준기구는 전화지역번호(ISO 3166)에서부터 에너지효율화빌딩(ISO 16818)에 이르기까지 모든 것에 대한 정의와 산업표준을 설정하는 기관이다. 만약 통계와 표준을 좋아하는 사람이라면, 거기다 인내심까지 갖추었다면, 기술사양서적을 하나하나 헤쳐 나가며 마침내 ISO 5492라는 규정을 찾아낼 수 있을 것이다. 거기에서는 맛을 "입맛을 보는 동안 감지되는 후각,

미각 그리고 3차 신경감각의 복잡한 조합"이라고 규정한다. 일반적인 말로 하자면, '냄새+입맛+식감=맛'이라는 의미다.

그러나 그 간단한 방정식에는 홉킨스의 다중 감각적 만찬에서 제기한 맛과 스펜스가 오랜 기간 맛 연구에서 다룬 결정적인 부분이 제외되어 있다. 스펜스는 10년 전에 이미 청각 또한 맛에 기여함을 보여 주는 선구적인 업적을 남긴 바 있다. 요약하자면 스테이크의 지글거리는 소리 또한 맛의 일부인 것이다.

스펜스는 그의 실험에 실제로 스테이크를 사용하지 않았다. 비싸기도 하거니와 실험실에서 '지글거리는 소리'를 표준화하기도 힘들었기 때문이다. 대신 그는 실험 심리학자와 함께 마음속에 확실한 인상을 남길 수 있는 대체식품을 이용했다. 그건 프링글스Pringles(세계 최대의 브랜드 제국 P&G가 소유한 감자 스낵) 감자 칩이었다. 프링글스는 흠집이 있는 이상한 모양의 감자를 얇게 썰어 만든 것이 아니라, 걸쭉한 전분(쌀, 밀, 옥수수 그리고 감자) 덩어리를 균일하게 썰어 만든 것이다. 따라서 모든 캔에 들어 있는 모든 칩의 모양이 똑같은 완벽하게 표준화된 실험 복제물이다.

스펜스와 그의 동료 맥스 잠피니Max Zampini는 20명의 실험 참가자에게 180개의 프링글스를 각자 제 방식대로 먹게 하고는 칩의 맛을 평가하도록 했다. 그동안에는 자신이 씹는 소리를 재생해 들을 수 있도록 오디오 헤드폰을 착용하게 했다. 실험 참가자들이 평가하는 동안 컴퓨터는 재생 음을 크게 또는 작게 변경하기를 거듭했고, 특정 오디오 주파수는 강조하기도 했다. 그 결과 스펜스는 씹는 소리가 칩 맛의 핵심이라는 것을 알았다. 씹는 소리가 컸을 때와 씹는 소리의 고주파 영역만을 들었을 때, 실험 참가자는 조용한 소리를 들었을 때에 비해 15퍼센트나 더 아삭하고 신선한 맛으로 평가했다. 그 발견은 스펜스와 잠피니에게 이그노벨상Ig Nobel Prize을 안겼을 정도로 충분히 놀랍고 재미있는 것이었다. 이그노벨상은 '다소 우스꽝스럽지만 무언가 생각하게 만드는' 연구에 수여하는 다소 해학적인 상이다. 그 연구는 스펜스의 자랑스러운 월계관이나 다름없다. 그는 뒷날 과학 논문에서 그것을 가끔 언급하기도 했으며, 지금도 자신의 이력 중에서 최고 '학문적 명예'로 여기고 있다.

그 원리는 특유의 소리를 내는 다른 음식에도 똑같이 적용된다. 최근 한 그룹의 연구원이 실험 참가자에게 커피메이커의 소리를 배경음으로 듣게 하면서 여러 가지 커피의 맛을 평가해 보라고 한 적이 있다. 모든 컵의 커피가 동일하다는 것을 시음자들은 몰랐다. 그러나 그들은 '비싼' 커피메이커의 소리를 들을 때 커피 맛이 더 좋다고 평가했다(사실 커피메이커의 짜증 나는 고주파 음은 소리를 죽인 상태였다).

이런 부류의 실험 중 식도락 세계에서 가장 잘 알려진 것은 아마도 굴을 이용한 스펜스의 실험일 것이다. 그 실험에서 시식자들은 부서지는 파도 소리와 갈매기 울음소리 같은 바닷소리, 혹은 닭의 꼬꼬댁 울음과 소의 음매 울음 같은 농가 마당 소리, 그 두 가지 중 하나를 헤드폰으로 들으면서 굴을 먹고 맛을 평가했다. 그들은 바닷소리가 들릴 때 굴을 더 맛있어했으며 또한 더 짜게 느꼈다. 이런 이야기에는 이제 그리 놀라지 않으리라 생각한다.

많은 사람들이 세계에서 가장 좋은 식당이라고 생각하는 곳의 요리로도 비슷한 실험을 해 보았다. 서부 런던에서 그리 멀지 않은 잉글랜드의 작은 마을 브레이에 있는 팻덕The Fat Duck이라는 식당이 선택되었다. 그곳은 히드루공항Heathrow Airport에서 불과 몇 마일밖에 떨어져 있지 않으며, 근처에는 여왕이 주말을 보내기를 좋아하는 윈저캐슬Windsor Castle의 잘 관리된 정원과 수 세기에 걸쳐 상류층 학생이 본거지로 삼아온 이튼Eton의 유명한 경기장이 있다.

팻덕에서 자리를 얻기는 쉽지 않다. VIP 테이블에 앉을 처지가 아니라면, 원하는 날짜 3개월 전 달의 첫 번째 수요일, 영국 시간으로 정오에 전화해 예약해야 한다. 예약의 행운을 잡으면 다음에는 와인과 팁을 제외한 금액 255파운드(약 39만 원)를 선지불해야 한다. 그것으로 끝이 아니다. 작은 행복이지만 인생에서 가장 특별한 식사를 맛있게 먹으려면 네 시간 반을 더 기다릴 수밖에 없다. 메뉴로는 진과 토닉으로 맛을 내고 액체질소에 얼린 계란흰자 퍼프puff(작고 혹 같은 모양으로 부풀린 것), 연기를 내뿜으며 숲의 향을 발산하는 이끼 상자와 함께 제공되는 메추라기 젤리 그리고 호감 가지 않는 '달팽이 죽'이 포함되어 있다.

그곳 요리사인 헤스톤 블루멘살Heston Blumenthal의 가장 유명한 요리를 꼽으라면 그건 아마 '바다의 소리'일 것이다. 바다의 소리는 웨이터가 한 세트의 이어폰과 함께 소라고둥을 당신 앞에 놓아두면서 시작된다. 이어폰을 귀에 꽂으면 부서지는 파도와 갈매기를 부르는 소리가 들려온다. 이어서 먹을 수 있도록 만든 해변 입체 모형이 도착한다. 모형에는 물고기, 해초, 바닷물 포말 그리고 '모래'가 보이는데 이 모래는 생선 가루와 해초, 빵가루를 식용결합제로 엮어 만든 것이다. 먹을 때 들리는 해변 소리는 배경 장식이 아니라 맛을 경험하는 필수적인 부분임을 우리는 이미 스펜스의 굴 실험을 통해 알고 있다. 그렇다면 이 요리에서도 당신은 입만이 아니라 귀로도 맛을 느끼고 있는 것이다.

홉킨스의 소리 케이크팝 디저트에서 보았듯이, 추상적인 소리조차도 맛을 감지하는 데 영향을 미친다. 그 이유를 아직 스펜스는 설명하지 못하지만, 분명 저음이 초콜릿의 쓴맛을 더하고 고음이 초콜릿의 단맛을 두드러지게 했다. 그의 발견에 따르면 단어도 '맛'을 가진다. 사람들은 '키키kiki'처럼 날카로운 소리의 단어에 쓴맛을 연계시키고, '부바bouba'와 같이 원만한 소리의 단어에 단맛을 연계시킨다. '프리시Frish'라는 이름보다 '프로시Frosh'라는 이름에서 더 부드럽고 풍부한 가짜 아이스크림의 맛을 기대하게 된다고 말하는 연구원도 있다.

끼익, 우르르 같은 단어가 맛을 바꿀 수 있다면, 음악도 그럴 수 있지 않겠느냐고 묻는 것은 지극히 논리적인 수순이다. 답은 '그렇다'이다. "소리는 사람들이 맛에서 기대하는 마지막 감각입니다. 사람들이 맛을 악기나 음악과 연결시킨다는 것을 보여 주는 사례는 엄청나게 늘어나고 있습니다." 스펜스는 말한다. 예를 들면, 오르프Orff(독일의 작곡가이자 지휘자겸 음악 교육가)의 카르미나부라나Carmina Burana 같은 육중하고 강렬한 음악은 레드와인 시음자로 하여금 더 깊은 맛을 인식하게 하는 반면 누벨바그Nouvelle Vague(프랑스의 밴드 이름)의 <저스트캔트겟인어프Just can't get enough> 같은 생기 있는 팝 음악은 화이트와인에서 더 밝은 맛이 나게 한다고 그는 언급한다. 몇몇 음식 작가는 이미 음식과 음악을 '음악적 레시피'로 짝을 지어 요리책을 쓰고 있는 중이다. 스펜스는 요즘 디너파티의 배경음악으로 무엇을 선택할지 더 많이 생각하게 되었다고 고백한다.

그는 요즘 다른 연구를 하느라 음식을 먹는 그릇에 보다 많은 관심을 기울이는 중이다. 모든 연구가 그렇듯이 여기에도 약간의 속임수가 관여돼 있다. 스펜스의 동료인 베티나 피쿠에라스 피츠만Betina Piqueras-Fiszman이 50명의 실험 참가자에게 세 가지 다른 요구르트를 똑같은 그릇에 담아 하나씩 주면서 맛 평가를 부탁했다. 여기에서의 속임수는 그릇에 있었다. 실제로 세 가지 요구르트는 모두 같은 것인데 일부 그릇을 다른 것보다 조금 더 무겁게 만들었다. 말할 것도 없이 평가자는 무거운 그릇에 담긴 요구르트를 가벼운 그릇에 담아 준 요구르트보다 더 풍부하고 기분 좋은 맛으로 평가했다.

스펜스는 그릇 색깔도 맛에 차이를 줄 수 있다고 말했다. 딸기주스를 이용한 한 테스트 결과를 그 예로 들 수 있다. 시식자들은 검은 접시보다 흰 접시에 딸기 무스mousse(크림과 달걀 흰자위를 섞은 것에 과일, 초콜릿 등으로 맛을 낸 디저트)를 담아 먹을 때 더 단맛을 느꼈다. 아마도 흰 접시가 밝고 붉은 딸기 색깔과 극적으로 대비돼 더 익어 보이게 함으로써 시식자들이 더 달다고 기대하도록 이끌었을 것이다. 단순하지만 그 효과에서 벗어나기란 쉽지 않다. 그 결과 스펜스는 말한다. "이 검은 접시를 더 이상 사용할 일이 없을 겁니다."

홉킨슨은 그녀의 저녁 식사에 그와 비슷한 어떤 것을 목표로 삼았다. 그녀는 나뭇가지를 깎아 만든 포크의 모양과 느낌이 무의식적으로 야생과의 연관성을 불러일으켜 사슴고기의 맛을 더 높여 주리라 기대한다. 시인의 운율이 언어의 메시지를 강조하듯이, 그 행위는 맛의 메시지를 강조하려고 의도된 일종의 시각적, 촉각적 운율에 해당하는 것이다.

그러한 종류의 시각적 운율은 맛의 세계에서 계속 반복해 나타나며, 우리 예상을 자주 수정하게 만들곤 한다. 음식의 색깔이 단맛을 감지하는 데는 아주 깊게 영향을 미치지만 짠맛에는 그렇지 않음을 보여 주는 연구 사례도 있다. 추측건대 자연의 세계에서 색깔은 잘 익어 단맛이 나는 과일인지 아니면 익는 중이라 신맛을 내는 과일인지 구분할 수 있는 근거를 제공하지만, 짠맛에 대해서는 아무런 단서를 주지 못하기 때문으로 풀이된다.

와인 애호가에게 악명 높은 10년 이상 전에 실행된 한 실험은 시각적으로 생성된 기대감이 고도로 훈련된 시음자의 맛에까지 얼마나 강력하게 영향을 미치는지를 보여 준다. 이 실험의 대상자는 프랑스 보르도 대학University of Bordeaux에서 와인양조학을 공부하는 54명의 학부생인 신예 와인 전문가들이었다. 어느 날 그 학생들에게 세 잔의 와인이 주어졌다. 두 잔의 레드와인과 한 잔의 화이트와인을 받은 그들은 각 와인의 향을 묘사해 보라는 요구를 받았다. 와인 양조학을 공부하는 학생으로서 이것은 지극히 일상적인 일이었기에, 그들은 평소 철저하게 갖추어온 지식을 과시하며 자신 있게 대답했다. 두 잔의 레드와인으로부터는 라즈베리, 정향, 고추 같은 향이, 한 잔의 화이트와인으로부터는 꿀, 레몬, 리치lychee(열대성 과일의 일종)와 같은 향이 난다고 답했다. 이미 향에 친숙해진 그들은 쉽게 파악했다.

바로 이것이다! 사실 학생들이 모르는 것이 있었다. 테스트에서 사용된 와인은 레드 하나와 화이트 하나 단 두 잔뿐이었다. 다른 '레드'

인 세 번째 잔은 같은 화이트와인을 담고 있었지만, 연구원인 길 모럿_{Gil} Morrot과 그의 동료가 냄새가 없는 식용색소로 붉게 착색한 것이었다. 단순히 와인 색깔만 바꾼 것이 학생들의 맛 경험을 완전히 바꾸어 놓는 결과를 낳았다. 생각해 보라. 이들은 순진하게 맥주나 꿀꺽꿀꺽 마시는 속물이 아니라 와인업계에서 경력을 쌓고자 훈련받은 사람들이다(와인을 마셔본 경험이 많은 사람은 색깔과 특정한 맛을 연계시키는 강한 예측을 일삼기 때문에, 학생들이 받은 훈련이 오히려 속임수에 더 잘 빠져들게 만든 것인지도 모른다).

지금까지 우리는 맛에 대한 이런 다중 감각적 효과가 사람의 기대를 바꾸어 놓는 데 일조한다고 이야기해 왔다. 그리고 그 효과는 의심의 여지조차 없었다. "딸기향같이 특정한 냄새를 맡을 때면 다음에 오는 맛은 단맛일 거라는 기대를 갖게 됩니다."라고 스펜스는 말한다. 비슷하게, '레드'와인은 레드와인의 냄새가 나고, 더 무거운 그릇에 있는 요구르트는 더 풍부한 맛과 더한 만족감을 줄 것이며, 붉은 음식은 초록색 음식보다 더 달 것이라고 기대한다. 우리가 어떻게 될 것이라 강하게 기대하면, 그대로 되는 법이다.

이런 의미에서 보면, 벽의 페인트 색, 불빛, 테이블보 같은 식사와 관련한 모든 것이 다음에 나올 음식에 대한 기대를 만들어내고, 이 기대는 맛 지각에 선입견을 불어넣을 것이 틀림없다. 이를 설명하려고 스펜스와 그의 동료는 최근 런던의 번화가 소호지구에서 공개행사를 개최했다. 참가자가 세 개의 다른 방에서 스카치위스키(스카치위스키 마니아를 위해 싱글레톤_{Singleton}〔스코틀랜드산 몰트위스키의 한 종류〕을 준비했다)를 한 잔 마시고 비교하는 행사였다. 잎이 많은 식물과 풀 향기로 가득 찬 초록 불빛 공간의 노즈룸Nose Room에서 참가자들은 풀 향기의 맛을 확연하게 더 느꼈다. 붉은 불빛, 모나지 않은 가구 그리고 과일 향이 가득한 테이스트룸Taste Room에서는 단맛이 더 난다고 했다. 흐린 불빛과 향나무를 상기시키는 나무판으로 꾸며진 피니쉬룸Finish Room에서는 나무 향의 뒷맛을 더 강하게 인지했다. 참가자는 동일한 컵을 계속 들고 있었기에 위스키가 정확하게 똑같다는 것을 알고 있음에도 불구하고, 매번 결과는 동일했다. 음식과 아무 상관이 없는 분위기도 맛 지각에 선입견을 줄 수 있다는 뜻이었다. 비슷한 예로, 코넬대학에서 아이스하키 게임에 참석한 팬을 대상으로 한 연구에서는 홈팀이 이긴 뒤의 아이스크림을 더욱 달게 느끼고, 진 뒤에는 더 시게 느낀다는 결과를 내놓았다.

이러한 "모든 것이 맛에 영향을 미친다."는 태도는 새로운 생각이 아니다. 1930년대의 이탈리아 미래파운동가는 이 개념을 받아들여 더욱 극단적으로 적용하기도 했다. 투린Turin에 있는 운동가들의 주력 식당인 타베르나 델 산토팔라토(신성한 미각의 식당이라는 뜻)에서 왼손으로 사포와 비로드를 쓰다듬으면서 오른손으로(나이프나 포크 없이) 올리브와 회향fennel(향이 강한 채소의 하나. 씨앗과 잎도 요리에 씀) 속잎을 먹는 저녁 식사 행사를 벌이곤 했다. 그동안 헤드웨이터headwaiter(서비스를 효율 있게 계획하고 전체를 총괄하는 책임자)는 내내 그곳에 향수를 뿌렸다. 머랭meringue(달걀 흰자위와 설탕을 섞은 것. 또는 이것으로 구운 과자) 섬을 둘러싼 날계란 노른자의 바다와 비행기 모양의 송로버섯 조각으로 형상화된 다른 코스의 요리도 있었다. 나는 미래파 요리사가 어떤 기대감을 도출해 내고 싶었는지 확실히 모른다. 그러나 그것이 오래 지나도록 이탈리아 요리의 대변혁을 가져오지 않았다는 것만큼은 분명하게 말할 수 있다.

그러나 맛에 영향을 주는 이런 다중 감각은 단지 기대만의 문제는 아니다. 의식적으로는 감지되지 않을 만큼 아주 희미한 딸기향일지라도 단맛을 부풀리기에 충분하다는 많은 연구 결과가 있다. 딸기 냄새를 의식적으로 맡지 못한다면 의식적으로 더 단맛의 딸기를 기대할 수 없다. 그 대신 '감각적 통합'이 일어난다고 스펜스는 생각한다. 두 가지가 별다르지 않게 들리겠지만 그렇지 않다. 스펜스가 지적했듯이 기대는 인과관계에서 시간적으로 순서를 갖고 나타난다. 먼저 딸기 냄새를 맡고 그 후에 단맛을 기대하게 되는 것이다. 반면 감각적 통합은 두 가지 감각이 동시에 도착해서 각자를 강화한다.

군중이 많은 칵테일파티에서 사람의 입술을 쳐다보는 행동이 그의 말을 듣는 데 상당한 도움이 된다는 것을 느낀 적이 있다면, 이미 이런 종류의 통합을 경험했다고 할 수 있다. 듣는 것도 입술을 읽는 것도 모두 할 수 없을 때에는 대화를 충분히 이해할 수 없지만, 둘을 함께 할 수 있다면 훨씬 잘 이해할 수 있다. 시각과 청각의 동시성은 이 일을 해내는 데 절대적이다. "만약 소리보다 입술이 0.5초만 더 빨리 움직인다면 그 효과는 사라지고 말 것입니다." 스펜서는 말한다.

이러한 통합은 맛 과학의 아주 큰 신비를 이해시켜주며, 그것을 혼자서 체험할 수도 있다. 맛이 풍부한 스튜나 잘 익은 복숭아, 풀 바디의 와인을 한입 베어 먹거나 한 모금 마시고는 잠깐 동안 음미해 보아라. 자, 어디에 맛이 있는지 빠르게 가리켜 보아라. 특별한 사람이 아니라면 당신은 입을 가리킬 것이다. 하지만 2장에서 보았듯이 대부분의 맛은 코를 통한 후각에서 나온다는 것을 우리는 알고 있다. 환상은 워낙 강해서 지금 당신의 행동처럼, 실체를 알고 있음에도 경험한 것을 바꾸지 못한다. 그렇다면 왜 맛이 입에 있는 것처럼 느낄까?

감각신경과학자들은 이 같은 문제에 사로잡혀 실제로 꽤 많은 시간을 소모했으며, 수년 전에야 비로소 그럴듯한 대답에 도달할 수 있었다. 뇌가 하는 중요한 일 중 하나는 감각의 원시 흐름을 편집하고 관련 있는 것을 선택해서, 우리가 생각할 수 있는 어떤 개념으로 묶어내는 것이다. 그중 시차는 서로를 엮는 면에서 굉장히 가치 있는 단서다. 만약 두 감각이 함께 일어난다면, 그들은 한 세트로 묶일 것이다. 복화술사는 공연에서 자신의 말에 인형의 입술 움직임을 일치시키려고 조심스럽게 시차를 조정한다. 그것이 잘 어우러질 때, 청중의 마음속에서는 보이는 것과 소리가 함께 묶여, 마치 소리가 사람이 아닌 인형에서 나오는 듯한 강한 환상으로 남는다.

음식을 먹을 때도 똑같은 일이 벌어진다. 한입 베어 물 때 맛, 냄새, 질감, 온도뿐 아니라 으스러지는 소리까지 일체의 감각이 한꺼번에 전해진다. 우리 마음은 그들을 함께 묶어 하나의 경험으로 통합한 후, 육체적 자극이 눈에 띄게 잘 일어나는 입에다 그 경험을 할당한다. 그러면 음식의 향이나 바스러지는 소리와 같은 감각이 실제로는 다른 곳에서 온 것임을 어느 누구도 알아차리지 못한다.

신경과학자는 사물이 어떻게 작동하는지 자세히 관찰하려 할 때 그들을 서로 떼어놓는 방법을 이용하곤 한다. 다중 감각을 연구하는 데에도 이런 방법이 사용된다. 다소 당혹스러운 실험이 행해졌다. 실험 참가자의 콧구멍과 목구멍 안쪽 깊숙한 부분에 플라스틱 튜브를 몇 개 연결했다. 연구원들은 콧구멍 앞쪽과 목 쪽에 냄새를 뿜었으며, 동시에 아무 향이 없는 물을 입 안쪽에 뿌렸다. 그러자 실험 참가자는 코 앞쪽에서 들어오는 향을 바깥 세계에서부터 오는 냄새로 인식했다. 반면 코의 뒤편 목구멍 쪽에서 나는 냄새는 '맛'으로 인지했으며 입에서 그것을 느끼고 있었다.

우리는 동시에 도착한 감각을 뇌가 어떻게 함께 묶는지 그리고 묶은 것을 어떻게 처리해 개개 감각이 인지한 것의 합보다 더 큰 하나의 통합된 맛으로 만들어내는지 살펴보았다. 그 결과 밝혀진 것처럼, 동시에 일어나는 감각의 무리 모두가 통합된 감각으로 묶이지는 않았다. "맛으로 함께 결합되려면 서로 어울릴 수 있는 유사성이 있어야 합니다." 모넬 화학감각센터의 감각연구원인 요한 런드스톰Johan Lundstrom은 말한다.

스웨덴 사람인 런드스톰은 부엌에서 흔히 일어나는 불유쾌한 경험을 일례로 들어 맛의 조화를 설명한다. 대부분의 유럽과 마찬가지로 스웨덴에서는 우유를 종종 골판지 상자에 넣어 판매하기 때문에 한 번 개봉하고 나면 다시는 완벽하게 밀봉할 수 없다. 어느 날 그는 개봉한 우유를 반 쪼가리 양파와 함께 냉장고에 우연히 보관한 적이 있었다. 그 후 우유에서 양파 냄새가 났다. 그 감각적 부조화는 우유가 신선하다는 것을 알고 있음에도 나머지 우유를 마시지 못하게 만들었다. "스스로 그 우유를 마시지 못하게 만듭니다. 시스템이 무언가 잘못된 것이

들어 있다고 외치는 것이지요." 그는 이렇게 말한다.

물론 그것은 건강을 지키려고 주의를 주는 몸의 반응이다. 냄새 맡고 맛을 보는 이유 중 하나는 먹지 말아야 할 것을 안 먹도록 만드는 것이다. 그래서 사람들 대부분은 새롭거나 독특한 맛, 특히 놀라움을 가져다주는 맛은 싫다고 반응한다(모험적인 식도락가는 혐오감을 극복할 수 있는 다른 대처 메커니즘을 가지고 있다고 런드스톰은 말한다. 그것은 다음 장에서 논의하기로 한다).

이 '어울림'은 감각 통합에서 중요한 부분으로 판명된다. 런드스톰은 모넬에서 그의 동료였던 팸 댈톤과 폴 브레슬린이 10년 이상 전에 실시한 실험을 다시 재현해 보았다. 그것은 뇌가 어울리는 맛을 통합하는 데 능숙한지 그리고 우리가 새로운 맛을 조합하도록 뇌를 가르칠 수 있는지에 대한 실험이다.

댈톤과 브레슬린은 특별한 껌을 만들었다. 시식자들이 그것을 씹을 때, 적은 양의 향(장미 냄새)이 나고 쓴맛 또는 단맛 두 가지 중 한 가지 맛이 나는 껌이었다. 먼저 연구원들은 사람들이 감지할 수 있는 향과 맛의 최소량을 밝혀낸 후, 시식자들이 전혀 맛이 없는 껌이라 느낄 때까지 그 양을 조금씩 줄여 나갔다. 그렇게 맛이 없는 껌이 만들어졌다. 그 후 껌에 맛과 향을 서로 짝지었다. 친숙한(장미 향과 단맛) 조합의 껌과 친숙하지 않은(장미 향과 쓴맛) 조합의 껌이 만들어졌다. 사람들은 장미 향과 단맛이 짝을 이룬 친숙한 조합의 껌에서는 맛을 느꼈다. 마치 시끄러운 파티에서 입술을 읽는 것처럼, 그들은 맛과 향 이 두 가지 요소를 통합하고 있었던 것이다. 그러나 장미 향과 쓴맛 조합의 껌에서는 어떤 맛도 느끼지 못했다. 서로 어울리지 않는 이런 맛은 그들의 뇌가 하나의 통합된 지각으로 결합하는 방법을 모른다는 뜻이었다.

댈톤과 브레슬린은 한 걸음 더 나아갔다. 이번에는 사람들이 충분히 맛을 느낄 수 있는 장미 향과 쓴맛 조합의 껌을 만들었다. 실험 참가자들은 이 독특한 껌을 한 달 동안 매일 씹었다. 그런 후 원래의 껌에서 맛을 감지해 내던 그 능력에 변화가 생겼는지 알아보려고 실험실로 돌아왔다. 그들의 뇌는 이전에 장미 향과 단맛을 자동적으로 조합해 내듯이 한 달 동안의 연습이 이루어진 뒤에는 장미 향과 쓴맛의 통합법도 배웠음을 확실하게 보여 주었다. "비교적 짧은 시간 내에 이런 일이 이루어질 수 있도록 시스템을 교육시킬 수 있는 것이 분명합니다."라고 런드스톰이 말한다.

홉킨스의 이상한 저녁 식사 비법에서부터 런드스톰의 양파 냄새나는 우유 그리고 스펜서의 프링글스와 농가 마당의 굴에 이르기까지 이 모든 증거는 맛이 우리가 일반적으로 생각하는 그런 것이 아님을 암시한다. 고든 셰퍼드의 표현이 압권이다. "흔히 음식에 맛(풍미)가 들어 있다고 오해합니다. 음식에 맛(풍미) 분자가 들어 있긴 하지만 그 분자의 맛(풍미)이란 실은 우리 뇌에서 만들어지는 것입니다."

맛이 음식에 있지 않고, 더더군다나 입이나 코에 있는 것도 아니고, 마음에 살아 있다는 개념은 충분히 놀랄 만한 것이다. 거기서 멈추지 않고 좀 더 나아가, 우리는 거의 무無에서 맛의 개념을 구축해 세상을 경험하면서 다시 처음부터 그것을 세워나가는 중이라 표현해도 무방하다. 물론 맛에 대한 일부 선호도는 단맛을 좋아하고 쓴맛을 피하는 것처럼 태어날 때부터 내장된 형태로 나타나기도 한다. 그러나 진토닉 gin-and-tonics(진에 토닉워터를 타고 레몬 조각을 넣은 칵테일)을 마셔본 사람이라면 누구나 증명할 수 있듯이, 그런 것조차 경험에 의해 무시될 수 있다. 또 보다 더 복잡한 맛에 이르면, 대부분의 지각과 선호도는 경험에 기초하고 있음이 명백해진다. 뇌가 맛 경험을 어떻게 만들어내는지 정말로 이해하려면 맛을 볼 때 뇌에서 무슨 일이 일어나는지 상세히 파고들 필요가 있다. 먼저 기초를 조금 알아보자.

심리학자들은 일반적으로 뇌를 케이크의 층으로 생각한다. 제일 밑바닥 층은 맛, 냄새, 촉감 등 원초적인 감각으로 구성되어 있다. 제일 꼭대기 층은 합성 지각 층으로, 그곳에서는 원초적인 감각이 대상물에 조립된 형태로 나타난다. 일련의 형태, 색깔 그리고 음영이 합쳐져 하나의 얼굴이 되는 것과 같다. 그 사이에서 케이크를 완성하는 것은 하나 또는 그 이상의 '인식' 층이다. 몇 개의 층이 있는지는 논쟁 중이다. 인식층에서 고차원적 사고가 발생한다. 예를 들어 얼굴과 이름을 연결한다든가, 그 사람이 어떻게 행동할지 예상하고 그들이 우리에게 얼마나 중요한가를 산출한다. 그러면 맛에 대해서는 어떤 역할을 할까. 맛에 대한 인식층의 역할은 맛을 규명하고 명명하는 일, 그 맛이 좋은지 나쁜지를 결정하는 일 그리고 먹을 수 있는 것인지 먹지 못하는 것인지 선택하는 일 등이 있다.

이 표준 모델에서 모든 정보는 위쪽으로 흐르며, 하위 레벨은 상위 과정에 대한 데이터로 활용된다. 역방향의 흐름이 없다면 하위 레벨인 감각과 지각은 '청결'하다고 예측할 수 있을 것이다. 그 말은 이미 존재하던 인식이나 감정적 응어리에 영향받지 않고, 감각적 입력 그 자체에 의해서만 순수하게 움직인다는 말이다. 그러나 경험이 감각을 서로 엮는 방법을 수정할 수 있기 때문에, 우리는 이미 그게 사실이 아님을 안다. 그러면 여기에서 무슨 일이 일어나고 있는 것일까?

그 질문에 옥스퍼드대학의 신경과학자인 에드먼드 롤스Edmund Rolls가 답을 준비하고 있다. 이 주제에 관한 연구를 찾다 보면 한 번쯤 롤스의 실험실에 이르게 된다. 롤스는 우리가 치즈라고 알고 있는 특별히 톡 쏘는 맛을 가진 발효된 우유 제품을 생각해 보았다. 서양 사람은 그것을 좋아하지만, 많은 아시아인들은 역겨워한다(물론 송화단松花蛋, aged duck eggs〔삭힌 오리알〕이나 일본인이 낫토라고 부르는 점액질의 발효 콩 음식과 같은 아시아인의 별미 요리를 떠올리면 이야기는 달라진다). 문화적 경험에 영향을 받아 이런 음식을 좋아하게 된다는 것을 우리는 안다. 그러나 롤스는 이러한 인식 수준의 개념에서 일부 후퇴해 지각 그 자체를 수정할 수 있는지가 궁금했다.

이를 규명하고자, 롤스와 그의 학생 이반 드 아라우조Ivan de Araujo는 심리학실험실에서 또 다른 속임수를 고안했다. 그들은 합성된 '치즈 맛'을 실험 참가자에게 제공하고 냄새를 맡게 했다. 같은 치즈였지만 실험 참가자의 반은 '체더치즈' 냄새라고 적힌 라벨을 읽었고, 나머지 반은 '체취體臭'라고 적힌 라벨을 읽었다. 여기까지 따라왔다면, 첫 번째 그룹이 두 번째 그룹에 비해 냄새를 더 좋아했다는 사실을 알더라도 별로 놀라지 않을 것이다.

롤스와 드 아라우조는 더 깊이 들어갔다. 피험자의 뇌 사진을 이용해 그들의 뇌를 자세히 들여다보았다. 그들은 놀라운 사실을 발견했다. 두 가지의 냄새는 라벨에 적힌 그 단어만 제외하면 바뀐 것이 아무것도 없음에도 불구하고, 두 그룹의 뇌는 기본 감각을 담당하고 있는 영역인 케이크의 두 번째 층까지 다르게 빛나고 있었다. 다른 말로 하면, 보다 높은 수준의 사고 프로세스는 우리가 맛 지각을 받아들이는 방법만 바꿀 수 있는 것이 아니라, 지각 그 자체를 바꿀 수도 있다는 말이 된다. 사고 그 자체가 우리 맛감각 중의 하나라는 말이다. 요약해 보면, 뇌는 사실상 모든 감각채널에서 얻어지는 입력에다 사고와 언어를 통해 얻은 것과 기분이나 감정뿐 아니라 기대감 같은 여러 가지 고高수준의 프로세스를 통해 얻은 입력을 모두 더해 종합해서 맛을 구축해 낸다. 맛은 아주 복잡하고도 변화 가능한 개념으로 해석할 수 있는 것이다. 우리가 그것을 논리정연하게 이야기할 수 있음에 놀랄 따름이다.

그러나 실제로 우리는 그럴 수 없다. 맛은 독특하고 기이하며 상황에 따라 달라지기 때문에, 맛을 객관적이라고 생각하는 순간 우리는 속고 있는 것이다. 좀 더 자세히 와인을 바라보면 확실히 알 수 있다. 와인은 맛 지각의 신뢰성을 확인할 수 있는 완벽한 시험대다. 그처럼 맛을 철저하고 지속적으로 표현할 수 있으며 계량화할 수 있는 음식은 아무것도 없다. 상업적으로 판매되는 거의 모든 와인에 대해, 여러 명의 잘 훈련된 직업 시음자가 작성한 상세한 맛의 기록이 전해진다. 그뿐 아니라 시음자들은 가끔 모든 와인에 점수를 부여하거나 품질 비교도 실시했다. 올바른 사고방식의 소유자라면, 와인이 음식의 세계와 빅데이터가 만나는 장이라는 사실을 부정할 수 없을 것이다.

밥 호지슨Bob Hodgson은 올바른 사고방식의 소유자다. 해양학자로서 교육을 받은(지금은 은퇴했다) 그는 북부 캘리포니아에 40년이나 된 와인 양조장을 소유하고 있다. 다른 양조업자와 마찬가지로 그는 캘리포니아주 박람회 같은 경연 대회에 와인을 출품한다. 캘리포니아 대회에서는 숙련된 심사 위원이 수많은 와인을 자신의 방법으로 맛을 본 후 최고의 작품에게 금메달을 수여한다. 메달을 수여받은 와인은 시장에서 새로운 판매 기록을 수립하거나 시장성을 확인하기도 한다. 호지슨의 와인은 가끔 금메달을 수여받기도 하지만 또 때로는 못 받기도 한다. 그러나 다른 와인 제조자와 달리, 그는 심사 결과에 불평하거나 분별없는 행동을 하지 않았다. 대신 호지슨은 똑같은 와인이 지난주에는 높은 점수를 받았지만 왜 이번 주에는 낮은 점수를 받았는지 과학적 사고방식에 입각해 따져 보고 싶었다. 심사 위원의 점수를 정말 신뢰할 수 있는 것인가? 그는 의아해했다. 호지슨은 설득력 있는 사람이었다. 자신이 궁금해하던 사항을 알아낼 수 있도록 마침내 박람회 측을 설득하기에 이르렀다.

캘리포니아주 박람회 같은 큰 대회의 심사 위원은 각 30개의 와인을 묶어 네 개 내지 여섯 개의 '플라이트flights(테스트할 때 제공되는 일련의 와인 세트)'로 조 편성이 된 약 150개의 와인을 매일 맛본다. 한 플라이트 내의 와인은 식별코드 번호가 부여된 동일한 잔에 제공되기 때문에 어떤 심사 위원도 자기가 마시는 와인의 정체를 알 수 없다. 각 심사 위원은 판정 단계에서 논의하지 않은 상태로 각 와인에 20점 척도로 수치 점수를 부여한다(실제로는 지역 상점에서 만날 수 있는 와인처럼 100점 척도를 사용하지만, 반 이상의 와인이 최소한 80점 이상을 획득하기 때문에 실질적으로는 20점 척도나 마찬가지다).

호지슨은 경연대회 주최 측의 협조를 얻어, 심사 위원에게는 알리지 않고 하루에 한 플라이트(보통 두 번째) 30개의 와인 중 세 개를 같은 병에서 나온 동일한 샘플로 채우고 다른 식별번호를 부여해 배열했다. 만약 심사 위원의 점수가 와인의 품질을 제대로 반영했다면, 그 세 개의 샘플은 동일한 점수거나, 어느 정도의 오차를 인정하더라도 최소한 유사한 점수를 받아야 한다.

결과는 충격적이었다. "우리는 동일한 플라이트에 동일한 병을 선택함으로써, 심사 위원의 결과를 쉽게 알아볼 수 있도록 모든 일을 했습니다. 샘플이 똑같다고 평가한 사람은 아무도 없었지요."라고 호지슨은 말한다. 오직 심사 위원의 10퍼센트만이 세 가지 샘플에 각각 동일한 메달이 수여될 정도로 유사한 점수를 매겼다. 다른 10퍼센트는, 하나가 금메달이면 다른 것은 동메달이거나 아니면 아예 메달을 수여할 수도 없을 정도의 점수를 줌으로써 그 차이를 크게 만들었다. 나머지는 그 두 가지 유형의 중간 정도 차이를 보여 주었다. 문제는 어떤 심사 위원이 다른 심사 위원보다 더 나았다는 것이 아니다. 1년 동안 어느 정도 일관성을 보여 준 심사 위원이라도 그 다음해에 똑같이 일관성을 유지한다는 보장이 없다는 게 더 심각했다.

호지슨은 거기서 멈추지 않았다. 다음으로 그는 캘리포니아주 박람회에 출품된 와인뿐 아니라 다른 주요 경연대회에 출품된 와인도 그 결과를 비교했고, 한 대회에서 우위를 점한 와인이 다른 대회에서도 역시 성과가 좋았는지를 살폈다. 지금까지의 상황으로 추측할 수 있듯이 그렇지 못했다. 한 대회에서는 금메달을 수상한 와인이 다른 대회에서는 아무것도 아니었다. 2,400개 이상의 와인 중에서 매회 금메달을 수상한 와인은 단 하나도 없었다. 호지슨의 결과에 따르면 경연대회는 무작위로 금메달을 나눠준 것이나 마찬가지다.

그럼 무슨 일이 벌어진 것일까? 해답은 와인에 대한 사람들의 지각이 상황에 따라 매 순간 변한다는 데 있었다. 앞서 맛본 와인이 은은한 향의 와인일 때보다 향이 강하고 풍부한 와인일수록 뒤에 이어지는 와인은 그저 밋밋한 맛으로 느껴진다. 특정한 향은 한 잔을 마실 때는 좋은 기억을 불러일으키지만(그래서 좋은 점수를 받는다) 다음 잔에서는 그렇지 않을 수도 있다. 심사 위원들은 플라이트가 계속될수록 점점 피곤해졌을 것이다. 그들은 태양 빛 아래서 산만해졌을 수도 있고, 관절염에 걸린 무릎 탓에 짜릿한 통증을 느꼈을 수도 있다. 그 모든 것이 심사 위원들의 평가에 그만큼의 잡음으로 작용해 품질의 실제 차이를 희석시켰을 것이라고 호지슨은 생각한다. 사실 주 박람회같이 특별히 혼잡하고 엄청나게 북적대는 그런 상태에서, 와인을 객관적으로 평가하는 것은 인간으로서 불가능한 일인지도 모른다.

호지슨은 자신이 와인을 마실 때도 이런 변동성이 작용하는지 살폈다. 그는 이렇게 말한다. "나는 와인 양조장을 가지고 있기 때문에, 인색하리만치 항상 나만의 와인을 고집합니다." 그 자신이 훌륭한 와인을 만든다고 생각하기 때문에 그건 그다지 어렵지 않은 일이다. 그렇다 하더라도 와인을 마실 때마다 항상 좋은 기분은 아니다. "때때로 나는 '이런, 이 와인은 좋지 않군' 하고 생각하기도 합니다. 그러나 내일은 또 달라질 수 있기 때문에 역정을 내지는 않습니다."

이 모든 일이 불편한 결론에 도달하게 만든다. 숙련된 심사 위원과 경험 많은 와인 제조자가 한 와인을 다른 와인보다 일관되게 선호하지 않는다면, 어떤 와인이 아주 훌륭하고 어떤 와인이 단순히 좋은 것에 그치는지 판단하는 실제적 근거가 없다는 말과 같다. 와인의 질이야 어떠하든 사람마다 의견일치를 보이는 와인을 찾는 일은 어려울 것이다. "나는 무톤 로스차일드Mouton Rothschild가 갤로 하티 버건디Gallo Hearty Burgundy 보다 좋은 와인이라고 생각합니다. 우리는 둘 중 한 가지가 더 낫다는 데 동의할지 모르지만 동의하지 않을 수도 있습니다." 호지슨은 말한다. 그는 특별히 훈련받지 않은 평범한 와인 애호가가 비싼 것보다 싼 것을 좋아하는 경향이 있다고 밝힌 다른 연구를 주목한다. 그러나 어느 누구도 가격을 말하지 않았을 경우에 한해서다. 가격을 알면, 그 고 수준의 지식이 와인의 맛을 감지하는 데 강력한 영향력을 행사한다. 거의 모든 사람이 비싼 와인이 싼 와인에 비해 더 나으리라 생각하는 경향이 있다. 심지어 가격표가 바뀐 경우에도 그러하다. 그것은 자기기만처럼 들린다. 그러나 거기에는 그 이상의 어떤 것이 있음을 한 연구원 팀이 몇 년 전에 알아냈다.

뇌 사진을 이용한다고 이상적으로 와인 맛을 결정할 수 있는 것은 아니다. 제대로 된 뇌 사진을 찍으려면 우선 머리를 완전히 고요의 상태로 유지할 필요가 있다. 냄새를 맡는다든가, 소용돌이의 느낌을 지각한다든가, 그 이외에도 한 모금의 와인을 마시면서 동반되는 것이라면 무엇이든 모두 머릿속에서 배제해야 한다. 그 대신 스캐너 위에 누워서 폴리에틸렌polyethylene(플라스틱의 일종) 튜브를 통해 약 4분의 1티스푼쯤 되는 1밀리리터의 작은 와인 방울을 입속으로 곧장 떨어뜨려 섭취한다. 그러면 연구원들은 뇌 속에서 와인이 무엇을 하는지 볼 수 있다. 그 실험에서 우리가 흥미로워하던 점은 이것이다. 실험 대상은 가격이 다른 다섯 가지 와인을 맛보았다. 그러나 그것은 그들의 생각이었을 뿐 사실 네 가지 와인은 동일한 복제품이었다. 5달러짜리 싸구려 와인은 40달러로 포장되었고, 90달러의 나파까베르네Napa Cabernet는 10달러짜리 와인을 가장해 등장했다. 말할 것도 없이 시음자들은 높은 가격표가 붙은 와인을 더 좋아했다. 그러나 뇌 사진은 그들이 말로만 그러는 것이 아님을 보여 주었다. '높은 가격'의 와인은 똑같은 것이지만 낮은 가격이라 표시한 와인보다 뇌의 보상 회로를 더 활성화시켰다. 달리 말하면, 높은 가격표가 진정 더 큰 기쁨으로 이끈다는 말이다. 한 관찰자가 비꼬는 투로 말했듯, 디너파티를 주최할 때 값싼 와인을 주면서 손님들에게 비싼 와인이라고 말함으로써 그들의 기쁨을 최대화시킬 수가 있다는 말이다(사람들 대부분은 블라인드테이스팅blind tasting〔어떤 와인인지 라벨을 가린 상태에서 와인을 시음하고 평가하는 테스트〕에서 값이 싼 와인을 선호한다).

롤스와 다른 신경과학자는 뇌를 통한 맛의 흐름을 추적하면서 뇌의 앞쪽 눈 뒷부분에 있는 특정한 지점에 반복적인 관심을 보였다. 신경해부학자들은 대부분 전문가만이 아는 뇌의 일부분에 발음조차 어려워 사람을 주눅 들게 만드는 이름을 만들어 붙인다. 그 작은 영역은 안와 전두피질(뇌의 전두엽에 있으며 의사 결정에 따른 인지 처리를 관장하는 부위) 또는 OFCorbitofrontal cortex라고 알려진 곳으로, 맛에 흥미가 있는 사람이라면 누구나 알아둘 만한 곳이다. 뇌는 맛, 냄새, 질감, 장면, 소리라는 개개의 실을 이용해 기대감으로 뜨개질해서 맛 지각이라는 공통의 천을 만들어낸다. 그 뇌의 핵심 영역 중 한 곳이 이 OFC라고 연구원들은 배운다. OFC를 맛이 태어나는 곳이라고 불러도 과언이 아니다.

OFC가 맛이 태어난 곳이라면, 그 맛을 바꿀 수 있는 곳도 그곳이다. 그것이야말로 롤스와 그의 동료가 밝혀낸 것이다. 그들은 쥐의 OFC에서 신경세포인 뉴런neuron(신경계를 이루는 기본적인 단위세포)의 전기적 활동을 기록함으로써, 각 뉴런이 서로 다른 세트의 입력에 반응한다는 것을 발견했다. 한 뉴런이 단맛과 고추 냄새 그리고 칠리고추를 맵게 만드는 분자인 캡사이신의 식감이 합쳐진 세트에 반응하는가 하면, 다른 뉴런은 단맛과 바닐라 냄새 그리고 지방의 식감이 합쳐진 세트에 반응하는 식이다. 첫 번째 세포를 '칠리고추 맛' 뉴런이라 부를 수 있고, 두 번째 세포를 '아이스크림 맛' 뉴런이라 부를 수 있을 것이다.

개개의 뉴런에 특별한 맛을 이렇게 연관 지으면, 처음으로 베어 문 아이스크림이 왜 스무 번째 것보다 더 맛있고, 왜 스튜를 배부르도록 먹을 수 있으며, 왜 파이를 더 먹을 수 있는지 이해하게 된다. 본질적으로 특별한 맛 뉴런은 그 맛에 반복적으로 반응하면서 피로해지는데, 그

피로를 '감각 특정적 포만감'이라 한다고 롤스는 말한다. 그는 실제로 이것을 쥐의 뇌에서 정확히 측정해 특정한 맛 조합이 얼마나 많이 반복돼야 그 맛 뉴런의 반응이 점점 적어지는지를 보여 주었다. 보다 자세한 내용은 다음에 다루기로 하고, 우리는 감각 특정적 포만감과 우리가 먹은 양을 조절하는 뉴런의 역할로 다시 돌아가기로 한다.

OFC에 있는 이들 맛 뉴런에 관한 지식은 맛의 전반을 이해하는 기초에 불과하다. 사람들이 결국 껌의 맛에 동조하도록 만든, 팸 댈튼의 장미 향과 쓴맛이 나는 껌을 기억하는가? 그것은 롤스가 쥐를 대상으로 시도한 유사한 실험에서도 밝혀진다. OFC에 있는 각각의 뉴런을 면밀히 관찰하는 실험이었다. 그가 냄새와 맛의 짝을 서로 바꾸었더니, 그 뉴런은 새로운 결합을 반영하려고 점차 자신의 반응을 전환하고 있었던 것이다. "뉴런이 학습한다는 것을 관찰할 수 있습니다." 롤스는 말한다.

뉴런은 새로운 냄새와 맛의 짝을 재학습하긴 하지만 그 속도는 빠르지 않다. 쥐를 약 50회 정도나 새로운 짝에 노출시킨 후에야 뉴런의 전환이 이루어졌다. 이와 대조적으로, 같은 실험을 다시 실시하며 냄새 대신 시각적 신호로 바꾸어 맛과 짝을 짓자 뉴런은 새로운 짝을 본 바로 그 첫 회에 재학습을 시작했다.

왜 차이가 날까? 아마도 나쁜 음식을 먹는 것으로부터 우리를 보호하려는 맛의 역할과 관계가 있어 보인다고 롤스는 말한다. "맛 시스템을 아주 급하게 다시 정렬시키고 싶지 않은 것이지요." 현실 세계에서 냄새는 동일한 맛과 훨씬 더 안정적으로 짝을 짓는 경향이 있지만, 사물의 외관은 빠르게 변한다. 우리 뇌는 맛과 냄새의 짝에 대해서는 유별나게 보수적이지만, 시각 정보에 대해서는 더 느슨해짐으로써 이런 현실성을 반영하는 듯하다.

시각이 맛 지각에 결정적이지 않다는 말이 아니다. 인간은 어쨌거나 주로 시각에 의존하는 종족이어서, 시각이 대부분의 경험에 영향을 미치는 것은 그다지 놀랄 일이 아니라고 런드스톰은 말한다. 간단한 실험으로 직접시直接視, central vision(망막황반에 대한 직접 자극에 의해 일어나는 시각)가 어떻게 영향을 미치는지 알아보자고 그가 또 말한다. 따라 해 보자. 잘 익은 딸기의 향기를 상상해 보라. 그리고 그것에 집중하라. 딸기 그 자체의 영상이 떠오르지 않는가? "딸기를 실제로 시각화하지 않으면 그것은 불가능합니다. 시각은 냄새를 기억할 때 핵심적인 요소이며, 시각을 통해 강한 입력이 이루어져야 냄새의 정보가 나타납니다." 런드스톰의 말이다.

이 효과를 더 연구하려고 런드스톰은 경두개자기자극술經頭蓋磁氣刺戟術, Trans-cranial Magnetic Stimulation, TMS(자기장을 이용해 뇌신경 질환을 치료하는 방법)이라 불리는 기술로 시선을 돌렸다. 그 실험을 하려면 특정 지역을 자극해 뇌를 더 잘 작동하도록 프로그래밍된 전자기 헬멧이 필수적이다. 시험적으로 뇌의 시각적 중심에 TMS를 실시했더니 미묘한 회색 색조 사이에서의 식별 능력이 10퍼센트나 더 향상되었다.

하지만 런드스톰은 무언가 더 얻고 싶었다. 시각이 맛 처리 과정과 관련이 있다면, 뇌의 시각 시스템을 자극해서 덤으로 맛 지각을 개선할 수는 없을까 궁금했다. 그렇게 된다면 시각을 맛감각 묶음에 더 강하게 묶을 수 있다.

런드스톰과 그의 동료는 그 생각을 테스트하려고 연구에 착수했다. 그들은 실험 참가자에게 냄새 샘플 세 가지를 제공했다. 같은 냄새 두 가지와 다르지만 유사한 냄새 한 가지였다. 유사한 냄새 유형으로는 딸기와 라즈베리, 파인애플과 오렌지 등이 선택되었다. 사람들은 세 가지 중 다른 샘플을 찾아내야 했고 주어진 시간은 45분이었다. 런드스톰은 대상자에게 세 번 테스트를 실시했다. 한 번은 TMS 없이, 또 한 번은 시각적 중심을 자극하는 TMS를 1회 실시하고, 마지막 한 번은 인상적이고 형식적인 윙윙거림만 있을 뿐 뇌에는 실제적인 변화를 주지 않는 거짓 TMS를 실시한 후 실험을 했다.

말할 것도 없이, 거짓 TMS가 아닌 실제 TMS 치료를 받은 사람들이 10퍼센트나 더 다른 냄새를 잘 찾아냈다. 더 잘 볼 수 있도록 도움을 준 것이 더 정확하게 냄새를 분간해 내도록 했다는 말이다. 그리고 일반적인 감각 향상만이 그 효과의 전부는 아니었다. 시각적 중심에 행해진 TMS가 세 가지 샘플 중 어떤 것의 냄새가 더 강한지를 찾는 데는 아무 도움이 되지 못한다는 것도 알 수 있었다. 냄새의 근원을 시각화하는 일이 냄새를 규명하는 데는 중요하지만, 냄새의 강도를 인식하는 것과는 아무 관련이 없다는 사실을 알게 된 것 또한 의미 있는 일이라고 런드스톰은 말한다.

OFC가 맛의 고향이라고 했었다. OFC는 의식을 형성하는 많은 다른 핵심 요소의 교차로이기도 하다. 모든 오감은 뇌로 들어가는 길 위의 OFC를 통과하고, 고차원적 사고나 감정, 보상, 동기 등을 담당하는 뇌 영역에서 나온 정보는 그 OFC로 입력된다. 사실 OFC는 이런 정보를 엮어내는 뇌의 감각 포장 센터이며, 세상에서 겪은 우리의 모든 경험은 거기서 합쳐진다. 맛이 우리의 삶을 조금 치장하는 미학적 장식품에 머무는 것이 아니라, 세상과 소통하는 방식이라는 점이 핵심이다.

PART
05

Flavor

맛은 어떻게
행동을 주도하는가

다나 스몰Dana Small은 말리부Malibu(럼을 기본으로 한 술의 한 종류)와 세븐업7-Up(미국의 청량음료 상품명)을 마신 처음과 마지막을 생생히 기억한다. "큰 파티였습니다. 내 생각에 처음으로 술을 마신 날이었지요. 그때 나는 미성년자였습니다." 그녀는 회상한다. 길면서 밝은 구릿빛 머리칼을 가진 스몰은 거의 알아듣기 힘든 혀짤배기소리를 낸다. "내가 무엇을 하는지 알 수 없었습니다. 그리 많이 마신 것 같지는 않았지만, 말리부와 세븐업은 그저 달콤했을 뿐 술 같지 않은 맛이었어요. 어쨌든 난 그것을 조금 먹고 다음 날 좋지 않았습니다. 20년 전의 일이었습니다. 지난 20년간 나는 계속해 단것을 많이 먹어 왔지만, 말리부와 세븐업만큼은 피하게 되었지요."

사람들 대부분은 과거에 이와 비슷하게, 특정한 음식이나 음료에 대해 맛으로 상처를 받은 나쁜 경험을 갖고 있다. 그러나 예일대학의 신경과학자인 스몰에게는 그 교훈이 '이것을 마시지 마라'보다 훨씬 깊은 의미였다. 그녀는 자신의 경험뿐 아니라 그와 반대되는 긍정적인 경험도 모두 동일한 이유에서 출발한다고 생각한다. 우리 뇌가 맛, 후각적 냄새, 질감 같은 분리된 상태로 남아 있는 감각을 통합된 지각으로 조립하기 때문이라는 것이다. "입맛과 냄새만 느껴도 우리가 맛을 아는 이유는 주변에서 음식과 마주쳤을 때, 그것을 먹은 후에 어떤 효과가 일어날지 미리 연관 지을 수 있도록 하기 위함입니다. 그 일이야말로 궁극적으로 맛의 전부라 할 수 있습니다. 실제적인 맛의 역할이 그 일인 셈이지요." 그녀는 말한다. 우리는 먹은 음식의 맛과 먹은 뒤 일어난 일을 기억한다. 그래서 다음번에는 좋은 음식만 취하고 나쁜 음식은 피할 수 있다. 그녀의 말이 계속 이어진다. "맛 지각은 특정한 음식을 정밀하게 표현할 수 있게 해 줍니다. 그래서 말리부와 세븐업을 피하도록 특별히 학습이 이루어진 것입니다. 이것은 다른 종류의 학습과는 완전히 다릅니다. 단 한 번만으로도 아주 강력하고 오래 지속되지요. 그것은 완벽하게 진화된 감각입니다. 단 한 번이면 충분합니다."

잡식성 수렵인이던 우리의 고대 조상에게는 먹는 결정이 심미적인 사소한 문제가 아닌, 훨씬 그 이상의 것이었다. 무엇을 먹느냐를 선택하는 일은 문자 그대로 삶과 죽음의 문제였다. 음식의 근원이 잘못되었을 경우에는 자신과 가족 모두가 독을 섭취하게 된다. 또 영양분을 섭취하는 데 실패하면 다 굶어 죽을 수 있다. 성공적인 수렵인으로 산다는 것은 전적으로 가장 큰 영양분을 가져다주는 음식을 찾아내는 데 달려 있다. 그걸 염두에 두고 사냥하고 채집하며 씹어 먹어야 한다. 현대의 상황에 견주자면, 내일 먹을 것이 불확실할 경우, 샐러리를 날 것으로 씹는 데 시간을 허비하기보다 감자, 햄버거, 아이스크림과 같은 칼로리가 높은 음식을 먹으려 할 것이 명백하다는 이야기다.

그렇다면 진화가 우리에게 꽤 좋은 시스템을 전해 주었다고 생각할 수 있다. 그 시스템은 우리가 먹으려는 것에 대해, 먹은 후 무슨 일을 일으키는지와 음식으로서의 가치를 가졌는지 규명하고 기억하는 일을 한다. 이미 살펴봤듯 이런 시스템의 일부는 타고난 것이다. 신생아조차 선천적으로 단맛을 좋아한다. 그러나 대부분은 경험을 통해 배운다. 그러한 사실이 바로 맛이 우리에게 전하는 의미이자 우리 뇌가 입맛, 질감, 후각은 물론 개개의 것으로 남아 있는 감각을 모두 통합된 맛으로 조립하는 이유다. 이러한 합성지각 덕분에 우리를 병들게 한 맛을 배워 기억할 수 있고, 영양을 공급한 맛도 알 수 있다. 일상생활에서 맛과 칼로리는 불가분의 관계를 맺고 있기 때문에, 우리는 보통 영양에 대해 배우고 있다는 것을 인식하지 못한다. 우리는 탄수화물이 없는 구운 감자의 맛과 단백질과 지방이 없는 연어의 맛을 접할 수 없다. 영양적인 결과와 동떨어진 상태로 맛을 다루려면 세심하게 설계한 실험이 필요하다. 사람보다 쥐를 이용하는 편이 훨씬 쉬울 것이다.

뉴욕 브루클린대학의 연구원인 앤서니 스클라파니Anthony Sclafani의 고전적인 연구를 살펴보자. 스클라파니는 포도 맛과 체리 맛이 나는 두 가지 물병 중 하나를 쥐에게 마시도록 주었다. 그것은 어떤 감미료나 영양소가 첨가되지 않은 그저 해당되는 맛만 나는 물이었다. 그리고 그 쥐에게는 위관胃管을 삽입해 체리 맛을 먹을 때는 설탕 용액이 직접 내장으로 흘러들어 가도록 했으며, 포도 맛에는 그러지 않았다. 쥐는 입을 통해 설탕이 들어간 것이 아니기 때문에 단맛을 전혀 느낄 수 없었다. 두 가지 맛의 물을 다 마셨지만 몇 분이 지나자 쥐는 체리 맛 물병에 있는 물만 마셨다. 스클라파니가 말하기를, 쥐의 내장에 있는 영양소 수용체(우리가 1장에서 배운 맛 수용체에 약간의 수용체가 더해진 것)가 좋은 물질이 들어온다고 뇌로 빠르게 신호를 보냈다는 것이다. 뇌는 신호를 코와 입을 통해 들어온 맛 정보와 짝을 지었고, 체리로부터 단맛을 전혀 느끼지 못했음에도 칼로리가 있다고 인지하게 되었다(물론 스클라파니는 다른 쥐에게는 맛과 설탕 용액 간의 짝을 바꾸어 실험함으로써 체리 맛에 특별히 무언가가 있는 게 아님을 확인했다. 포도 맛 물을 마실 때 설탕을 위에 주입받은 쥐는 빨리 포도 맛을 선호했다). 단순히 단맛뿐이 아니다. 스클라파니의 쥐는 위관을 통해 공급되는 단백질이나 지방으로부터의 칼로리도 똑같이 학습했다. 러시아의 생물학자 이반 파블로프Ivan Pavlov가 종소리와 눈앞의 음식을 연관 짓도록 개를 훈련시키는 데 사용한 방법은 이와 정확하게 일치하는 학습 과정이다. 얼마 지나지 않아, 파블로프가 종을 울렸을 때 개는 밥이 나온다고 예상해 침을 흘리기 시작했다. 스클라파니의 쥐가 체리 맛 나는 물병을 선택한 이유도 칼로리가 뒤따를 것임을 예상했기 때문이다.

스클라파니는 쥐의 위관 위치를 옮겨 실험을 계속함으로써, 학습에 관여하는 영양소 수용체가 위胃를 지나 소장小腸이 시작되는 곳에 위치한다는 것을 알았다. 이곳은 외과 의사들이 병적인 비만 환자에게 위장접합수술을 시술할 때 제거하는 부분이다. 위장접합수술이 효과가 있는 이유를 어느 누구도 정확히 알지 못하지만, 이런 영양소 수용체를 제거해 맛과 영양소 간의 반응 학습을 미연에 막은 것이 한 가지 이유인 것 같다. 음식의 맛이 들어오는 영양소와 더 이상 관계를 맺지 못하면 사람들은 점차 맛에 대한 흥미를 잃으며 먹고 싶다는 욕망이 줄어들게 된 것이라고 스클라파니는 의견을 개진한다.

스클라파니의 실험을 비롯한 여러 실험에서 증명된 바와 같이, 기술적 의미에서 맛과 영양소 간의 반응 학습이라고 알려진 이 맛 학습은 쥐들을 대상으로는 쉽게 입증된다. 그러나 사람에게도 같은 종류의 학습이 진행된다는 것을 증명하기란 매우 어렵다. 우선 한 가지 이유는 사람에게는 위관 삽입이라는 게 애당초 성공 가능성이 없는 일이기 때문이다. 또한 사람은 내킬 때마다 음식을 먹는 고약한 버릇이 있어서, 대상이 섭취하는 음식을 실험자들이 조절하기가 어렵다. 뿐만 아니라 포도 맛이나 체리 맛을 예로 들더라도, 그들 몸속에는 그 맛에 대한 연관성이 이미 형성되어 있으므로 그 연관성을 부정하도록 만드는 일은 더없이 어려울 수밖에 없다. 따라서 인간에 대한 맛과 영양소 간의 반응 학습 연구는 그 결과가 혼합되어 나타난다. 때때로 학습이 일어나는 것 같지만 또 어떤 때는 그렇지 않다.

맛을 그것에 수반되는 영양소와 짝짓도록 학습한다는 증거는 아마도 예일에 있는 다나 스몰의 실험실에서 찾을 수 있을 것이다. 스몰은 평범한 사람이라면 일상생활에서 쉬 접할 수 없는 잘 알려지지 않은 맛 10가지가 적혀 있는 맛 목록을 훑어보고 있었다. 내가 그 맛을 표현해 보라고 하자 그녀는 이렇게 말했다. "이들 풍미는 새로운 것이어서 당신은 무엇인지 알 수 없는 것들입니다." 그중 하나를 예로 들면, '알로에'

라고 부르는 것이 있는데, 거기서 알로에베라aloe vera(알로에에서 추출한 물질로 화장품 같은 데 씀)의 맛은 전혀 나지 않았다. 사람들이 그 맛을 좋아하지 않는 건 당연하다. 처음으로 맛보는 그 맛에 대해 이물반응異物反應, neophobia(미지의 물체에 대하여 나타내는 경계적 행동)이 고개를 쳐들 것이기 때문이다.

스몰과 그녀의 동료는 그 가운데서 두 가지 맛을 선택해 단맛 나는 청량음료를 인위적으로 만들었다. 그중 한 가지 맛에는 칼로리를 듬뿍 안겨주지만 맛은 전혀 없는 당류인 말토덱스트린maltodextrin(녹말의 불완전 가수분해로 생성된 탄수화물)을 추가했다. 말토덱스트린은 위에 도착하면 곧바로 포도당으로 바뀐다(세 가지 중에서 같지 않은 다른 한 가지를 찾아내는 삼각형 테스트를 실시한 결과, 사람들은 말토덱스트린이 들어 있는 것과 들어 있지 않은 청량음료 사이의 차이점을 말하지 못한다는 걸 확인했다). 그리고 실험 참가자에게 며칠 동안 여러 차례 그 음료수를 제공했다. 그들이 섭취한 후의 결과를 구분할 수 있도록 하루에 각각 한 종류의 음료만 사용했다. 그리고 스몰은 그들을 실험실로 데려와 두 가지 맛에 어떻게 반응하는지 살폈다. 실시간으로 벌어지는 맛 지각을 알려고가 아니라, 학습 효과가 있는지를 확실하게 살피려고 그때 제공한 두 가지 맛 음료에는 모두 말토덱스트린을 첨가하지 않았다. 말할 것도 없이 사람들은 저 칼로리였던 음료수보다 고칼로리였던 음료수를 약간 더 좋아하는 경향을 보였다. 다른 말로 표현해 보면, 어떤 맛에 영양분이 있는지 그들은 학습했고, 그래서 그것을 아주 크게 더 좋아하지는 않더라도 약간 더 좋아하게 되었다는 말이다. 뇌스캐너brain-scanner(뇌종양 등을 진단하는 CT 촬영 장치)를 사용해 스몰이 확인하자 더욱 큰 차이가 나타났다.

스몰의 뇌스캐너 대상이 되는 것은 결코 좋은 저녁 식사 경험이 아니다. 우선 대상자는 병원의 MRImagnetic resonance imaging(자기공명화상을 이용한 단층 촬영법) 촬영 때처럼 커다란 자석 안에서 머리를 움직이지 않은 상태로 누워 있어야 한다. 그뿐 아니라 뇌의 활동에 미치는 맛의 효과를 잘 나타내는 영상을 얻으려면, 대상이 단속적으로 한 모금씩 섭취한 것의 평균을 구해야 했다. 그녀는 맛이 정확히 언제 도착하는지 알 필요가 있었고, 오래 남아 테스트에 혼란을 주는 냄새는 새 나가게 할 필요도 있었다. 그녀는 말한다. "그렇게 하려면 대상자는 산소마스크 같은 코 마스크를 착용할 수밖에 없습니다. 그러면 다른 조건에 영향받지 않은 액체가 혀로 한 방울씩 떨어질 것입니다." 정말 대단한 일이다.

그런 이상한 상황에서도 결과는 극적이었다. 칼로리와 연관을 짓도록 학습된 맛을 먹자 중격측좌핵nucleus accumbens(쾌락 중추와 관계있는 전뇌의 한 부분)이라고 불리는 부분이 마치 크리스마스트리처럼 불을 밝혔다. 중격측좌핵은 가끔 '보상 회로'라고 표현되는 곳의 일부다. 뇌의 그 부분을 통해 좋은 것은 좋다고 받아들이므로 다음에도 그것을 반복하기를 원하게 된다. 보상 회로는 섹스, 마약, 로큰롤(음악은 말 그대로 중격측좌핵을 활성화시킨다)과 같은 것을 더 원하게 만드는 역할을 한다. 쥐가 레버를 누르는 동안 중격측좌핵이 자극되도록 한 연구가 1950년대에 이루어졌다. 그때 쥐들은 식음도 전폐하고 계속 반복해서 레버를 눌렀다.

맛과 영양소의 연결 관계를 학습한 결과는 두 가지 맛을 의식적으로 연결한 결과보다 훨씬 더 강하게 보상 회로를 자극한다는 것이 결정적으로 드러난 것이다. 밑줄을 긋고 잠시 멈추어 보자. 스몰이 대상자에게 어떤 맛을 더 좋아하는지 물었을 때 그들에게 큰 차이는 나지 않았다. 그것은 이전에 했던 인간의 맛과 영양소 간의 반응 연구가 왜 설득력이 없었는지 설명해 준다. 스몰은 거기서 멈출 수 없었다. 그녀는 대상자가 어떤 맛에 더 가치를 두는지 그들의 뇌를 통해 확인해 보았다. 그러자 그들의 뇌는 명확하게 이를 뒷받침해 주었다. 여태껏 우리가 얻어낸 결과가 모두 실제로는 무의식 상태에서 발생한 것임이 밝혀졌다.

스몰은 그 점을 강조한 최근의 다른 연구를 주목했다. 그녀의 모교인 몬트리올의 맥길대학McGill University 연구원은 음식에 대한 의식적 가치판단과 무의식적 가치판단 간에 어떤 차이가 있는지를 알아보려고, 각 판단을 따로 떼어놓고 싶었다. 연구원들은 굶주린 실험 참가자에게 음식 사진을 보여 주면서 칼로리 함량을 평가해 보라고 요구했다(의식적 가치판단이다). 동시에 뇌스캐너를 사용해 식욕의 가치판단에 관여하는 또 다른 영역인 복내측 전전두엽피질ventromedial prefrontal cortex(충동조절과 선택 결정을 담당하는 뇌의 부분)이라고 불리는 뇌 부분에서 일어나는 활동을 측정했다(무의식적 가치판단이다). 또, 대상자에게 5달러를 주면서 지금 당장 그 음식을 먹기 위해 얼마를 지불할 것인지 물었다. 그들이 당시 약간의 칼로리를 얻는 데 혈안이 되어 있는 배고픈 대학생이라는 것을 기억해 보라.

사람들이 의식적으로 음식의 칼로리 함량을 예측하는 일을 꽤나 못한다는 것이 밝혀졌다. 하지만 무의식적인 그들의 뇌는 훨씬 나았다. 사람이 칼로리를 평가한 것과는 달리 뇌의 평가활동은 음식의 실제 칼로리 함량과 일치했다. 그러나 음식값을 지불하고자 하는 사람의 의도에서 재미있는 결과가 나왔다. 사람들이 스낵 값으로 지불할 가격을 결정할 때, 의식적으로 평가한 칼로리 함량에 근거해 결정할 것이라고 예상했을 것이다. 그러나 그들이 지불한 금액은 무의식이 정확히 산정한 정보인 실제 칼로리와 매우 근접했다.

그렇다면 사람들은 왜 다이어트 콜라 마시기를 고집하고 커피에 설탕 대용품을 계속 넣을까? 이상하게 생각될 것이다. 방금까지 말해 왔듯이, 그러한 감미료가 칼로리를 공급해 주지 않는다고 신체가 학습함으로써 더 이상 필요로 할 가치가 없어지지 않았냐고 되물을지도 모른다. 그 맛을 무시하도록 학습하지 않는 한 가지 이유는, 콜라나 커피를 좋게 느끼도록 하는 카페인의 충격이 전해지기 때문이다. 우리 몸은 강한 효과를 주는 그러한 맛을 좋아하도록 학습한다. 들뜬 기분을 안겨주는 알코올도 마찬가지다. 객관적으로 말해, 많은 사람이 끔찍하고, 쓰고, 화끈거리는 맛을 쉽게 아주 좋아하게 되는 이유는 바로 그 때문이다.

맛 시스템이 기만당할 때, 생각해 보아야 할 또 다른 점이 있다. 당신이 다이어트 콜라 애호가일지라도, 실제 칼로리를 가지고 있으면서 똑같이 달고 감미로우며 캐러멜 같은 맛을 내는 다른 음식을 접할 수도 있다. 달고 감미로운 맛이 어떤 때는 칼로리를 갖고 또 어떤 때는 갖지 않는 이런 가변성은 맛과 영양소를 연결한 학습 내용과 서로 충돌을 일으킬 수 있다. 그러면 우리가 얼마만큼 많이 먹었는지, 언제 먹는 걸 멈추어야 하는지 같은 사실을 계속 추적하려고 몸속 내부에서 칼로리를 계산하는 일이 더 어려워진다. 그것은 맛을 경우에 따라 칼로리를 내기도 하고 또 그렇지 않게도 하는 칼로리 슬롯머신으로 바꾸어 놓는 것과 마찬가지기 때문에, 사태는 더욱 악화될 수도 있다. 기술적인 언어로 표현하면 '간헐적 강화'라고 쓸 수 있는데, 이는 보상 회로를 함정에 빠뜨리기에 딱 알맞다(주변 카지노에서 실제 슬롯머신 앞에 앉아 멍해져 있는 사람을 한번 쳐다보라). 그렇다면 인공 감미료는 달콤함과 거기에 뒤따르는 다른 맛 쪽으로 우리를 더욱 유혹해 끌고 갈지 모른다. 인공 감미료가 왜 체중 감량의 만병통치약이 될 수 없는지 이로써 설명이 될 수도 있을 것이다.

이런 복잡한 학습 모두가 의식하지 못하는 상태에서 일어난다는 것은 진화론적으로 보아 타당한 말이다. 인간이 지구상에서 걷기 오래전에, 첫 번째 영장류가 숲에서 열매를 찾으러 다니기조차 전에, 우리 원시적인 포유류 조상은 어떤 음식에 가장 영양소가 많은지 알아야 할 필요가 있었을 것이다. 요약하면 그들에게 맛과 영양소를 연결하는 학습이 필요했다는 말이다. 그리고 그들은 의식이 거의 없거나 무의식 상태에서 그 일을 했을 것이다. "이 회로는 아주 오래전에 진화됐습니다. 우리가 의식을 갖기 전에도 그 회로는 잘 작동되었습니다." 스몰은 말한다. 그런 다음 점차 훌륭한 포유류로서 칼로리가 있는 맛을 원하는 쪽으로 진화해 왔다. 보다 정밀하게 이야기하자면, 어떤 맛에 칼로리가 수반함을 알고 나면 그 맛을 원하지만 그렇지 않은 맛은 무시하게 된 것이다. 그리고 이런 일은 대부분 의식적 인지 없이 일어났다.

그러나 현대 인간은 거의 예외 없이 아프리카의 사바나에 살지 않으며, 뿌리를 파거나 과일을 따거나 가젤을 쫓는 일을 더 이상 하지 않는다. 우리는 풍부한 음식에 둘러싸여 생활하며, 많은 사람이 조상은 경험할 수 없던 칼로리 과잉 상태에 놓여 있다. 이러한 새로운 세계에 이르자 진화 본능은 우리의 기대를 저버렸다. 이제는 고칼로리 음식을 늘 얻을 수 있으니 고칼로리 맛(풍미)에 끌리는 게 득이 될 수 없다. 하지만 칼로리 밀도 높은 음식은 풍미와 영양소 간 연결 학습을 과열시키는 결과를 낳으면서, 그러한 음식에 더욱 끌리게 만든다. 급기야 그 음식을 취하는 것이 우리에게 해로울 때조차 그런 맛을 원하게 된다.

이미 살펴봤듯이, 맛을 선호하게 되는 일부 요인은 명백하게 선천적인 것이다. 신생아도 단맛을 좋아한다. 그래야만 한다. 그렇지 않으면 어머니의 가슴에 매달려 수유하는 일 자체가 불가능할지 모른다. 아기는 자연적으로 쓴맛을 거부한다. 쓴맛은 때로 독을 표시하는 물질이다. 극히 일부를 제외하면 우리의 저녁 메뉴는 무궁무진하다. 우리들 각각은 어떤 음식을 먹고 어떤 음식을 피할지 결정해야 한다. 판다는 이런 것을 배울 필요가 없다. 판다는 대나무만 먹는다. 스라소니는 토끼를 먹는다. 개미핥기는 개미를 먹는다. 그러나 사람은 잡식성이라 다르다. 우리는 먹을 수 있는 음식임을 알려 주는 맛을 학습해야 한다.

학습은 태어나기 전부터 시작된다. 임산부가 먹은 음식의 맛 분자가 양수 속으로 들어가면 자라는 태아가 삼킨다. 태아는 근본적으로 어머니가 먹은 것을 샘플로 삼아 나중에 그 맛과 같은 것을 인식한다. 젖먹이 아기는 모유를 통해 태아 때처럼 어머니의 식단을 샘플로 취하는 기회를 얻는다. 필라델피아에 있는 모넬 화학감각센터의 줄리 멘넬라Julie Mennella는 이런 조기 학습을 가장 잘 보여 주는 시연을 해 보였다. 멘넬라는 임신 마지막 3개월에 돌입한 임산부 한 그룹에게 한 주당 최소 4일 동안 당근 주스 한 컵을 마시게 했다. 다른 그룹은 임신 기간이 아니라 젖먹이 육아를 하는 기간에 당근 주스를 먹게 했고, 마지막 세 번째 그룹은 당근 주스를 마시지 않도록 했다. 훗날 유아가 고형식품 섭취를 시도하기 시작한 이후에, 멘넬라는 아기가 당근 맛이 나는 이유식의 첫 맛에 어떻게 반응하는지를 살폈다. 대부분의 아기는 새로운 것을 맛볼 때면 인상을 찡그린다. 그러나 당근을 자궁 내에서 맛보았거나 양육하는 과정에서 맛본 아기는 임신 기간 중에 어머니가 당근을 먹지 않은 아이들에 비해 싫다는 표현을 거의 하지 않았다. 당근 맛을 본 아기는 당근 맛이 나는 시리얼 또한 즐겨 먹었다고 그들 어머니는 회상했다. 결론적으로, 어머니를 통해 당근을 경험한 아기는 처음으로 그 맛을 직접 만날 경우에도 더욱 편안해했다는 이야기다.

　당근만이 아니다. 연구원은 어머니의 식단을 통해 아니스anise(씨앗이 향미료로 쓰이는 미나리과 식물)부터 마늘에 이르기까지 다양한 맛에 노출된 아기가 다른 아기에 비해 처음으로 그 음식을 직접 섭취할 때 더 좋아한다는 것을 반복된 실험을 통해 밝혀냈다. 우리는 어머니가 먹은 음식을 좋아하도록 학습한다는 말로 요약할 수 있다. 멘넬라는 이렇게 말한다. "아기가 음식을 좋아하도록 학습하려면 어머니가 그것을 먹어야 합니다. 먹는 체해서만은 안 되는 일입니다. 그런다고 맛이 몸속으로 들어가는 것이 아니니까요."

그렇게 조기에 학습한 선호도는 오랜 세월 유지될 수 있다. 재미있는 사례가 있다. 한때 독일의 거의 모든 유아용 조제분유가 바닐라 맛이었던 적이 있다. 세월이 지난 후 그 관행은 멈췄다. 연구원들은 금지 이전 시기에 유아기를 보낸 아이들의 맛 선호도를 알아볼 수 있는 자연적인 좋은 실험 기회를 얻은 것이나 마찬가지였다. 그들은 바닐라 맛 조제분유를 거의 확실히 먹었을 아이들과 몇 년 후에 태어나 바닐라 맛이 없는 조제분유를 먹은 아이들을 비교했다. 말할 것도 없이, 유아기에 바닐라를 맛본 아이들이 그렇지 않은 아이들보다 몇 년이 지난 후에도 그 맛을 더 좋아했다.

약간의 바닐라 풍미가 있다해도 조제분유로 키워진 아이들은 어머니가 먹는 음식의 풍미에 동일하게 노출되지 않는다. 부모가 가끔 다른 브랜드로 바꿔주지 않는 한 아이들은 매번 일련의 똑같은 풍미만 맛보게 된다. 그러다 아기는 곧 처음으로 마주치게 될 맛에 대한 경험이 없는 상태에서 이유 시기에 도달한다. 그것은 우유 분유나 콩 분유를 먹으며 자란 아기에게도 동일하며, 그런 분유는 대체로 단맛이 나거나 특별한 맛이 없는 경향이 있다. 대조적으로, 가수분해단백질로 만든 분유는 쓴맛과 신맛이 섞여 있다. 그래서 그걸 먹는 유아는 그런 '어려운' 맛에 친숙해진다. 그런 친숙함 덕분에 아기들은 모유로 키워진 이웃의 아기처럼 처음 고형 식품을 먹을 때 야채의 맛을 훨씬 잘 받아들인다는 것을 멘넬라는 찾아냈다.

생후 몇 개월 동안 아기들은 주어진 거의 모든 것을 받아들일 기회를 갖는 셈이다. 성인조차 끔찍한 맛으로 여기는 가수분해단백질 분유라는 기회도 주어지는 것이다. 이유기가 지난 후에도, 걸음마 단계나 더 나이 들어서조차, 아이들은 노력 여하에 따라 점차 새로운 음식을 받아들이는 법을 배운다. 걸음마 단계이거나 어린아이는 새로운 맛을 경계하는 경향이 있으며, 처음 먹은 몇 번 동안은 그 음식을 거부한다. 그러나 8~10회의 시도가 지난 후면, 계속 회의적인 표정을 짓는 아이도 있겠지만, 대부분이 그들의 식단으로 받아들이기 시작한다(부모가 그 표정을 무시하고 아이들이 실제로 먹는 것에 주의를 기울여야 한다고 멘넬라는 말한다). 단순한 다양성 또한 중요한 것 같다. 많은 다른 음식을 맛볼 기회가 있는 아이는 새로운 맛을 더 잘 받아들인다. 그리고 아이들은 부모와 나이 많은 형제자매가 먹는 것을 관찰하면서 학습하기도 한다.

부모를 위한 교훈은 매우 명확하다. 자녀에게 먹이고 싶은 것을 먹어라. "아이들은 반복된 노출, 다양성 그리고 모범적인 사례를 통해 배웁니다. 내가 더 이상 무슨 말을 할 수 있겠습니까? 그것이 학습의 기본원리입니다. 가족으로부터의 학습이죠. 음식은 그 가족의 정체성을 규명하는 수단입니다. 당신이 좋아하고 즐기는 건강한 음식을 먹으세요. 올바른 방향으로 아이들에게 음식을 제공하세요. 아이들이 따라 배울 것입니다." 멘넬라의 말이다.

자라면서 함께 접한 것을 학습하기가 좀 더 쉽다는 것을 보여 주는 가장 생생한 사례는 북극권 지역에서 찾을 수 있다. 베링해협 지역의 추크치족Chukchi(시베리아 동북부에 살던 고대 아시아 민족)과 유픽족Yupik(서부 알래스카와 극동부 러시아에 사는 에스키모 민족)은 전통적으로 물고기와 바다코끼리를 주 식단으로 살아왔다. 그들은 저장한 고기, 피 그리고 그 지역 주민의 표현으로는 '맛있게 썩은' 수개월 동안 발효된 지방을 좋아한다. 그런 관습을 겪지 않고 자란 사람은 제아무리 개방적이고 호의적인 사람이라 할지라도 그 음식을 먹기 힘들기 마련이다. 토착 음식을 먹고 싶어 하던 한 인류학자가 처음으로 숙성된 바다코끼리 고기를 먹고는 이렇게 표현했다.

> 정말 충격이었어요. 완전히 숙성된 고기의 냄새가 내 감각으로 스며들었습니다. 난 손님으로서 무례하지 않아야 한다는 생각밖에 없었습니다. 그 고기 조각을 끝까지 먹어야 했지요. 나는 씹고, 씹고, 또 씹었습니다. 결국 호스트 중 한 사람이 조용히 미소 지으며 말했습니다. "캐롤, 당신 지금 메스꺼워하고 있군요!"

추크치족과 유픽족 사이에서도 이런 음식을 좋아하는 것은 어린 시절 경험에 달려 있다. 전통 식단으로 자란 어른은 일반적으로 그걸 좋아하고, 구태여 그걸 먹으려 애쓴다. 하지만 1960년대에서 1980년대 사이에 자란 어린 세대는 그 당시에 소비에트 정부가 전통 음식을 먹지 못하게 적극적으로 방해했기 때문에 이런 음식을 먹기 힘들어 하기도 한다. 그들의 혐오감은 워낙 강해서, 소비에트 연방이 붕괴된 이후 외부 음식이 부족해져 선택의 여지가 별로 없을 때조차 많은 사람이 그런 음식을 먹기 거부했다. 인류학자들은 요즘의 많은 젊은이가 조부모를 존경하며 함께 시간을 보내면서 행복해하지만, 저녁 식사 시간에 그들에게서 벗어날 수 있을 때에 한해서라고 말한다. 지금은 이런 맛있게 썩은 음식을 먹는 사람도 계속 남는 냄새를 피하려고 가끔 라텍스 장갑을 착용한다.

반대로 음식 선호도를 유발하는 일부 원인은 학습이 아닌 다른 곳에도 있는 것 같다. 신생아도 입에서 단맛을 느낄 때 젖을 더 빨고 행복한 표정을 짓는다. 그 선호도를 바꾸려고 부모가 할 수 있는 일은 별로 없다. 모넬 회의실에서 나와 함께 가글을 하던 바로 그 맛 연구원인 개리 보챔프는 당분이 적은 음식에 사람들이 익숙해지도록 해 보았다. 십 년도 더 전에 이미 보챔프는 사람들에게 단 몇 주만 소금 양을 줄인 식단을 먹도록 해도 그들의 입맛을 돌려놓을 수 있다는 것을 밝혀낸 바 있다. 그 후 그들은 훨씬 싱거운 음식을 좋아하게 되었고, 지금은 이전에 먹던 음식을 아주 짠 음식으로 취급하기까지 한다. 그러나 단맛으로 같은 실험을 했을 때, 보챔프는 사람들이 동일하게 반응하지 않는다는 것을 알았다. 저설탕 식단을 실시한 지 3개월 후, 실험 대상자는 일반 사람이 일상적으로 먹는 바닐라푸딩이나 라즈베리음료의 단맛을 여전히 선호했다. 보챔프가 알기로는 어느 누구도 이와 유사한 실험을 시도한 적이 없었다. 따라서 그는 단 한 번의 실험으로 단정 지어 결론 내리기 조심스러웠다. 그러나 만약 그가 옳다면 그리고 아이들이 어른과 똑같은 방식으로 반응한다면, 부모는 설탕에 대해 조금은 편안해질 수 있을 것이다. "지구상의 모든 사람들은 거의 모두, 설탕을 많이 먹는 아이로 키우면 나중에 그 아이가 설탕을 더욱 좋아하게 될 것이라고 믿습니다. 그러나 그렇다는 어떤 증거도 없습니다."라고 그는 말한다. 무설탕 식단이 아이들로 하여금 설탕을 좋아하지 않게 만들지 못한다(보챔프는 가공 설탕뿐 아니라 다른 단맛까지 광적으로 기피하는 부모를 둔 한 아이를 회상한다. 그 아이는 씹던 껌을 의자에 붙여 두었다가 다시 떼어 씹으면서 자신의 단맛 욕구를 다스렸다고, 학교에서 그에게 말했다). 달콤함은 달콤하니까 항상 맛이 좋다. 부모가 그 부분에서 할 수 있는 일은 아무것도 없다.

오늘날 대부분의 사회에서 음식에 관한 가장 중요한 이슈는 어떻게 사람들을 적게 먹도록 할 것인가이다. 모두가 알고 있듯이, 미국 사람은 수십 년간 체중이 계속 늘어 현재는 성인의 3분의 2 이상이 과체중이거나 비만으로 분류될 정도다. 유럽인뿐 아니라 중국인, 인도인도 그 대열에 동참하기 시작했다. 전 세계적으로 성인의 39퍼센트가 과체중이거나 비만이며, 최근 들어 매년 영양실조보다 영양과잉으로 더 많은 사람들이 죽는 실정이다.

이 책은 비만이나 식욕, 체중 감량을 다루지 않는다. 다만 이 책이 맛을 다루고 있기 때문에, 우리는 그 퍼즐의 작은 조각 하나만이라도 살펴보려 한다. 맛이 우리가 음식을 선택하는 것, 특히 체중 조절에 관련해 비판적으로 음식을 선택하는 것과 얼마나 많이 먹어야 하는지에 도움이 되는지 알아보려는 것이다. 식단이라는 전체 파이 가운데 맛이 차지하는 건 극히 일부분이지만 그건 단순한 문제가 아니다. 복잡함을 보여 주는 첫 번째 근거는 일반적으로 우리들은 충분히 먹고 난 후가 되면 욕구가 사라져 먹기를 멈춘다는 점이다. 가장 명백한 예가 앞장에서 간단히 언급한 감각 특정적 포만감 현상이다. 식사를 하는 도중에 단일 음식의 맛을 많이 경험할수록, 뇌의 보상 시스템은 그 음식이 아무리 많은 칼로리를 갖고 있어도 입력된 감각에 덜 반응한다. 정말 좋아하는 음식이라면 조금씩 먹어야 한다는 뜻이다.

특별한 요리가 아주 조금씩 순차적으로 나오는 것이 특징인 테이스팅 메뉴tasting menus를 요리사들이 자꾸 개발하는 이유가 이 때문이다. 세계 최고라 평가받는 시카고의 알리니아Alinea 레스토랑에서 식사를 하면 아주 적은 양으로 구성된 두세 가지 코스를 먹을 수 있다. 요리사인 그랜트 아차츠Grant Achatz는 캘리포니아의 나파밸리에 있는 명성 높은 식당인 프렌치론드리에서 많은 기술을 배웠다. 프렌치론드리도 '작은 식사'를 계속 연속적으로 제공하는 것으로 유명한 식당이다. 아차즈의 멘토인 요리사 토마스 켈러Thomas Keller는 그렇게 하는 이유가 무엇인지 이렇게 설명한다.

프렌치론드리에서는 모든 메뉴가 수확체감의 법칙을 중심으로 운영됩니다. 많이 먹을수록 덜 기뻐지니까요. 대부분의 요리사들은 한두 가지의 메인 요리로 고객의 배고픔을 짧은 시간 안에 만족시켜 줍니다. 첫입 먹을 때가 최고의 별미입니다. 두 번째도 나름 좋은 맛일 겁니다. 그러나 세 번째부터는 맛이 점점 줄어들어 마침내 맛이 없어지고 맙니다. 기가 막힐 정도로 좋았던 첫인상은 사라지고 저녁 식사는 곧 흥미를 잃고 마는 것이지요.

어떤 식사라도 같은 원리가 적용된다. 만약 크리스마스 저녁 식사가 으깬 감자만으로 차려진다면 칠면조, 스터핑stuffing(계란, 가금류, 생선 등의 내부에 다른 부재료를 채워 넣어 조리하는 것), 그린빈스green beans(긴 콩깍지를 그대로 요리해 먹는 야채), 브뤼셀스프라우트 같은 음식이 종류별로 나왔을 때보다 확실히 덜 먹을 것이다. 감각 특정적 포만감은 음식을 먹기 시작한 지 15분에서 20분이 지나면서 효과가 나타나기 시작한다. 그래서 배가 가득 찼다는 다른 종류의 포만감이 신호를 보내기 전이라도, 식사에 대한 식욕을 사라지게 하는 데 도움을 줄 수도 있다(그 효과는 한 시간 정도 이내에 점점 사라지고, 다시 먹는 것을 생각할 때는 다른 포만감 메커니즘이 결정에 중요하게 관여한다).

더 맛있는 음식이 감각 특정적 포만감을 더 유발한다는 의견을 제시하는 사람도 있다. 그렇기만 하다면, 한입 베어 먹을 때의 맛을 최대화시킴으로써 체중을 줄일 수 있다는 말이 된다. 감각 특정적 포만감의 발견자인 에드먼드 롤스는 이렇게 지적한다. 대부분의 문화권에서 사람들은 주식인 쌀, 감자, 빵과 같은 비교적 별맛이 없는 녹말질의 음식은 많이 먹는 경향을 보이지만, 그보다 더 맛이 있는 육류나 야채는 훨씬 적은 양을 먹는다는 것이다. 그러나 맛을 최대화함으로써 우리 몸을 야위게 유지할 수 있다는 개념을 뒷받침할 만한 증거는 아직까지 아주 미미할 뿐이다.

아마 그 개념을 가장 확실하게 떠받치는 것은 최근에 네덜란드 연구진들이 실시한 실험일 것이다. 연구원들은 우선 실험 참가자의 콧속으로 플라스틱 튜브를 넣어 목구멍 뒤편 위쪽까지 도달하게 했다. 그리고 그들을 두 그룹으로 나누고, 튜브를 통해 한 그룹에게는 토마토수프의 강한 향을, 다른 그룹에게는 토마토수프의 약한 향을 공급했다. 그 후

양쪽 모두에게 똑같이 아무런 맛과 향이 없는 수프를 먹였다. 그랬더니 그들 모두가 거기서 토마토수프의 맛을 느꼈다. 다만 튜브로 맡은 냄새의 강도에 따라, 강한 향을 맡은 사람은 풍부한 맛으로, 약한 향을 맡은 사람은 부드러운 맛으로 차이 나게 인식했을 뿐이다. 말할 것도 없이, 강한 향을 맡아 풍부한 맛으로 느낀 사람은 수프를 9퍼센트나 적게 먹었다.

콧속 호스를 통해 스프를 먹는 게 불편하게 들린다고? 그렇다면 몇 년 전 네덜란드 젊은이를 대상으로 한 다른 실험에 참여하지 않은 걸 다행으로 여기길 바란다. 연구원들은 먹는 것을 멈추는 이유가 뱃속이 가득 차서인지 아니면 맛을 충분히 느꼈기 때문인지 구분해 보고 싶었다. 그 답을 얻으려면 씹는 것과 맛을 분리시켜야 했고, 또 그러려면 삼켜서 배를 채우지 못하게 막아야 했다. 그들이 실시한 방법은 결코 아름다울 수 없었다.

실험에 참가한 사람들은 정상적인 아침 식사를 한 후 실험실에 도착했다. 기술자는 전화기의 헤드폰 잭에 집어넣을 수 있을 정도로 얇은 위관을 실험 대상의 콧구멍으로 삽입해 목구멍 뒤를 지나 위에 도달할 때까지 밀어 넣었다. 한 시간 정도 앉아 서류작성을 마친 후, 그들에게 반 파운드 정도의 케이크조각이 주어졌다. 대상자들은 케이크를 정상적으로 씹은 후, 삼키기 직전에 그것을 컵에 뱉어 냈다. 두 번째 씹은 것도 마찬가지, 이렇게 씹고 뱉기를 1분에서 8분간 계속해서 반복했다. 그 일을 마쳤을 때 기술자는 컵의 내용물을 수집해 건조시킨 후 케이크를 은밀히 삼키지는 않았는지 무게를 쟀다. 참가자들이 씹는 동안에 열량이 똑같은 99칼로리의 케이크가 아무 맛이 없이 위관을 통해 그들의 위에 채워졌다. 케이크는 믹서기 안에서 적은 양의 물(100밀리리터) 또는 배를 채울 정도의 좀 더 많은 양의 물(800밀리리터)과 섞여 퓌레puree(과일이나 삶은 채소를 으깨어 물을 조금만 넣고 걸쭉하게 만든 음식) 형태로 만든 것이었다. 그 모든 일이 끝나고 30분 후(그리고 코를 통해 다시 위관을 빼낸 후), 점심으로 샌드위치가 주어졌고 그들은 양껏 먹을 수 있었다.

씹고 뱉고 튜브를 넣고 빼는 이 모든 행동은 참으로 끔찍해 보인다. 연구에 참여한 사람들도 그렇게 생각한 것이 틀림없다. 그 일에 참여하겠다고 서명한 43명의 젊은이 가운데 여덟 명이 충분한 대가가 지불되었음에도 불구하고 어떤 일들이 행해질지 아는 순간 포기하고 말았다. 다섯 명은 케이크를 모두 뱉어 내지 못해 제외되었고 네 명은 다른 이유로 지쳐 버렸으며 26명만 남아 그 실험을 마쳤다.

그 모든 과정을 마치고 나서 한 가지 사실이 밝혀졌다. 포만감에 이를 때, 입속의 맛이 위를 채우는 행위만큼 중요한 역할을 한다는 것이다. 그날 케이크를 씹고 뱉는 데 8분을 소비한 실험 참가자들은 1분만 씹고 뱉거나 아니면 아무것도 하지 않은 사람들보다 나중에 샌드위치를 10퍼센트에서 14퍼센트나 적게 먹었다. 그에 비해 더 많은 양의 액체가 위 속으로 투입이 되었을 때는 그들의 샌드위치 소비량이 전혀 줄지 않았다.

좀 덜 불쾌한 실험도 행해졌다. 같은 연구원이 사람의 입속으로 토마토수프를 주입했다. 한쪽은 1회당 좀 많은 양을 12초 단위로 나누어서, 다른 한쪽은 1회당 적은 양을 3초 단위로 나누어서 주입했다. 어느 쪽이든 분당 주입한 수프의 총량은 같았지만 한 번에 많은 양을 주입한 쪽이 맛을 덜 느꼈다. 수프가 입안에서 머문 시간이 적었기 때문이다. 음식을 조금씩 섭취할 때, 그래서 더 많은 맛(풍미)에 더 많이 노출될 때, 사람들은 배 속이 채워졌다고 생각하기 이전이라도 수프를 덜 먹게 된다.

이런 결과는 철저하게 씹도록 장려하는 것이 일리가 있음을 암시한다. 더 많이 씹을수록 음식 맛에 더 많이 노출되고, 그래서 더 빠르게 포만감이 자리한다. 한 연구에서는 작은 스푼으로 입을 한 번 채운 후 20번 내지 30번 충실하게 씹으며 파스타를 먹은 사람이 큰 스푼을 사용해 편안하다고 느낄 정도의 빠른 속도로 먹은 사람보다 포만감을 더 느꼈다(불행하게도 이건 아직 과학적으로 명확하지 않다. 오래 씹은 사람이 포만감을 느꼈지만, 파스타에 질려하면서도 실제로 덜 먹지는 않았다). 더 씹는 것이 덜 먹는 것이라는 개념을 믿는다 하더라도, 20세기 초반 악명 높았던 호레이스 플래처Horace Fletcher의 주장을 적극 옹호하면서 극단으로까지 치달을 필요는 없다. 그는 입속의 음식을 매번 100번 씹자면서 '플레처화'라는 유행어를 낳은 사람이다. 질감과 씨름하며 억지로 과도하게 씹는 대신 동일한 목적을 달성하는 방법이 있다. 더 두텁고 질기며 딱딱한 음식을 먹는 것이다. 그런 음식은 조그만 양으로도 더 오래 씹게 만든다. 그럼으로써 씹는 속도를 늦추고 입 안에 머무는 시간을 늘려준다.

더 중요한 것은 청량음료, 주스, 맥주와 같은 액체류가 씹어서 삼키는 음식보다 훨씬 더 빨리 내려간다는 점이다. 어떤 연구에 따르면 10

배나 그 속도가 빠르다고 한다. 그러면 입 속에 그 맛에 노출되는 시간이 짧아진다. 액체 칼로리를 왜 우리가 과잉 섭취하게 되는지 잘 설명해주는 부분이다. 액체 칼로리는 고형 식품에서 얻어지는 칼로리만큼 강하게 우리 내부의 칼로리 측정기를 작동시키지 못한다. 수프를 머그컵으로 빨리 마실 때보다 숟가락으로 떠먹으면 사람들은 동일한 양으로 더 배가 부름을 느끼는 게 사실이다.

음식에서 더 많은 맛을 경험하는 방법은 당연히 맛이 풍부한 음식을 먹는 것이다. 놀랍게도 더 맛있는 음식이 더 빨리 포만감을 가져다주는지 아닌지는 아는 사람이 아무도 없다. 내가 이렇게 말해도 많은 전문가들은 놀라지도 않는다. 몇몇 실험만이 가능성을 제시해 준다. 아주 맛이 풍부한 바닐라 커스터드custard(우유, 설탕, 계란, 밀가루를 섞어 만든 것으로, 보통 익힌 과일이나 푸딩 등에 얹어 따뜻할 때 먹음)의 맛(풍미)이 진할수록 사람들은 더 적게 먹었다. 또한 사람들은 똑같이 먹을만하다고 평가한 토마토수프 두 가지 중에 더 짠 스프를 덜 짠 스프보다 더 적게 먹었다.

감각 특정적 포만감의 효과가 나타나기 시작하면 다른 음식으로 바꿔 섭취할 수 있으므로, 먹을 수 있는 음식이 가득한 오늘날 우리는 과식할 수도 있다. 비만이 사회적 문제로 대두된 것은 1970년대로 거슬러 올라간다. 사람들은 비만의 근본 원인을 현대의 '카페식' 식단 탓으로 돌렸다. 너무나도 많은 먹을거리에 노출되어 있다는 것이다. 선택할 수 있는 것이 워낙 많아서, 한 음식에서 쉽게 다른 음식으로 건너뛰게 되고 결국은 너무 많은 양을 먹게 된다고 걱정했다. 그러나 음식의 다양성이 실제적인 이유가 아니라는 것은 곧 밝혀졌다. 1980년대 초반에 모넬의 연구원들은 쥐들이 좋아하는 12가지 판매 중인 맛을 구매했다(땅콩, 빵, 소고기, 초콜릿, 나초 치즈, 치즈 페이스트, 닭고기, 체더치즈, 베이컨, 살라미salami(훈제가 아닌 이탈리아식 드라이 소시지), 바닐라 그리고 짐승의 간). 그들은 쥐를 세 그룹으로 나누어 먹였다. 한 그룹은 한 가지 맛을 지루하리만치 계속 반복해 먹였고, 다음 그룹은 다양한 맛을 계속 바꿔가며 스모가스보드smorgasbord(온갖 음식이 다양하게 나오는 뷔페식 식사) 형태로 먹였다. 만약 다양성이 과식의 원인이라면, 후자의 쥐는 행복해하며 작은 비행선처럼 살쪄 있어야 할 것이다.

그러나 그렇지 않았다. 3주 이상의 실험 기간 동안 스모가스보드 쥐들은 지루한 음식의 쥐보다 더 많은 음식을 먹지도 않았고 체중도 늘지 않았다. 정말 중요한 것은 쥐들의 식단에 설탕과 지방이 얼마나 많이 포함되었느냐의 문제였다. 고지방, 고당분으로 식단을 꾸린 세 번째 그룹의 쥐는 단 한 종류의 맛을 섭취했든 다양한 맛을 섭취했든 모두 풍선처럼 뚱뚱해졌다. 바꿔 말해, 원인은 다양성이 아니라 칼로리에 집중한 보상 회로에 있었던 것이다.

그렇지만 사람들은 대부분 체중 증가가 일어나지 않도록 몸이 내는 패스트푸드 칼로리의 경고음을 들을 수 있다. 먹는 음식의 총량을 조절하는 별도의 시스템이 우리 내부에 갖춰져 있기 때문이다. 렙틴leptin(식욕을 억제하고 체내 대사를 활발하게 함으로써, 체중을 감소시키는 호르몬), 그렐린ghrelin(식욕을 증가시키는 호르몬) 그리고 신경펩타이드 Yneuropeptide Y(척추동물의 중추신경계에서 내분비나 자율신경 제어, 섭식행동이나 기억 등에 관여하는 물질) 등의 이름을 가진 복잡한 호르몬 네트워크가 공복감과 포만감의 정도를 조절하여, 결국 들어오는 칼로리와 소모되는 칼로리가 균형을 이루도록 조정 작업을 수행한다. 크리스마스 저녁 식사를 할 때 나는 보통 때보다 좀 더 많이 먹는다. 그것은 단순히 다양성 때문만이 아니라 사회적 상황 때문이기도 하다. 우리는 다음날 식사량을 줄이거나 평소 먹던 스낵을 한두 가지 생략함으로써 거기에 대한 보상을 한다. 이제 '야윈 요리사를 신뢰하지 마라'라는 오래된 이야기는 잊어도 좋다. 일반적으로 식단이 특별히 맛있다고 해서 사람들이 살찌는 것은 아니다. "다른 건 아무것도 없습니다. 내가 알아본 바에 의하면, 음식이 맛있으면 사람들은 과식하게 된다는 말에는 아무 근거가 없습니다. 모든 사람들이 믿는 것에는 별다른 게 없는 법이지요." 맛과 식욕에 대해 수십 년간 연구해 온 연구원 마크 프리드만_{Mark Friedman}의 말이다.

맛이 좋지 않다고 해서 적게 먹는 것도 아니다(항상 배고프기 마련인 대학생들에게 식단표와 먹는 양의 상관관계에 대해 물어보라). 쓴맛을 추가하는 등의 방법으로 먹이를 맛이 없게 만들면 쥐들은 당분간 그걸 피한다. 그러나 다른 대안이 없는 한 쥐들은 계속되는 공복을 참지 못하고 결국은 그걸 슬쩍 훔쳐 달아날 것이다. 마찬가지로 갑자기 후각을 잃은 사람(이 병에 대해서는 이 장의 뒷부분에서 다시 논의하기로 한다)도 보통 체중 감량의 단계에까지 이르지는 않는다. 맛없이 밋밋한 요리를 일삼는 사람을 생각해 보아도 그들이 모두 야윈 사람이라 간주하기에는 무리가 따른다.

맛을 어설프게 조작하는 것으로 비만을 치료할 수는 없다는 많은 증거가 유전학의 영역에서도 발견된다. 우리들 각각은 모두 맛과 냄새 수용체에 독특한 유전자 변종 세트를 가지고 있으며, 그 결과 정확하게 똑같은 맛 세계를 갖고 있는 사람이 아무도 없음은 이미 주지의 사실이다. 만약 맛 지각 능력이 비만의 중요한 원인이라면, 특정한 맛 유전자 변종을 가진 사람이 다른 사람에 비해 비만이 될 확률이 높다고 예상할 수 있다. 예를 들어, 단맛 수용체 변종을 가진 사람은 단맛을 선호하는 경향이 있어서 단맛 음식을 먹을 위험이 커지고, 따라서 체중이 늘어난다고 할 수 있다. 또 쓴맛에 특별히 거부감을 일으키는 사람들은 저칼로리의 브로콜리보다 고칼로리의 감자튀김을 더 좋아할 것이다.

유전학자들이 이 같은 패턴을 찾아내는 한 가지 방법이 전장유전체연관분석연구全長遺傳體聯關分析硏究, genome-wide association study, GWAS(유전역학에서 개체 간의 유전자가 어떻게 다른지 알아보려고 특정한 종의 다른 개체들의 유전자를 연구하는 것)라는 것이다. GWAS는 유전적 질병을 규명하는 데 가끔 사용된다. 연구원들은 알츠하이머나 가족력이 강한 암과 같은 질병을 보유한 사람과 그렇지 않은 사람의 게놈을 서로 비교해 두 그룹 간의 차이를 찾아보았다. 연구자들이 찾는 질병과 관련된 유전자는 이렇게 차이가 나는 부분 어딘가에 존재해야만 한다. 비만의 경우에 GWAS는 과체중인 사람들의 게놈을 정상 체중인 동일 연령대 것과 비교했다. 연구 결과 예상대로 차이가 나는 영역이 존재했다. 비만에 영향을 미치는 유전자가 존재할 거란 이야기다. 하지만 차이가 나는 부분 중 어느 곳에도 맛 수용체나 냄새 유전자가 들어 있지 않다. 우리가 풍미를 어떻게 느끼느냐는 비만 위험을 결정하는 데 별다른 역할을 하지 못하는 듯하다.

맛이 먹는 양과는 대체로 큰 관련이 없을 것이라 의심케 하는 이유는 또 있다. 만약 맛이 좋아서 과식하는 것이라면 맛감각, 특히 후각을 잃은 사람은 음식에 대한 흥미를 잃어야 하고 먹는 것을 힘들어할 것이다. 내가 모넬의 회의실로 가 개리 보챔프와 함께 아무 맛이 없는 햄버거를 먹은 건 이 때문이다. 장기간 맛과 냄새 감각을 잃어버리면 어떻게 되는지 알아보려고 나는 모넬 연구소에서 가까이 위치한 펜실베니아대학 메디컬센터 리차드 도티의 병원으로 갔다. 후각과 미각 이상 질환을 앓고 있는 그의 환자 몇 사람을 만나기 위해서였다. 도티의 병원은 펜실베니아대학 메디컬센터의 모넬 연구소에서 불과 걸어서 수 분 거리에 있다.

패트리샤 야거Patricia Yager는 심각한 건강 문제를 겪어 본 적이 없다. "나는 생계를 위해 남극 대륙에 갑니다. 건강하지 못하다면 그곳에 갈 수 없을 겁니다." 기후변화와 해양을 연구하는 해양학자, 야거는 이렇게 말한다. 2014년 1월, 넓은 얼굴, 눈꺼풀이 두툼한 눈, 흰머리가 몇 가닥 밝게 빛나는 긴 머리카락을 가진 날씬한 여성인 야거는 입안에서 계속 금속 맛이 나는 걸 느꼈다. 과학자들이 모두 그렇듯 그녀 역시 위산 역류, 폐경, 당뇨병 등의 증세를 안고 일하는 중이었다. 그러나 금속 맛은 그런 것과는 관련이 없다. 의사는 그녀의 중이中耳에서 조그만 유동체를 발견하고는 충혈 완화제를 쓸 것을 제안했지만 그 이후에도 금속 맛은 계속되었다.

어느 날 부엌에서 그녀가 요리를 하는데 10대 초반의 아들이 집안에서 지독한 냄새가 난다며 뛰어 들어왔다. 과연 치즈가 오븐에서 끓어 넘치며 타고 있었다. "타는 냄새를 맡지 못했어요. 이럴 수가! 무언가 심각한 일이 벌어진 거라 생각했습니다." 야거는 그때를 회상한다. 이비인후 전문의는 그녀의 후각이 손상되었음을 확인해 주었으며, 예상되는 원인으로 신경 손상이나 뇌종양을 꼽았다. 결코 듣고 싶지 않던 말이었다. "순간 바닥으로 무너져 내려앉고 말았습니다." 다행히 필라델피아 리차드 도티 병원에서의 MRI 결과, 뇌종양의 가능성은 희박하다며 원인에서 배제했다.

도티는 펜실베니아대학의 맛 냄새 연구센터를 지휘하고 있으며, 그 연구센터는 맛과 냄새 관련 질환자들을 진단하고 치료하는 북미 최고의 장소로 널리 알려져 있다. "우리 센터는 명실상부 세계에서 유일한 곳입니다."라고 도티는 말한다. 환자들은 대부분 자신의 병을 제대로 알지도 못한 채 여섯 명에서 여덟 명의 의사를 이미 만난 후에야 그의 센터를 찾아온다. 전문적인 지식을 가진 도티의 판단으로도 아주 절망적인 상황에 놓인 후다. 보통은 그도 치료할 수 없는 상태다. "우리가 하는 일의 대부분은 오해를 바로잡아 사람들의 마음을 편안하게 해 주는 것입니다. 내가 이 일을 좋아하는 이유는 많은 사람이 이곳을 거치면서 기뻐하기 때문입니다. 가끔은 우리가 그들의 관에 못을 박기도 하지만 말이죠." 도티는 말한다.

매달 며칠씩 센터에 있는 작고 번잡한 사무실에서 그는 환자를 만난다.

그곳은 다소 고전적인 연구사무실이다. 책상과 보조 테이블에는 책, 논문 그리고 바인더들이 1.5미터 높이로 불안하게 쌓여 있다. 책상 하나마다 이런 더미가 여섯 개씩 놓여 있고, 그는 이 더미들 사이로 야거를 쳐다보았다. 야거는 물건의 냄새를 전혀 맡지 못하거나 아니면 다 똑같이 불쾌한 냄새로 맡아진다고 그에게 말했다. 하지만 최근 들어서 이따금씩 다른 냄새도 구별할 수 있다는 것을 알았다. "어떤 냄새도 좋은 냄새가 아니었고, 또 어떤 냄새도 이전과 같지 않았습니다. 수박에서 수박 같은 냄새가 나지 않고 불쾌한 냄새가 났습니다." 지금 그녀는 이상하게도 바닐라에서 테레빈유 냄새를 맡는다.

아마도 바이러스에 의한 감염으로 냄새 수용체를 지닌 신경세포가 죽었을 가능성이 높다고 도티는 그녀에게 말해 주었다. 우리에게는 이런 세포가 수백만 개나 있고, 그 세포 각각은 400여 개의 냄새 수용체 분자 중 하나를 가지고 있다. 비강의 심각한 바이러스 감염은 때때로 세포를 죽일 수 있어서, 냄새 수용체의 일부, 극단적인 경우에는 전부가 코에서 죽기도 한다. 그것의 효과는 피아노 줄을 약간씩 자르는 것과 같다. 피아노 줄이 잘려 나가면서 화음은 불협화음으로 바뀌고 점점 화음을 인식하지 못하게 된다. 웬만큼 피아노 줄을 자르면 피아노는 먹통이 된다. 머리에 손상을 입은 야거가 냄새를 잃는 것 또한 충분히 가능한 일이다. 그녀는 수 주일 전에 롤러스케이트를 타다 넘어져서 머리를 부딪친 적이 있었다. 그 때문에 냄새를 잃었다는 사실을 그녀는 물론 알지 못했다. 그때는 가볍게 보였지만 그 충격이 후각상피와 뇌 사이의 연결을 끊을 수 있는 일이다.

야거의 후각과 맛감각을 측정해 보려고 도티는 일련의 테스트를 진행했다. 그의 동료는 그녀의 비강 형태와 비강을 통한 공기 흐름을 측정했다. 또 그녀의 혀를 네 등분으로 나누어 단맛, 짠맛, 신맛, 쓴맛의 테스트 용액을 떨어뜨리고, 전기탐침으로 혀를 자극하면서, 맛감각을 테스트했다. 그들은 그녀에게 업싯UPSIT을 건넸다. 그것은 스티커를 떼었을 때 나는 냄새를 이용한 테스트로, 수개월 전 플로리다에서 도티가 나에게 준 펜실베니아대학 냄새 감별 테스트라는 이름이 붙은 것이다. 냄새는 인식하면서도 그것이 무슨 냄새인지 이름 붙일 수 없는 일반인의 어려움을 감안해, 그 테스트는 객관식으로 구성되어 있다. 또 거짓으로 테스트에 임하는 사람도 그 테스트에서는 가려낼 수 있다. 테스트를 통해 도티는 소송으로 돈을 벌기 위해 후각을 잃은 척하는 사람을 더 쉽게 가려낼 수 있기도 하다.

야거가 테스트를 받는 동안 도티는 두부외상, 만성비염, 축농증뿐 아니라 냄새와 맛 문제를 일으키는 가장 보편적인 세 가지 원인 중의 하나가 바이러스 감염이라고 설명한다. 그의 사무실을 방문한 많은 환자들이 맛을 잃은 상황을 불평하지만, 테스트해 보면 실제로 대부분 후각에 문제가 있는 것으로 나타난다. 그건 사람들 대부분이 맛과 후각을 서로 구별하지 못한다는 증거나 마찬가지다. 놀랍게도 후각 결손은 아주 보편화되어 있으며 추정치에 근거하면 다섯 명 중 한 명꼴로 이런 증상이 나타난다. 약 20명 중 1명은 후각을 아예 갖고 있지도 않다. 실제로 자신들이 문제를 갖고 있는지조차 인식하지 못하는 경우도 더러 있다. 한 연구에서 사람들에게 후각의 손상 여부를 질문한 적이 있다.

그러나 그런지 아닌지를 실제로 알아낼 수 있는 유용한 데이터는 전혀 발견할 수 없었다(이상하게도 나이 먹은 사람들은 자신이 모르는 사이에 후각을 잃는 경향이 있었고, 젊은이들은 자신의 후각을 과소평가하는 경향이 있었다). "심한 감기에 걸리거나 오염에 노출될 때마다 후각상피는 손상을 입습니다."라고 그가 말한다.

듣자 하니 야거의 경우가 그러하지만, 단 한 가지 감염으로도 때로는 도티의 말처럼 '폭포 위로' 떠밀려가는 수가 있다. 또 어떤 경우에는 손상이 축적돼 나이를 먹어감에 따라 모르는 사이에 조금씩 냄새를 맡는 능력이 소실되기도 한다(맛도 마찬가지로 나이에 따라 조금씩 희미해지지만, 사람들 대부분이 몸으로 느낄 정도는 아니다). 결국 오래 살면 대부분 냄새를 맡는 데 장애가 생기기 마련이다. 70세 노인의 30퍼센트와 80세 이상 노인의 60퍼센트가 후각에 현저한 장애가 있으며, 여자에 비해 남자는 기능을 잃어버리기 더 쉽다. 나이를 먹어 가면서 손실이 서서히 늘어나는 것인지 아니면 어떤 한계점을 기준으로 갑자기 전개되는지, 사람의 일생을 추적하며 확인하는 일을 과학자들이 아직 충분히 행하지 못했다니 놀랄 따름이다. 연구 결과는 고작해야 젊은이들에 비해 나이 든 사람의 후각이 더 나쁘다는 보고로만 점철되어 있을 뿐이다.

그런 형편없는 추적 기록을 무색케 하는 뛰어난 예외가 1980년대에 이르러 나왔다. 1050만 내셔널지오그래픽 구독자 모두가 1986년 9월호에서 스티커를 떼면 나는 냄새나는 페이지를 보며 테스트를 받은 것이다. 구독자들은 여섯 가지 냄새에 대해 그 강도와 쾌적함의 정도를 점수로 매기도록 요구받았고, 그 냄새를 가장 잘 표현한 것을 12개의 보기 중에서 골랐다. 조사를 주도한 모넬 연구원인 찰스 와이소키와 에이버리 길버트Avery Gilbert가 그들의 반응을 이해하려고 추가한 몇 가지 질문에도 그들은 답했다.

그 조사는 120만 이상의 독자가 설문지에 답해 오면서 대성공을 거뒀다. 와이소키와 길버트는 그 결과를 표로 만들었고, 예상한 것처럼 젊은 사람보다 나이 든 사람이 냄새를 감지하는 데 문제가 있다는 사실을 발견했다. 놀라운 점은 사람들이 후각을 균일하게 잃지 않는다는 것이었다. 유난히 더 빨리 잃는 냄새가 있었다. 바나나, 정향 그리고 장미 냄새는 모든 사람들이 60대에 이를 때까지 잘 감지했고, 그 이후에도 그 능력은 천천히 약화되었다. 90세 노인 사이에서도 남자의 90퍼센트와 여자의 95퍼센트가 정향과 장미 냄새를 여전히 맡을 수 있었으며, 바나나는 그보다 불과 수 퍼센트 떨어지는 수준이었다. 이와는 대조적으로, 메르캅탄mercaptans(가스 누출을 인지할 수 있도록 천연가스에 첨가되는 역겨운 냄새의 화학물질)은 40대가 되면서부터 냄새 맡는 능력이 떨어지기 시작했다.

나이를 먹어 가면서 후각이 왜 사라져 가는지 과학자들은 아직 정확하게 알지 못하지만, 대부분 그것이 신체의 회복능력 저하과정의일환이라고 생각한다. 후각상피 세포는 신체에서 규칙적으로 대체되는 몇 안 되는 신경세포 중 하나다. 피부와 모낭이 이런 세포의 예인데, 이러한 세포는 정기적으로 다른 세포로 대체되는 과정 중에도 문제점이 생기면 시간이 지나면서 계속 축적된다(내 사진에서 확인할 수 있을 것이다). 신생아의 후각상피는 부드럽고 견고한 세포막을 갖지만 나이를 먹을

수록 거칠고 고르지 않게 된다.

계속 다른 일들이 일어날 수도 있다. 후각상피가 파괴됨에 따라 남아 있는 세포는 정확히 제 기능을 발휘하지 못하고 반응이 흐려지기 시작할 것이다. 모넬의 또 다른 연구원인 비버리 카우워트Beverly Cowart가 이끄는 팀이 이를 확인하려고 노인 및 중년의 후각상피 조직샘플을 채집했다. 그것은 오싹한 절차를 거쳐야 했다. 국소마취 상태에서 의사들은 광섬유 내시경을 콧구멍 하나에 꿰어 연결하고, 다른 콧구멍으로는 후각상피의 일부를 붙잡으려고 길면서 목이 비틀어진 가위 모양의 죔쇠인 '쿤볼거지라프포셉Kuhn-Bolger giraffe forceps(의사들이 조직 또는 기관을 받치거나 집거나 누르기 위해 사용하는 용구)'을 삽입했다. 채취된 세포는 어떤 냄새(카우워트의 경우에는 냄새 혼합물)에 반응하는지 살필 수 있도록 접시에서 배양했다. 중년의 코에서 채취한 각각의 세포는 카우워트가 사용한 두 가지 냄새 혼합물 중 한 가지에만 반응했다. 반면에 노인의 코에서 채취한 세포는 약 4분의 1이 두 곳에 다 반응했다. 이는 한 가지로 결정할 수 있던 정보가 노인들의 코에서는 함께 섞여 흐려진다는 것을 의미한다. 아마도 코에서도 백내장 같은 현상이 일어나는 것 같다.

건강할수록 후각 역시 온전히 더 잘 보존할 수 있다. '성공적으로 나이 든 노인'은 후각도 꽤 양호한 상태를 유지한다. 사실 냄새의 상실은 알츠하이머병이나 파킨슨병 같은 심각한 의학적 문제를 조기에 예고하는 것일 수도 있다. 그것은 놀랄 일이 아니다. 후각 시스템은 근본적으로 뇌의 일부이기 때문에 많은 퇴행성뇌질환이 후각에 영향을 미치는 것은 너무나 당연하다. 이상하게 여길지 모르지만 일부 암 연구원은 암

발생의 첫 번째 경고 중의 하나로 음식에서 맛을 제대로 느끼지 못하는 것을 꼽는다. 종양이 가슴이나 전립선 또는 맛 지각과 관련 없는 다른 조직에 있을 때도 그렇다고 한다. 후각을 상실한 노인은 같은 나이의 온전한 후각 보유자에 비해 5년 이내에 사망할 확률이 네 배나 높은 현실이다(후각 상실이 사망선고는 아니다. 후각을 잃은 많은 사람들이 아직도 잘 살아가고 있다).

원인이 무엇이든 냄새의 상실은 중요한 문제를 야기할 수 있다. 한 연구에 의하면, 후각 장애 환자의 반이 우울과 불안을 경험하고 있으며, 반 이상이 소외감을 느끼고 다른 사람과의 관계 유지에 어려움을 겪는다고 한다. 맛에 미치는 영향은 더 심각해서, 92퍼센트가 먹는 데서 즐거움을 느끼지 못한다고 호소한다. 그 자체만으로도 사회적 곤란을 겪고 있다는 말이다. "사회생활의 대부분은 음식과 관련이 있습니다. 외식을 하러 가서 먹을 수 없는 음식에 많은 비용을 지불한다거나, 친구 집에 가서 호스트에게 식사가 훌륭했다고 말하지 못하는 상황이 사회생활에서 정당화되기란 어려운 일이 아니겠습니까?" 카우워트는 말한다.

도티의 사무실에 가면 환자들이 상실감을 이야기하는 것을 들을 수 있다. 전문가는 아니지만 그들은 주로 냄새가 아닌 맛을 잃은 것에 집중하는 경향이 있다. 우아하게 차려입은 나이 든 여인이 말했다. "음식 맛을 전혀 알 수 없습니다. 크래커를 먹을 때면 톱밥을 먹는 것 같아요." 다른 사람은 또 이렇게 말했다. "내가 먹었음을 아는 단 한 가지 이유는 음식을 쳐다보면서 예전에 맛보았던 것을 기억하기 때문입니다."

이 같은 불평에도 불구하고, 사람들 대부분은 스스로 대처할 방법을 찾아 약 3분의 2가 정상 체중을 유지한다. 한 전문가의 주장에 따르면 10퍼센트 정도 되는 일부 소수만 손상된 후각의 결과로 실제 체중이 줄었다고 한다. 그런 사람은 냄새 전부를 다 잃는 것이 아니라, 야거의 테레빈유 바닐라나 역겨운 수박처럼 냄새의 왜곡을 겪는 경우가 많다. 가끔 환자들은 모든 것에서 '화끈거리는 화학물질' 냄새가 난다고도 한다. 아마도 친숙하지 않거나 불쾌한 어떤 것을 표현하기 가장 좋은 방법이 그것이 아니었을까 생각한다. 이 같은 후각적 두려움은 사람들을 음식에서 멀어지게 만든다. 노인 가운데 냄새를 맡지 못하는 사람은 영양부족이 될 가능성이 크다. 하지만 그것은 그들이 음식에 덜 끌려서라기보다, 냄새의 상실이 다른 건강 문제와 연결되어 있기 때문이라는 게 이유로서 더 타당해 보인다.

반면에 갑작스럽게 냄새를 잃은 일부 사람은 그 결과로 오히려 체중이 증가한다. 이들은 맛있다는 이유보다 습관적인 이유에서 음식을 갈망하는 사람일 가능성이 높다(한 연구원이 사람들에게 다른 음식을 갈망하도록 만들려고 바닐라 맛이 나는 식사 대체 음료만 계속 제공한 적이 있었다. 그 결과 의도와는 달리 그 실험 대상은 그 음료만을 계속 원했다. "그들은 실험실에서 테크니션들 몰래 그 음료가 든 캔을 빼내려고 했습니다."라고 그녀는 회상한다). 음식에 대한 갈망은 그들에게 감각의 프레임을 만들어서, 후각과는 상관없이 만족을 얻으려는 쓸데없는 희망으로 먹기를 계속하게 한다.

야거가 도티의 사무실로 돌아오자 그는 테스트 결과를 건넸다. 맛감각에는 전혀 문제가 없었다. 그러나 후각 테스트에서 그녀는 무작위로 답을 쓴 것보다도 나을 게 없는 점수를 받았다. 기록에 의하면 그녀의 감각은 심하게 훼손돼서 포도와 땅콩버터 같은 친숙한 냄새의 차이도 말할 수 없을 정도였다.

불행하게도 문제를 해결하기 위해 의학이 할 수 있는 일은 많지 않다고 도티는 말한다. 냄새 장애를 겪는 사람의 약 반이 수년 이내에 약간의 기능을 되찾지만, 완전히 회복되는 건 4분의 1도 채 안 된다. 야거같이 냄새를 완전히 잃은 사람 중에서 전체 기능을 회복할 확률은 8퍼센트로 더욱 떨어진다.

하지만 도티는 실망스러운 그런 예후를 개선할 방법이 있을 수 있다고도 말한다. 보충제인 알파리포산alpha-lipoic acid(인체 내 에너지대사의 중심 역할을 하는 미토콘드리아의 호흡효소를 돕는 중간 길이의 지방산)이 냄새 기능 회복에 도움을 줄 수 있다는 보고가 있다. 신경세포는 일단 사용되면 대체와 재성장을 일으킬 가능성이 높기 때문에, 연습을 통해 자꾸 신경세포를 사용하다 보면 후각의 결함도 개선된다는 연구 결과도 있다. '맥코믹McCormick(미국의 100여년 된 향미 회사) 종류 아무것이라도' 침대 옆에 두고 3~4개월 동안 잠자기 전에 매일 냄새 맡으면서 그것이 도움이 되는지 살펴보라고 그는 야거에게 말한다. 무언가 해결책이 있을 것 같다는 생각에 그녀는 밝아졌다.

1년 후 나는 야거를 만나 그 훈련이 도움이 되었는지 확인해 보았다. 운이 없었다고 그녀는 말했다. 그녀는 여전히 아무 냄새도 맡을 수 없다. "추측건대 나는 후각 상실에 익숙해진 거 같습니다." 그녀는 말한다. 그녀는 음식에 소금, 후추, 레몬으로 충분히 양념하는 식으로 후각 문제를 극복하는 법을 익혔다. 소금, 후추, 레몬은 냄새 없이도 풍미 효과를 낼 수 있기 때문이다. 그녀는 "스리라차가 절친한 친구가 되었다"고 인정한다(3장에서 배운 것처럼, 칠리의 화끈거림은 뇌에 도달하는 데 다른 신경을 사용한다. 그래서 그녀는 맛의 그 성분만 전적으로 받아들인 것이다). 그녀는 사교적인 경우를 제외하고는 거의 와인을 마시지 않는다. 와인에 이끌리지 않기 때문이다. 요즘 그녀가 좋아하는 술은 진과 토닉이다. 쓴맛이 뚜렷한 덕분에 지금도 입안을 자극할 수 있는 것이다.

도티의 병원에서는 맛이 체중 유지에 많은 영향을 미친다고 주장하지 않는다. 그러면 영향을 미치는 것은 무엇일까? 다른 사람들은 그렇지 않은데 왜 어떤 사람은 체중이 늘까? 늘어나는 체중을 해결하려면 우리는 무엇을 할 수 있을까? 불행하게도 과학자들은 이 질문에 일치된 답을 주지 않는다. 답을 내려고 증거를 모아 분류하다 보면 아마 최소한 또 다른 책 한 권을 써야 할 것이다. 과체중인 사람은 신진대사가 변화되었을 가능성이 크다고 마크 프리드만은 생각한다. 식사에서 얻은 에너지가 일상생활에서 활동하거나 움직이는 데 덜 사용되면서, 더 많은 지방으로 저장되도록 체질이 바뀌었다는 것이다. 이를 뒷받침할 만한 연구 결과도 그는 갖고 있다. "에너지를 이용할 수 없으니 체내에서 에너지를 잃어버리는 셈이 되어 더 먹게 됩니다. 본질적으로 살이 찌고 있기 때문에 과식하는 것이지요." 그는 설명한다.

반면 다나 스몰은 좀 다르게 생각한다. 과체중인 사람은 신체의 포만감 신호에 덜 민감해서 음식을 그만 먹어야 할 때 멈추질 못한다는 것이다. 그녀 역시 이를 뒷받침할 만한 연구 결과를 가지고 있다. 대신 그들은 습관적으로 먹는 경향이 있다. 단지 시간이 되었기 때문에, 또는 우연히 부엌을 지나가다가, 아니면 골든아치Golden Arches(패스트푸드 회사인 맥도날드의 레스토랑) 근처를 운전하다가 먹곤 한다. 포만감 신호가 결핍되어 있어서 그들은 배가 고프지 않은 때에도 보상시스템의 유혹에 더욱 취약하다. 쥐도 어떤 때는 단순히 음식이 거기에 있다는 이유만으로 먹는다. 한 연구에 따르면, 고당분 고지방의 음식이 든 그릇을 쥐 우리에 여분으로 놓아두었더니 그 쥐는 충분한 칼로리 이상을 먹었다고 한다. 쥐에게 여섯 개의 다른 물병 중에서 아무것이나 선택해 물을 마시게 해 본 사례도 있다. 여섯 개 중 다섯 개의 병에 설탕이 든 물을 넣었더니, 단 한 개의 병에만 설탕을 넣었을 때보다 쥐는 두 배나 살이 쪘다. 설탕물은 계속 병에 가득 채운 상태를 유지했기 때문에, 단 한 병에만 설탕물이 있는 경우라도 쥐들은 같은 양의 설탕물을 취할 수는 있었다. 결국 설탕물을 선택할 수 있는 길이 많아졌다는 점이 차이를 만들어낸 것이다.

결론적으로 말하면, 맛이 우리가 먹는 것을 차이 나게 만들고, 또 간접적으로는 먹는 양도 차이 나게 만든다고 할 수 있다. 이러한 맛과 영양소를 연결한 학습은 우리로 하여금 칼로리가 높은 식품에 이끌리게 한다. 더군다나 고칼로리 식품을 더욱 쉽게 접할 수 있는 요즘이 아닌가. 맛이 과식 방정식의 일부 요소긴 하지만, 그 맛을 어설프게 건드려 과식 문제를 해결하려는 건 어리석은 짓이다. 맛있는 음식을 만든다고 해서 소비량을 변화시킬 수는 없을 것이다. 무지방 떡을 아무리 맛있게 만들어도, 신체는 거기에서 얻을 만한 게 아무것도 없다는 것을 알면 그 맛이 좋아할 가치가 없는 것이라고 재빨리 깨닫는다. 전全지방 치즈와 저低지방 치즈 중에서 선택하라고 하면, 뇌 속의 보상시스템은 전지방 치즈를 강하게 요구한다. 저지방 치즈를 팔려는 식품 회사는 이런 선천적으로 이끌리는 감정에 대항해 싸워야 한다. 아무리 이성적이고 신중하게 행동하라고 호소한들 사람이 욕망을 이겨내기란 어렵다. 이런 이유로 식품 회사는 종종 시도조차 않으면서 지레 포기해 버린다. 냉동 피자에 왜 그렇게 치즈가 많이 들었는지, 패스트푸드 메뉴 중에서 왜 감자튀김이 인기를 끄는지, 그 이유가 바로 거기에 있다.

자, 이제 냉동 피자와 감자튀김을 만드는 산업으로의 여행을 떠날 때가 되었다. 가능하다면 가공식품의 맛을 설계하고 제조하며 시험하는 향미 회사로도 여행해 보자.

PART 06

Flavor

맛의 설계:
화학과 맛의 이야기

밥 소벨Bob Sobel의 아이들은 어렸을 때 가끔 식료품점의 낯선 사람에게 "할아버지" 하면서 뛰어가 다리를 껴안곤 했다. 마침내 소벨은 그 착오에 대한 이유를 밝혀낼 수 있었다. 아이들에게는 "할아버지"에 대한 정신적 스케치가 백발, 안경, 턱수염으로 구성되어 있어서, 그 기준을 만족하는 사람이면 누구나 할아버지로 인식한 것이다. 물론 그리 많은 실패의 경험 없이 아이들의 스케치는 업그레이드되었다. 그런 일을 겪으면서 그는 사람들이 어떤 결론에 이를 때 필요로 하는 정보의 양이 얼마나 적은지를 항상 기억했다.

　소벨(이 사람은 앞에 나온 초콜릿 흔적을 찾던 노암 소벨과는 아무 상관이 없다)에게 그것은 하나의 교훈이다. 음식 산업계에 맛을 공급하는 '북미의 맛FONA : Flavors of North America'이라는 향미 회사의 연구 담당 부사장인 소벨은 매일 자신의 일에 그 교훈을 사용한다. 맛을 설계하는 일은 결국 실제의 것에 근접하도록 화학적 유사성을 스케치하는 방법을 찾는 문제다. 다시 말해 맛의 캐리커처를 발견하는 것이다. 좋은 예가 여기 있다. 소벨은 사람들에게 신선한 사과와 사과 맛이 나는 졸리랜처 사탕을 즐겨 나누어 준다. "어느 쪽에 화학물질을 더 많은 것 같습니까?"라고 그는 묻는다. 사람들 대부분은 인공적인 것이 명백한 졸리랜처라고 추측한다. 하지만 자연도 화학물질로 이루어져 있다. 실제로 사과에는 최소한 2,500가지의 맛 화학물질이 있다. 반면 졸리랜처는 정확하게 26가지의 화학물질만으로 이루어져 있다. 무엇이 우리로 하여금 '사과 맛'은 2,500가지의 화학물질을 필요로 하지 않는다는 정신적 이미지를 갖도록 만들었을까? "할아버지의 그림과 꼭 같습니다. 극히 일부분만을 집어내기 때문이지요." 소벨은 말한다. 그것이 바로 졸리랜처라는 회사가 사과 사탕으로 한 일이다. "사탕은 사과에 관한 정보를 충분히 전달했다고 할 수 있습니다. 맛 화학자의 목표는 자연이 사용하는 2,500가지의 맛 화학물질을 정확하게 모두 복제해 내는 것이 아니라, 사물에게서 받은 인상을 재현해 내는 것입니다."

시카고 교외 일리노이 주의 제네바Geneva에 있는 FONA 본사 강당에서 소벨은 억양이 잘 조절된 부드럽고 낮은 목소리로 이 모든 것을 설명한다. 기밀 유지에 관한 한 산업계에서 악명 높은 FONA가 이렇게 사내 출입을 자유로이 허용한 것은 특이한 일이다. 그들은 일 년에 여러 차례 고객과 경쟁기업 그리고 맛 대학 근처에서 어슬렁거리는 나와 같은 사람들을 초대해 맛 산업을 체험할 수 있는 무료 단기 과정을 개최하곤 했다.

내가 있는 방에는 뤼글리Wrigley(미국 켄터키주 모건카운티에 있는 자치

구)에서 온 껌 개발자 두 사람과 함께, 버터버즈 푸드 인그레디언츠 Butterbuds Food Ingredients(유제품 향료 제조 회사), 그레이피트Grapette(청량음료 제조 회사), 펩시코Pepsico(펩시콜라 제조 회사) 같은 회사에서 온 사람도 있었다. 채식주의자들의 '고기'를 만드는 회사에서 온 사람도 있었고, 가공식품 회사, 제약 회사, 주요 주류 회사, 식품 포장 회사의 대표도 함께 자리했다. FONA 자체에서 새로 고용한 사람도 보였다. 나처럼 아웃사이더도 한 명 있었는데 그는 식품 산업을 연구하는 인류학자였다.

약간 튀어나온 아랫입술에 온화한 미소를 띤 긴 얼굴의 소벨은 1980년대 TV 뉴스 진행자인 데이비드 하트만David Hartman의 젊었을 때 모습을 연상케 한다. 한때 고등학교 화학선생으로 일한 그는 그때의 열정적 동작을 그대로 간직하고 있다. 1999년 여름방학, 아내의 권유로 아르바이트를 하면서 맛 분석가로 FONA에 처음 발을 들인 그는 그동안 알지 못하던 세계를 그곳에서 발견했다. 그러다 계속 그곳에 머무르게 된 것이다.

식품 향료 조향사에게는 그들만의 독특한 정서 같은 것이 있다. 화학 물질을 이용해 맛을 만들다 보면 때로는 재미있기도 하고 또 때로는 황홀해지기도 한다. 무엇보다 그곳에는 흥미로운 화학이 적용되어 있다. 대부분의 화학자는 불쾌하거나 독성이 있는 물질을 취급할 수밖에 없지만, 그들은 그것을 흡입하거나 섭취하지 않으려 갖은 애를 다 쓴다. 그러나 같은 화학자라도 맛 화학에 종사하는 연구원은 언제든 그 일을 마다않는다.

맛 화학은 아주 거대한 사업이다. 향미 회사는 향미료로 매년 100억

달러 이상의 매출을 올리며, 그 제품은 거의 모든 부엌을 점령한다. 편의식품, 가공식품, 패스트푸드는 대부분 향미료를 사용해 만들어져 소비자의 구미를 돋우고 맛의 일관성을 유지한다. 토마토는 생산 시기에 따라 단맛과 향의 정도가 다르기 마련이지만, 병에 든 스파게티 소스는 항상 일정한 맛을 유지한다. 그것이 바로 이 향미료 때문이다. 향미료는 딸기 요구르트를 단순히 딸기가 들어 있는 요구르트로 만드는 것이 아니라, 딸기 요구르트답게 만든다. 다이어트 식품 회사는 향미료를 이용해 지방을 줄이면서도 사람을 끌어당길 수 있는 제품을 만들 수 있다. 일부 비평가는 균형 잡힌 식단을 선택하려는 우리 신체의 자연적 능력을 이들 향미료가 방해한다고 비판하기도 한다. 그들은 현대의 비만병을 가져온 주범으로 향미료를 꼽는다. 이 이야기는 나중에 다시 하도록 하자.

현대적 맛 산업은 사실상 1950년대에 들어 시작되었다. 맛을 형성하는 개개의 분자를 분류하고 규명할 수 있는 도구가 화학자들에 의해 개발된 것이 그때였다. 가스크로마토그래프gas chromatograph(유기 화합물 혼합체 분석기)라고 불리는 이 도구는 긴 코일 튜브를 얼마나 빨리 통과하느냐로 분자를 구분한다. 분자의 속도는 크기, 형태, 전하電荷에 따라 달라진다. 충분히 긴 튜브라면 그 끝단에서 화학자가 분자를 하나씩 붙잡는 것은 물론 그것을 규명하는 일까지도 가능할 것이다.

이제 맛 화학자는 천연제품에서 맛을 추출해 내는 어설픈 짓을 하지 않고도 맛을 분해해 재구성할 수 있을 정도로 맛에 대한 상세한 지식을 확보하는 수준에까지 이르렀다. 맛을 설계하는 일은 불가사의

한 예술의 영역에서 계량 가능한 과학의 영역으로 변화되었다. 메틸안트라닐레이트methyl anthranylate(포도에서 추출한 식물성 물질)에서 포도 냄새가 나고, 감마노나락톤gamma nonalactone(단맛이 있으며 코코넛 같은 향기가 있는 착향료)에서 코코넛 냄새가 나며, 푸르푸릴메르캅탄furfuryl mercaptan(볶은 커피 기름에 미량 함유되어 있는 물질)에서는 신선한 분말 커피 냄새가 난다는 것을 알게 되었듯이, 어떤 분자가 맛의 어떤 향에 기여하는지 화학자들의 이해가 구축되자 식품 향료 조향사가 활용할 수 있는 도구 또한 폭발적으로 커졌다. (그런데 화학물질 이름에 너무 신경 쓸 필요는 없다. 그냥 성대한 칵테일파티에서 만난 사람처럼 그렇게 대하면 된다. 아마 이름 대부분이 잠시 만났다 사라지면서 씻겨 없어지겠지만, 기억하고 싶다는 생각이 들 정도로 흥미를 끄는 몇몇 이름도 만날 것이다.) 오늘날 유능한 식품 향료 조향사는 4,000가지 이상의 분자 추출물을 이용해 맛 성분을 조립할 수가 있다.

지금 내가 있는 '맛 기초반'라는 방에서는, 식품 향료 조향사인 멘지 클라크Menzie Clarke가 그들의 맛 조립 방법을 설명하고 있다. 클라크는 자신의 일에 열정을 가졌을 뿐 아니라 부드러운 미소를 지닌 아시아계의 작은 여성이다. 채 갖추어지지 않은 말을 생각에 앞서 거침없이 내뱉어 버리는 언어 습관만으로도 그녀의 열정은 충분히 짐작할 수 있다.

많은 맛을 내려면, 소위 '특성 화합물'이라는 것에서부터 출발한다고 그녀는 말한다. 특성 화합물이란 그것이 없으면 맛을 만들어내는 것이 거의 불가능할 정도로 맛에 영향을 미치는 분자를 일컫는다. 예를 들어 아밀아세테이트amyl acetate(과실 에센스이며 조미료, 의약 등의 제조에 쓰이는 물질)의 냄새를 맡는 순간 그것이 바나나라는 것을 인식하게 되는 식이다. 정향의 특성 화합물이 유게놀eugenol(향료나 방부제, 소독약 제조에 쓰이는 물질)이며, 레몬의 특성 화합물이 시트랄citral(레몬유 등에 함유된 액체 상의 알데히드로 향료용으로 사용함)이라고 설명한다면 좀 더 이해가 빠를 것이다. 맛에서 특성 화합물의 존재를 인지했다면 이미 우리는 중간쯤까지 왔다고 할 수 있다.

맛을 만드는 다음 순서는, 맛에서 맨 먼저 찾아오는 '톱노트'를 층층이 쌓는 작업이다. 톱노트는 나타났다가 혜성처럼 빠르게 사라져 버리기 때문에 그것을 통해 특성 화합물을 즉각적으로 인식하기는 힘들다. 그러나 톱노트는 가끔 보다 포괄적인 개념으로 맛을 전달해 준다. 감귤 맛에 신선한 과일 향 톱노트를 제공하는 에틸부티레이트는 좋은 예다. 그에 반해 베이스노트는 천천히 구축되지만 더 오래 유지되어 맛에 풍부함을 더해 준다. 바닐린과 델타락톤delta-lactones의 크림감 등을 예로 들 수 있다.

맛이 어느 정도 골격을 갖추면 이제는 차별화 요소를 부여할 차례다. 차별화라는 건 만들고자 하는 맛에 개성을 강조하는 작업이다. 예를 들어, 사과 맛에 파삭파삭한 느낌을 더하고자 한다면 차별화에 해당한다 할 수 있다. 그때는 약간의 매리골드 오일tagette oil을 추가하면 된다. 대신 덜 익은 듯한 느낌을 주고 싶다면 시스-3-헥세놀을 사용한다. 구운 사과 맛이 더 나기를 원한다면 약간의 퓨라네올을 추가해야 하고, 캔디애플candy-apple(막대기에 꽂은 사과에 캐러멜이나 시럽을 입힌 것) 맛을 내려면 더 많은 양의 퓨라오넬을 추가한다.

마지막으로는 맛의 균형을 맞추는 데 주의를 기울여야 한다. "누구든 오염된 맛을 원치 않을 것이며, 훌륭하게 균형 잡힌 아주 깔끔한 맛을 원할 것입니다." 클라크는 음식을 간단하게 만드는 것이 균형의 의미라고 말한다. 그러나 계속되는 그의 말을 듣다 보면 그 '간단함'이라는 게 지독하게 '복잡한' 것으로 들린다. "30~40개 그 이상의 맛 성분을 사용하는 것은 바람직하지 않습니다. 만약 40개 이상이 된다면 골치 아파지지요. 그래서 그것이 정말 필요한 것인지 의심하게 됩니다." 그녀의 말이다.

이런 과정은 간단해 보이지만 실제로는 굉장히 복잡하다. 핵심 맛 분자의 지속 기간이 때로는 아주 짧은 것만 봐도 그렇다. 예를 들어 신선한 수박 맛에 깊숙이 관여하는 분자는 방출되고 30초 이내에 분해돼 버린다. 상업용으로 수박의 맛을 만들고자 할 때 그 분자를 사용하기 어렵다는 말이다. 소벨은 이렇게 말한다. "모든 사람이 신선한 수박 맛을 원하지만, 문제는 직접 수박을 깨물지 않고는 그 맛을 얻을 수 없다는 것입니다."

수박에서만 그치지 않는다. 2-아세틸피라자인basmati rice(낱알이 길고 향내가 나는 쌀)에서 팝콘 향을 일시적으로만 제공한다. 식품 향료 조향사는 이 팝콘 향을 아직 성공적으로 재현해 내지 못하고 있다. 신선한 분말 커피의 고유 특징이라 할 수 있는 푸르푸릴메르캅탄 또한 나타나자마자 재빨리 사라져 버린다. 커피 캔을 처음 개봉했을 때가, 다음 날 아침 그 캔을 다시 열었을 때보다 훨씬 향이 좋은 이유가 바로 여기에 있다(커피숍에서의 커피가 더 맛있는 것도 그 때문이다. 커피를 갈고 끓이는 행위가 커피숍에서 반복적으로 이루어지면서, 푸르푸릴메르캅탄이 공기 속에 안정적으로 주입되고, 그런 상태에서 더 향상된 커피 맛을 경험하게 되는 것이다).

다음 날 아침 소벨의 사무실에서 나는 클라크에게 올바른 맛의 제조 공식을 말해 줄 수 있는지 물었다. 맛을 만드는 공식이라는 게 대부분 영업 비밀로 철저히 보호되는 것이기 때문에 난 그다지 큰 기대를 하지 않았다. 그러나 소벨은 나를 놀라게 했다. 맛 제조법을 설명하려고 그가 거대한 향미 회사 IFF_{International Flavors and Fragrances}에서 고유하게 개발한 맛 제품을 들고나온 것이다. 그것은 일반에게 파인애플 맛이라 공개돼 있던 것으로, 단 16가지 성분만을 가진 그다지 복잡하지 않은 제품이었기에 분석하기에도 안성맞춤이었다.

거기에는 파인애플의 특성 화합물인 알릴카프로에이트_{allyl caproate}(파인 애플 비슷한 향기가 나며, 주로 조미료나 향수 제조용으로 쓰이는 무색 또는 담황색의 액체)가 들어 있었기 때문에 누가 말하지 않아도 클라크는 그것이 파인애플 맛임을 알았다. "제품에서 알릴카프로에이트를 발견하는 순간 곧장 파인애플 모드로 들어서게 되지요." 그녀는 말한다. 그런 다음 클라크는 파인애플 맛 레시피의 나머지 성분을 찾아 분리해냈다. 에틸 아세테이트_{ethyl acetate}(파인애플, 딸기, 간장 등의 휘발성 방향성분)와 에틸부티 레이트(그녀는 이 두 가지를 그냥 '에틸'이라고 부른다)는 일반적으로 과일 향의 톱노트를 전해 주는 물질이다. 아세트산, 부티르산, 카프로산, 이 세 가지 산 성분 또한 밝은 톱노트를 더해 준다. 아세트산은 식초이고, 카프로산은 염소냄새가 약간 나는 물질이며, 부티르산의 냄새는 '아기 구토물'로 가끔 묘사되기도 한다(조향사에 의하면 고양이 오줌 같은 끔찍한 냄새도 향기에 깊이와 복잡성을 추가해 주는 경우가 있다고 한다. 맛의 세계도 똑같다. 나중에 알게 되겠지만, 와인 감정가들은 소비뇽블랑 와인의 향에서 고양이 오줌 냄새를 포착하기도 한다).

다음으로 좀 거친 맛을 내는 두 가지 화학물질(굳이 그 이름에 관심이 있다면 테르피닐프로피오네이트terpinyl propionate와 에틸크로토네이트ethyl crotonate라는 것을 알려 둔다)이 있다. 이것은 아마도 차별화 요소로 작용해 다른 파인애플과 약간 차이 나게 해 주었을 것이다.

그 나머지는 자작나무 오일, 가문비나무 오일, 오렌지 오일, 라임 오일, 코냑 오일 등과 같은 여러 가지 에센스 오일essential oils(식물에서 추출하여 향수나 방향 요법에 사용하는 오일로 정유 또는 방향유라는 표현을 쓰기도 함)이다. 이 오일은 단일 화학물질이 아니라 다양한 맛 화합물의 혼합물이며, 그 이름에서 유추할 수 있듯 천연 원료로부터 추출한 것이다. "이것들은 독창적입니다."라고 클라크는 말한다. 그렇다. 다른 말로 하면 차별화 요소인 것이다. 코냑 오일과 같은 것은 베이스노트를 더 중후하고 오래 지속시켜 주는 역할을 한다.

그러나 성분 목록만으로 맛을 만들어 내기에는 충분치 않다. 올바른 배합 비율이 필요하고 그것이 더 까다로울 수 있다. 알릴카프로에이트의 중량이 5퍼센트인지, 아니면 4퍼센트나 6퍼센트여야 하는지 알아야 하는 것이다. 그걸 알려면 테스트를 거쳐야 한다. 다른 위험도 있다. 향미 분자의 농도를 두 배로 한다고 향미 강도가 단순히 두 배로 향상되는 것도 아니다. 또 어떤 때는 맛의 질을 바꿔야 할 경우도 있다. 예를 들면, 리날로올linalool(오렌지, 레몬 등의 향을 내며 캔디류에 주로 사용되는 착향료)은 0.02퍼센트 농도에서는 블루베리 특성을 보이지만 0.025퍼센트가 되면 블루베리 특성을 잃고 불균형한 꽃 같은 특질을 띤다. 이 현상을 식품 향료 조향사는 '맛 연소'라고 부른다. (결국 식품 회사가 맛을 조정하는 방법을 이용해 인간의 노화로 빚어지는 맛감각의 퇴조를 해결하려 한다면 그건 큰 오산이라는 말이다. 그들은 모든 맛을 새로이 조정해 다시 균형을 맞춰야만 한다. 그것이 훨씬 더 큰 과업이다.)

맛 기초반 방은 맛 산업의 기초를 배우는 훌륭한 곳이었다. 하지만 그 복잡한 내용 탓에 더 파고들려면 귀찮은 일도 마다하지 않아야 한다. 나는 맛의 진원지를 향해 동쪽으로 순례를 떠난다.

북미의 맛 본고장인 오하이오주 신시내티는 전혀 그렇게 보이지 않는다. 우선 모든 것이 둔하고 무디다. 중서부 도시인 그곳은 겉보기에도 둔하고 무디며, 사람 또한 대부분 독일 출신으로 둔하고 무디다. 거리에는 현관과 잘 가꾸어진 잔디밭을 가진 중서부 특유의 친숙한 2층 벽돌집이 많다. 그러나 그곳은 돼지고기와 오트밀로 만든 아침 식사용 소시지와 '신시내티칠리'로 식도락계의 명성을 얻고 있다. 신시내티칠리는 칠리가 아니라 스파게티나 핫도그 위에 주로 뿌리는 계피향의 미트소스다. 시내에서 북쪽으로 조금만 차를 몰아가면 유리와 벽돌로 지은 평범한 건물이 여럿 몰려 있는 별 특징 없는 산업단지가 나타나고, 그곳에 세계 최고의 향미 회사인 지보단Givaudan 미국 본사가 위치해 있다.

누구나 한 번쯤은 그 회사의 제품을 맛본 적이 있으리라 생각한다. 생과일이나 야채 그리고 육류가 아니면서도 식료품으로 취급되는 것과, 물이나 맥주 그리고 와인이 아니면서도 마실 것으로 분류되는 그 제품을 여러분은 갖고 있거나 최소한 산 적이 있을 것이다. 지보단의 맛은 수프, 청량음료, 쿠키, 캔디, 냉동식품, 패스트푸드 그리고 생각할 수 있는 거의 모든 식료품에 다 들어 있다. 그러나 상표에서 그 이름을 찾을 수는 없다. 또 지보단 출신의 어느 누구도 그 맛을 사용한 제품의 이름을 누설할 수 없다. 거대한 음료 재벌인 닥터 페퍼는 주차장을 사이에 두고 지보단 바로 건너편에 공장을 가지고 있다. 확실히 그건 도발적인 일이다. 음료회사가 맛 개발자 바로 옆에 공장을 둔다는 것은 그들이 함께 일하지 않는 이상 우연의 일치라고 보아 넘기기 어렵다. 그러나 지보단의 대변인은 그들 둘 사이의 관계를 확인해 주지도 않고 그렇다고 부정하지도 않는다. 기밀 유지 수준이 과히 CIA만큼 자부심을 갖게 하는 수준이라 할만하다.

나는 흔히 산업계의 '맛집'으로 알려져 있는 네 군데 큰 향미 회사 중 한 곳을 방문해 보려고 애써왔다(빅4로는 지보단 외에 피르메니크Firmenich, IFF, 심라이즈Symrise 등이 있으며, 맛 산업에는 이들 이외에도 FONA와 같은 십여 개의 중견 회사와, 유제품 맛이나 포도 맛 같은 틈새시장에 특화되어 있는 수십 개의 아주 작은 향미 회사 또한 포함돼 있다). 그러나 이메일은 답이 없었고, 답을 주겠다던 전화는 오지 않았으며, 또 어떤 곳은 아무런 대꾸조차 없이 침묵으로만 일관하는 등, 좌절시키는 결과만이 길게 이어져 나는 지쳐갔다. 그들은 자신이 알려지기를 원하지 않는 것이다. 그러다 행운이 찾아왔다. 한 학술 회의에서 만난 어떤 사람이 지보단에서 은퇴한 사람을 하나 알고 있었는데, 그는 공교롭게도 지보단의 정보통신담당관인 제프 퍼핏Jeff Peppet과 연줄이 닿아 있었다. 이메일과 보이스 메일을 몇 달 동안이나 무시해 왔던 퍼핏이 어느 날 갑자기 연락을 해와 방문을 주선하겠노라 제안했다. 오, 이런 행운이 어디 있을까? 그 결과 나는 지금 믿기지 않는 심정으로 놀란 가슴을 진정시키며, 마침내 차를 주차하고 이곳 지보단 정문을 걸어 들어가는 중이다.

값비싼 이발을 한 듯한 40대 중반으로 보이는 퍼핏은 직접 최상의 환대와 협조를 해 주었다. 뿐만 아니라 나를 위해 하루 종일 지보단의 맛 개발 과정 대부분을 이야기하는 인터뷰에까지 응해 주었다(내가 저녁 요리를 추천해 달라고 하자 그는 신시내티칠리만은 제외하라고 경고했다). 나에게 가장 흥미로웠던 건 식품 향료 조향사인 브라이언 멀린Brian Mullin과의 만남이었고, 그 덕분에 난 혼자서 간단한 맛을 만들어 볼 수 있었다.

멀린은 깊은 미소를 자주 지어서인지 선이 굵게 패인 넓고 얇은 입술을 가졌고, 풍성한 백발에 단호하면서도 온화한 시선을 보내는 예순 살 정도의 남자다. 재미있지만 약간은 남우세스러운 삼촌처럼, 좀 특이한 매력이 있는 사람으로 보였다. 그는 이전에 내가 만난 다른 식품 향료 조향사처럼, 악수하면서 급히 손을 빼내 버리지도 않았다. 심지어 내가 감기 기운이 좀 있다는 말까지 했음에도 내 손을 계속 잡은 채, 면역체계에 도전해 볼 좋은 기회가 아니겠냐며 유머까지 구사했다. (감기에 걸린 식품 향료 조향사는 아픈 허리를 가진 창고 노동자와 같다. 감기에 걸리면 그들은 아무 일도 할 수 없으며 문서작업만으로 시간을 채워야 한다.)

맛을 만드는 첫 번째 단계는 고객이 원하는 것을 명확하게 파악하는 것이라고 그는 말했다. 내가 지보단을 찾아와 딸기 맛을 원한다고 말했을 경우를 가정해 보면 이해가 빠를 것이다. 지보단은 이미 수천 가지의 딸기 맛을 보유하고 있다. 그럼 그 많은 것 중에서 내가 원하는 것은 정확히 어떤 것인가? 익은 딸기인가, 풋 딸기인가, 아니면 특별히 향이 더 나는 딸기인가? 저렴한 것인가, 덜 비싼 것인가, 아니면 비싼 것이거나, 좀 더 현실적인 것인가? 그 질문에 대한 대답이 바로 올바른 시작점을 결정하는 열쇠가 될 것이다. 난 먹어 본 중 최고의 딸기로, 캘리포니아해안 근처에 살면서 주변 농부들의 시장에서 사곤 하던 그 딸기를 꼽는다. 도로를 따라 딸기밭이 펼쳐져 있고, 수확된 딸기는 그 시장에서 팔리지 않으면 더 이상 선적되어 갈 수도 없을 정도로 완벽하게 익은 것이었다. 향기가 워낙 강해 주차장 건너편에 있는 사람들까지 유혹하기에 충분했다. 내가 원하는 딸기는 그런 것이었다.

어쨌든 좋다. 멀린은 벌써 시연에 사용할 레시피를 뽑아 들었다. 그리고 성분 목록이 든 종이 한 장을 내게 건넸다. "대자연이 벌써 딸기 속에 무엇을 넣을 것인지 결정한 것 같습니다." 그는 나에게 말한다. 물론 어떤 고객도 실제 딸기에 있는 수백 가지의 맛 화합물을 그대로 다 포함시켜달라고 말하지 않으며, 또 그럴 필요성도 못 느낀다. 감당할 수 있는 가격으로 실제의 딸기와 충분히 유사한 맛을 느낄 수 있도록, 할아버지 스케치처럼 핵심 성분을 골라내는 속임수를 쓰면 된다. 특성 화합물에서 출발한다면 우리는 많은 맛을 만들어 낼 수 있다. 바나나 맛을 위해 아밀아세테이트를, 체리 맛은 메틸벤조에이트methylbenzoate(카네이션 향료의 조합에 사용되는 상쾌한 향기가 강한 무색의 액체), 레몬 맛에는 시트랄을 특성 화합물로 사용한다. 그러나 딸기는 특성 화합물이 없다. 딸기 냄새가 나는 단일분자가 없어, 아무리 간단한 딸기 맛이라 하더라도 여러 가지 성분으로 만들어내야 한다. 그 각각의 성분은 우리가 딸기라고 감지할 수 있도록 하는 그 한 부분씩의 역할을 담당한다. 멀린의 레시피는 내가 빨리 만들어 낼 수 있도록 충분히 간단하면서도 딸기 맛을 명확하게 스케치해 내기에 부족함이 없는 네 가지 성분으로 이루어져 있었다(우연이지만 그 성분은 메인랜드가 자신의 실험실에서 딸기 향기 속에 든 것이라며 나에게 보여 준 것과 정확하게 같은 것이었다).

실험실로 가기 전에 멀린은 사무실에서 그 성분이 무엇인지 하나하나 나에게 알려주었다. 첫 번째 것은 에틸부티레이트다. 그는 책상 위의 갈색 유리병을 집어 들고는 뚜껑을 열어 그 속으로 띠 여과지(식품 향료 조향사들은 흡수지blotter라고 부른다) 한 장을 밀어 넣었다. 그리고는 꺼내 주면서 내게 냄새를 맡아 보라고 했다. 그것은 생기 있는 과일 향을 머금고 있었으며 맛의 필수적인 톱노트를 전해 주었다.

식품 향료 조향사는 작업 과정 중에 흡수지의 냄새를 맡는 일이 많기 때문에, 애연가가 성냥을 갖고 다니듯 주머니에 항상 흡수지 묶음을 갖고 다닌다(멀린의 흡수지에는 7년 전에 마지막으로 일한 향미 회사의 로고가 새겨져 있었다). 흡수지를 건네는 거의 모든 식품 향료 조향사가 그러는 것처럼, 그 또한 냄새 맡을 때 코가 흡수지에 닿지 않도록 주의하라고 일렀다. 농축된 냄새 물질이 한 방울이라도 코에 닿으면, 육상 선수가 발목 인대를 손상당하는 것만큼 식품 향료 조향사는 반불구가 되어 버린다. 여기에서 의문이 생길 수 있다. 냄새를 맡고 나서 몇 분 후 냄새를 다시 맡고 싶다면 적셔진 그 흡수지를 어떻게 처리하는 것일까? 내가 만난 대부분의 식품 향료 조향사는 그 흡수지를 책상 한쪽 구석에 그냥 올려 두었다가 다시 이용하곤 했다. 그러나 그 방법은 책상 표면에서 냄새가 오염될 위험이 있다. 멀린은 그 부분에서 노련함을 보여 준다. 그는 적셔진 부분 바로 아래를 손톱으로 눌러 흡수지를 접어 둠으로써, 책상 위에 내려놓을 때 적셔진 부분이 안전하게 책상에서 떨어져 위로 설 수 있도록 만들었다.

레시피의 두 번째 아이템은 시스-3-헥세놀이다. 멀린은 다른 흡수지를 적셔 내게 전해 주었다. 여기서는 갓 베어낸 풀 냄새가 났으며 풋풋한 맛의 느낌이 더해졌다(다음에 딸기를 먹는다면 풀 냄새를 찾아보라. 이전에 인식하지 못했을지 모르지만 분명히 풀 냄새는 존재한다.)

그다음은 퓨라네올이다. 그것은 잘 익은 딸기의 특성인 솜사탕 같은 단콤한 냄새를 가져다준다. 멀린은 이렇게 말한다. "만약 퓨라네올 없이 딸기를 만든다면, 내 생각에 그것을 절대 팔 수 없을 것입니다, 퓨라네올은 많이 넣을수록 좋기는 하겠지만, 어느 지점에 이르면 감당할 수 없게 됩니다." 퓨라네올은 좋은 딸기 맛이라 생각하도록 마지막을 오래 유지시켜준다. "그것은 계속해서 아주 오랫동안 딸기 맛을 전해 주지요." 그는 말한다.

네 번째이자 마지막 성분은 감마데칼락톤이다. 거기 담근 흡수지에서는 약간 복숭아 향이 난다. 멀린의 말로는 시간적으로 발생하는 맛의 틈을 메우려고 그것을 사용한다고 한다. 에틸부티레이트가 앞에서 먼저 치고 지나가면 재빨리 시스-3-헥세놀이 뒤따르지만, 퓨라네올이 생겨 활동하기까지 약간의 시간이 필요하다. 그러면 그 시간 동안 맛의 공백이 생기는데 그것을 감마데칼락톤이 채운다.

내 앞에는 지금 네 장의 흡수지가 어린 코브라 가족처럼 끄트머리를 쳐든 채 책상 위에 놓여 있다. 멀린의 지시에 따라, 나는 네 장 모두를 모아 코 아래에서 흔들어 냄새가 퍼지게 해 보았다. 아주 빠르게 흔들었다. 그러자 어김없이 딸기 향이 맡아졌다. 캘리포니아 농부 시장에 있는 바로 그 꿈속에서의 딸기는 아니지만, 분명 딸기를 인식할 수 있었다. 필요하다면, 진짜 딸기에 들어 있는 구성 성분이 없이도 숙련된 식품 향료 조향사가 딸기 맛을 조립해 낼 수 있다는 진일보한 증거가 아닐까 하는 생각이 들었다.

루트비어Root beer(생강을 비롯하여 몇 가지 식물 뿌리로 만든 탄산음료)는 또 다른 좋은 예다. 이름에서 짐작할 수 있듯이 루트비어는 옛날에 사사프라스sassafras(뿌리에서 추출한 정유를 담배 등의 향료로 사용하는 나무) 나무의 뿌리 추출물로 만들었다. 그러나 사사프라스 뿌리의 주요 방향성 오일인 사프롤safrole(사사프라스유油에서 채취되는 무색 또는 담황색의 액체로 향수, 조미료 또는 비누 제조용으로 사용함)이 발암물질로 밝혀짐에 따라 미국은 1960년 이후 그것을 청량음료에 사용하지 못하도록 금지시켰다. 루트비어 제조자들은 다른 방법으로 그 맛을 만들어내야 했다. 멀린은 그 중 한 가지 방법을 나에게 보여 주었다. 그것은 메틸살리실레이트methyl salicylate(자작나무나 노루발풀을 부드럽게 해 증류시켜 얻는 무색 수용성의 액체. 라이프세이버 캔디 윈터그린향처럼 강한 민트 냄새가 난다)의 톱노트와, 아니스 향 아네솔anethol(아니스유油, 대회향유大茴香油, 회향유 등에 함유되어 있으며 방향芳香이 있어 과자나 음료 등의 향료로 사용됨)의 미들노트middle note(향수를 뿌린 후 20분에서 1시간 정도 사이에 느껴지는 향) 그리고 지속되는 바닐린의 베이스노트였다. 그것들을 합치니 여지없이 루트비어였다. 루트비어의 톱노트가 노루발풀이라니, 나는 놀랐다. 그런 사실을 이전에 전혀 몰랐던 나도 나지만, 맛 산업에 종사하지 않는 많은 사람이 그러지 않을까 의심해 본다. 그러나 찾아보려고 하면 분명히 그 냄새는 거기 있었다(자라면서 루트비어를 마신 적이 없어 그 맛을 루트비어로 인식하지 못하는 유럽인도 금방 그 냄새를 알아차린다. 그들에게는 근육통에 바르는 파스 냄새라는 인식이 강해 북미 사람이 그것을 먹는다는 것을 상상조차 하지 못한다. "럭비 선수 라커룸 같은 냄새가 나는 걸 왜 마십니까?" 한 영국 사람이 처음으로 루트비어를 접하면서 밥 소벨에게 한 말이다).

충분히 냄새를 맡고 나니 실험실로 갈 시간이었다. 멀린은 보안경, 점안기eyedroppers(눈에 안약을 넣을 때 사용하는 스포이트 같은 도구)와 함께 실험실 가운을 문 뒤에 있는 옷걸이에서 벗겨내 나에게 주었다. "딸기를 만들러 갑시다."라고 그가 말했다. 우리가 시험용 딸기를 제조하는 과정은 간단하다. 이미 식품 향료 조향사가 제조법을 조정해 가면서 성분 양을 다 정해 놓았기에, 우린 단지 비커에서 액체의 양을 측정하기만 하면 된다. 먼저 에틸부티레이트와 시스-3-헥세놀이 각각 0.8그램, 즉 서너 방울 필요하다. 멀린은 나에게 먼저 그것들을 측정하도록 해, 너무 많은 양을 비커 안에 넣어서 많은 재료가 낭비되는 일이 없도록 했다. 다음으로 소변처럼 노란색을 띠는 퓨라오넬과 감마데칼락톤을 티스푼으로 한 술 정도 되는 양인 15그램씩 넣고 잘 저은 다음 물로 희석했다.

자, 이제 만든 것을 살펴볼 때다. 때때로 전비강성 냄새가 아닌 후비강성 냄새를 감지함으로서 우리가 맛을 느끼게 된다는 것은 이미 2장에서 배워 알고 있을 것이다. 결과적으로 제조한 맛을 제대로 테스트하려면, 단순히 이 상태로 냄새를 맡는 것만으로는 불가능하며 그 혼합물을 마실 때만 가능하다는 말이다. 그것을 맛본 나는 다소 실망스러웠다. 내가 기대한 잘 익은 딸기의 매력적인 맛이 나는 게 아니라, 냄새조차 잘 나지 않는 풋풋한 느낌만이 입속에서 강하게 전해질 뿐이었다. 다음은 레시피를 수정하는 단계라고 멀린이 말했다. 내 목표에 더 가까이 다가가기 위해 시스-3-헥세놀을 미량 줄이고 에틸부티레이트를 미량 늘리는 작업이 행해졌다.

반복해서 맛을 보는 이러한 시행착오는 실제로 고객이 결과에 만족할 때까지 계속된다. 그건 더딘 과정이다. 멀린의 조수가 하루 수십 번씩 제조 공식을 바꾸어 가며 혼합 작업을 하는 일은 비일비재하다. 특히 복잡한 경우라면 최종적인 맛을 내는 데 수일 또는 몇 주일이 걸리기도 한다. 그런 과정 때문에 고객이 원하는 맛은 아주 값비싼 것이 되고 만다.

일을 빠르게 진행하려고 지보단은 일부 과정을 자동화하는 방법을 개발했다. 그 전날 다른 연구원인 앤디 대니얼Andy Daniher은 나에게 여행 가방 크기의 기구를 하나 보여 주었다. 그것은 지보단의 식품 향료 조향사들이 가정 방문용으로 가지고 다닐 수 있도록 만든, 가상으로 향을 합성할 수 있는 MiniVASVirtual Aroma Synthesizer라고 부르는 장치였다. 그 장치에는 30개의 슬롯에 약병이 꽂혀 있고, 약병에는 레몬껍질 추출물이나 콜라 맛같이 단일 냄새 물질 또는 복잡한 혼합물인 '핵심' 향기가 들어 있다. 터치스크린에서 슬라이더를 움직임으로써 사용자는 혼합물에서의 각 핵심 향기 비율을 조정할 수 있고, 그러면 향기가 어떻게 변하는지 알 수도 있다(MiniVAS에는 코를 음각해 놓은 듯한 세 개의 출력 포트가 있어 식품 향료 조향사와 고객이 동시에 모든 것을 냄새 맡을 수 있도록 되어 있다).

"스파이스드 럼spiced rum(향료를 넣어 맛을 좋게 한 럼주)을 얘기해 봅시다." 대니얼이 말했다. 그리고 그는 손가락으로 한 번 터치해 럼을 기본으로 해서 기포를 추가했다. 한 번 더 터치를 해 이번에는 럼에 딸기 향을 더했다. 그러나 그건 좋은 생각이 아니라고 우리는 의견을 모았다. 두 번 더 빠른 터치가 일어났고 딸기는 오렌지로 대체되었다. 훨씬 나았다. "자 이제 '이게 좋아, 저건 싫어'라고 말하면서 당신이 좋아하는 맛을 얼마든지 만들어 볼 수 있습니다. 매우 빠르게 많은 맛을 창조해 낼 수도 있고, 당신이 혼합하고자 하는 제조 공식에 맞출 수도 있습니다." 대니얼이 말한다. 무엇보다 좋은 것은 모든 작업이 원격으로 제어가 가능해 여기 신시내티에 있는 식품 향료 조향사가 아시아에 있는 다른 식품 향료 조향사나 런던에 있는 고객과 함께 작업을 할 수 있으며, 모든 사람이 동시에 똑같은 것을 냄새 맡을 수 있다는 점이다.

그러나 거대한 맛의 세계에 있는 많은 소비자에게는 이런 모든 분석 작업이 불필요할 정도로 지나친 것이다. 그들은 기성품 맛을 사용함으로써 맛을 개발하는 과정을 완전히 생략해 그 과정 중에 낭비되는 많은 돈을 절약할 수 있는 편을 더 선호한다. 이런 고객은 지보단에서 로렌스 로퀴에Laurence Roquet와 상담하면 된다. 로퀴에는 만들어진 모든 맛을 검색할 수 있는 라이브러리인 '포트폴리오'를 관리하는 사람이다. 검은 단발 머리에 커다란 안경을 꼈으며 둥근 얼굴형에 키가 크고 날씬한 프랑스 여성이다. 그녀는 유창한 영어를 구사하며 비꼬는 투로 이렇게 묻는다.

"왜 다시 시작하려 합니까? 선반 위에 수백 가지 딸기가 있는데 왜 또 다른 딸기를 만듭니까? 맛있는 음식 속에 들어 있는 수없이 많은 맛을 우리가 가지고 있는데 왜 그것을 이용하지 않습니까?"

지보단의 포트폴리오에는 전체적으로 10만 가지의 맛이 있는 것으로 추정되지만 그들이 정기적으로 사용하는 핵심 포트폴리오는 약 3천 가지 정도다. 핵심 라이브러리에 있는 맛 각각에는 맛 그 자체(군침 도는 맛, 깔끔한 맛 등), 활용 가능성(디저트, 입가심, 찬 음료 등), 규제 상태(유기농, 천연, GMO 프리, 주류 승인 등)을 나타내는 꼬리표가 붙는다. 그 꼬리표는 로퀴에와 스텝이 고객이 요구하는 적합한 맛의 후보 명단을 재빨리 끌어낼 수 있게 해 준다. 그런 다음 고객은 맛을 본다. 가끔 그 상태의 맛으로 행복해하는 고객도 있다. 그렇지 않다면 앞으로의 수정 작업이 원만히 진행될 수 있도록 포트폴리오를 가지고 최소한 그 출발점을 올바르게 선정해야 한다. 지보단의 맛 프로젝트 중 70퍼센트 내지 80퍼센트가 로퀴에의 책상에서 출발한다는 그녀의 말은 거짓이 아니다.

기성품 맛을 이용하는 것은 혁신 스펙트럼의 한쪽 끝에 위치한다. 지보단은 혁신 스펙트럼의 다른 쪽 끝인 새로운 맛을 창조하고 발견하는 일에도 많은 돈과 노력을 아끼지 않는다. 그 활동의 일환으로 세상 사람의 미각을 이끌어내는 새로운 맛 분자를 발견하고자, 과일이나 꽃 또는 다른 식물을 찾아 자연 세계를 탐사하기도 한다. 리버사이드에 있는 캘리포니아대학의 식물원은 자연을 탐사하는 좋은 원천 중 한 군데다. 그곳은 세계 제일의 감귤나무 집단지다. 지보단의 식품 향료 조향사들은 그동안 리버사이드의 감귤 신상품 중에서 샘플링하는 방법으로, 고추 향이 약간 가미된 단맛 나는 라임 맛을 포함해 전혀 새로운 감귤 맛을 많이 발견해 왔다. "우리가 생각지도 못하는 것을 자연은 보여 줍니다." 대니얼은 말한다. 감귤같이 맛 지도상 잘 알려진 영역에서도 아직 이런 틈새가 발견되고 있으니 놀라움을 금할 길이 없다고 그는 말한다.

지보단의 탐험가는 때로 더 멀리 나아가기도 한다. 몇 년 전 퍼핏은 아프리카 가봉으로 탐험을 나갔다. 지보단은 열대우림 하늘 위를 나는 소형 비행선을 전세 냈고 그곳에서 기술자는 모든 꽃과 과일에 대한 냄새를 뒤져 수집했다. 돌아온 식품 향료 조향사들은 맛 화학물질로서 가치가 있는 요소를 전부 찾아내 분류 작업을 거친 후 보관하는 절차까지 마쳤다.

전혀 멀리 갈 필요가 없을 때도 있다. "정글로 들어가지 않아도 냄새는 우리 주변에 많이 있습니다. 식당으로 갈 수도 있죠." 대니얼이 말한다. 지보단의 기술자들은 자신들이 구현하기를 원하는 맛이 포함되어 있는 흥미로운 메뉴가 있으면 식당에서 그걸 주문한다. 이것은 실험실에서 그들이 얻고자 하는 목표 맛의 실제적인 것으로서, '황금 표준'이라 불린다. 모든 주문 요리는 음식에서 나오는 향기를 포착하고자 특별한 공간으로 운반된다. 그런 다음 기술자들은 찾고자 한 것을 밝혀내려고 '헤드스페이스headspace(음식이나 음료 제품의 밀봉 용기 내 상부의 공간 부분)'를 분석하고, 식품 향료 조향사들은 실험실에서 그걸 재현하는 방법을 찾는다.

대니얼은 '갈비 맛'이라는 라벨이 붙은 병을 열어 나에게 건넸다. 거기서는 구운 고기 같은 냄새가 났으며 간장 소스와 마늘이 생각나게 했고, 고급 한국 식당에서의 맛있는 향이 풍겼다. "내가 이것을 좋아하는 이유는 지방과 구운 맛 느낌의 냄새를 맡을 수 있다는 것 때문입니다." 그는 말한다. 그러나 이것은 실제 한국식 바비큐에서 추출한 것이 아니다. 헤드스페이스 분석에 맞춰 개개의 화학성분을 이용해 지보단의 식품 향료 조향사가 재현한 것이다. 그것은 근본적으로 실제의 것과 완벽하게 맞아떨어지는 병 속의 황금 표준이지만 상업적인 맛으로 이용하기에는 너무나 값이 비싸다. 그럼 이제 식품 향료 조향사가 거의 같은 효과를 내면서 보다 싸게 맛을 개발하는 과정을 알아볼 때가 된 것이다.

지보단에서 추진 중인 또 다른 프로젝트는 대니얼이 '풍성함'이라고 표현하는 맛의 한 요소에 대한 것이다. "풍성함은 음식을 천천히 요리할 때 얻을 수 있습니다. 오랜 시간 요리한 훌륭한 스튜를 먹어 본 적이 있을 것입니다." 그는 설명한다. 대니얼의 연구원들은 오랜 시간에 걸쳐 요리할 때 그 맛에 어떤 맛 분자가 영향을 미치는지 이해하고 있는 것 같다. 보다 상세하게 얘기해 달라면 대니얼은 '전매특허'라며 굳게 입을 다문다. 지보단은 시간이나 관심, 인내 등과 맛의 연관성을 이미 규명한 건지도 모른다. 만약 그들이 옳다면 무언가 큰일을 해낼 수 있을 것이다.

갈비 맛이나 '풍성함' 맛을 재현하는 대니얼의 작업만큼 메리 마이어 Mary Maier의 연구도 흥미롭다. 맛 산업의 세계는 워낙 방대해서 식품 향료 조향사는 전문화된 특정 분야에 집중적으로 노력할 때 성과를 얻는 경향이 있다. 내가 이야기해 본 사람 중에 꿀, 메이플시럽maple syrup(단풍나무에서 얻을 수 있는 달콤한 수액), 콜라 같은 갈색의 단맛을 전문으로 삼고 오랫동안 걸출한 경력을 쌓은 사람이 있다. 조향사라는 직업에는 과일 향료 조향사, 음료 향료 조향사, 낙농 향료 조향사, 캔디 향료 조향사 등이 있다. 단맛 향료 조향사와 감칠맛 향료 조향사의 두 분야로 크게 나누기도 한다. 지보단의 선임 식품 향료 조향사인 마이어는 후자에 속하는 사람이다. 육류 맛 분야에서 일하는 사람은 과일 맛 분야에서 일하는 사람보다 좀 더 거칠다고 그녀는 말한다. 맛 자체가 복잡하기 때문이다. "냄새에 단 하나의 분자만 관여하는 것이 아닙니다. 그래서 맡는 순간 '아하!' 하며 금방 깨우치는 일은 거의 없죠." 그녀는 말한다. 마이어는 어깨 깃까지 내려오는 갈색 생머리를 얇은 머리 끈으로 뒤에서 묶은, 작고 균형 잡힌 몸매의 여성이다. 놀랍게도 그녀는 2세대에 걸친 식품 향료 조향사다. 대학생 시절 당시 지보단에서 일하던 아버지를 도와 샘플을 섞다가 끝내 거기서 경력을 쌓게 되었다.

마이어의 많은 연구에는 메일라르 반응Maillard reaction(아미노산과 환원당의 혼합 수용액을 가열할 때 생기는 갈색 변화 현상)을 관찰하는 일이 포함되어 있다. 그 반응은 단백질과 당의 갈변褐變, browning(저장, 가공, 조리과정에서 식품이 갈색으로 변하는 현상) 도중 일어나는 화학적 변화의 복잡한 네트워크를 일컫는 것으로 뒷장에서 훨씬 자세히 배우게 될 것이다. 일반 사람들은 소고기나 닭고기 조각에서 메일라르 반응을 관찰하려 하지만, 마이어 같은 전문적인 식품 향료 조향사들은 이스트를 분해하여 추출한 단백질 추출물이나, 순수한 아미노산과 당 같은 것부터 관찰을 시작한다. 그 쪽이 결과를 제어하기가 더욱 용이하기 때문이다. 아미노산시스테인cysteine(황 성분을 포함한 아미노산의 일종)에서 메일라르 반응이 진행되면 육류와 닭고기 맛이 생기고, 메티오닌methionine(필수 아미노산의 일종)에서 반응이 시작되면 감자와 양배추 맛이 생긴다. 페닐알라닌phenylalanine(필수 아미노산의 일종)은 꿀맛을 낼 수도 있고, 과당과 반응하면 불결한 개dirty dog라고 표현되는 불쾌한 냄새를 낼 수도 있다(약간 불쾌하다는 것은 복잡한 맛의 세계에서 흥미를 더해 주는 법이니 이 또한 역설이 아닐 수 없다).

우리는 그녀의 실험실에서 몇 가지 맛을 체험할 수 있는 기회를 잡았다. 처음으로 주어진 것은 닭고기 맛이다. 그녀의 고객은 가루수프 믹스에 그 맛이 들어가기를 원한다고 했다. 마이어는 숟가락으로 그 혼합물을 약간 떠서 비커에 넣고 물을 부은 후 핫플레이트에서 가열하고는 나에게 한 숟가락 떠 주었다. 거기에서는 양파와 샐러리의 맛이 났고, 국수에서 풍기는 반죽이나 알갱이가 느껴졌다. 그러나 그것들은 마이어가 추가하려던 닭고기 맛과는 아무 상관이 없는 것들로서 고객의 수프에 처음부터 들어 있던 맛에 불과했다. 이상하다는 생각이 들어 난 현재 상황을 곱씹어 보았다. 그녀의 일은 닭고기 맛을 내는 것이다. 그렇다면 닭고기와 관련 없는 것은 죄다 잡음일 뿐이라는 생각에 도달했다. 그런 생각으로 다시 닭고기에 집중했다. 그러자 거기서 구운 닭고기 냄새가 엷게 나는 것 같았다. 마이어는 맛에 대한 내 생각까지 서슴지 않고 고쳐서 바로잡아 주었다. 닭고기를 구울 때 나는 캐러멜 맛이나 유황 성분의 맛이 아니라, 닭고기를 끓일 때 나오는 약간 떫으면서도 뼈 느낌이 가미된 지방질의 맛이라는 것이다. 맛은 나쁘지 않았고 그녀가 원하는 목표에 한결 근접해 있었다.

다음으로 주어진 것은 닭고기 패티patty(고기, 생선 등을 다져 동글납작하게 빚은 것)다. 닭고기 패티는 보통 빵가루를 입혀 초벌구이한 후 냉동시킨 것을 소비자들이 집에서 한 번 더 구워 먹는 음식이다. 이런 맛 제품은 이미 시장에 나와 있지만 제조자들은 그 성분을 바꾸고 싶어 했다. 마이어는 왜 그러는지 이해할 수 없었다. 돈을 절약하기 위해서일까? 아니면 보다 쉽게 구할 수 있는 성분을 사용하기 위함일까? 그러나 그건 중요하지 않다. 그녀의 임무는 오직 이전의 닭고기 패티와 똑같은 맛을 내는 것일 뿐이다.

그녀의 기술자들이 테스트에 사용할 일련의 대상물을 빠르게 준비했다. 평범한 닭고기라 할 수 있는 아무 양념이 추가되지 않은 닭고기 덩어리와 목표로 삼는 맛을 가진 고유 버전의 패티 그리고 마이어가 새로운 맛을 가미해 만든 현재 버전의 테스트 패티가 마련되었다. 기술자 중 한 명이 테스트 패티를 맛보고는 "너무 강한 맛이에요!"라고 말했다. 이번이 새로운 닭고기 맛을 접하는 첫 번째 경험이라 이해는 갔지만, 이전의 미각 테스트 결과와 비교해 차이를 가늠하는 일인 만큼 그런 표현만으로는 어림도 없었다. 맛을 정확히 평가하려면 보다 더 확실한 근거가 필요하다. 마지막으로 한 세트를 더 준비해서 테스트하는 것 말고는 대안이 없다. 식품 향료 조향사가 일을 얼렁뚱땅 대충 할 수는 없는 노릇이다.

다시 시작된 테스트에서 마이어가 목표 패티를 한입 베어 물고는 생각을 정리하려고 잠시 뜸을 들였다. "숙성되기 직전의 맛이 느껴집니다."라고 그녀가 말한다. 그 말은 완전히 메일라르 반응이 끝나지는 않았지만 반응이 진행 중인 한 가지 성분을 맛보았다는 뜻이다. 고객에게 전달된 후 진행되어야 할 메일라르 반응의 시작점이 잘못되었다는 표시였다. 그녀는 크게 떠들지는 않았지만, 목표 패티의 맛을 설계한 누군가가 대충 작업한 것이라 판단하고 있다는 것을 충분히 짐작할 수 있었다.

잠시 토론을 거친 후, 목표 패티는 좀 더 구워져 황 성분이 함유된 육류의 특징을 띠었고, 반면 테스트 패티는 훈제 맛과 간장 맛이 좀 강하다는 쪽으로 팀원의 의견이 모아졌다. "이것은 다소 부드러워서 확 와닿지 못하는 것 같습니다." 마이어는 테스트 패티에 구운 맛이 부족하다고 실망감을 드러내기도 했다. 그들은 목표에 더 근접하고자 다음 주에 다른 버전을 만들기로 합의했다. 또 목표 패티의 잘못 진행된 숙성 과정에 대해서도 분석을 의뢰해 원인을 규명하기로 뜻을 모았다.

마이어의 닭고기 덩어리가 보여 주었듯이, 균형 잡힌 맛을 설득력 있게 구축하려는 시도는 한 가지 맛만 가지고서는 반쪽자리 일에 지나지 않는다. 식품 산업에서 소위 '기본 맛'이라고 알려져 있는 제품 속에 든 나머지 다른 성분은, 맛에 어우러지면서 최종 결과에 커다란 차이를 만드는 요인이 되기도 한다. 예를 들면 과일 맛은 단맛이라는 기본 맛 때문에 현저히 두드러진다. 과일 맛과 단맛이 어우러져 뇌가 동일한 자극을 증폭시키기 때문이다. 마찬가지로 짠맛이라는 기본 맛은 닭고기 수프 같은 음식에서 감칠맛 요소를 부른다.

많은 맛이 기본 맛과 물리적, 화학적으로 상호 작용한다는 점도 관심을 끄는 일이다. 예를 들면 호료糊料, thickening agent(식품의 형태는 유지하면서 점도를 증가시켜 식감을 좋게 하는 물질)는 입안에서 맛 분자의 방출을 늦쳐, 걸쭉한 음료나 소스가 동일한 맛의 묽은 음료에 비해 단조로운 맛이 나게 만든다. 또 맛 분자들은 물보다는 지방에 더 쉽게 용해되는 경향이 있다. 그러다 보니 고지방 음식은 자신의 맛을 보다 천천히 방출하게 되고 그 결과 동일한 효과를 얻으려면 더 많은 양의 맛을 필요로 한다. FONA에서 밥 소벨은 탈지우유부터 커피 크림에 이르기까지 네 가지 다른 종류의 우유에 동일한 양의 인스턴트 초콜릿 음료를 섞어서 이것을 시연했다. 그 차이는 두드러졌다. 탈지우유와 섞인 초콜릿은 금방 사라지는 강렬한 맛을 한꺼번에 터뜨렸다. "그것은 확 몰려왔습니다. 균형을 이루지 못했지요." 소벨은 말한다. 초콜릿이 지방 2퍼센트 밀크와 섞이자 처음에 다가온 강도는 좀 덜했지만 대신 맛은 더 오래 유지되었다. 전유의 경우는 더 그랬다. 크림과 섞인 초콜릿은 대조적으로 훨씬 약한 맛이었으며 풍성함은 아주 오래 지속되었다. 어떤 것이 가장 좋은가? 집에서 스스로 실험을 해 보고 한 번 살펴보라.

선택된 기본 맛을 바탕으로 추구하는 맛을 완벽하게 균형 잡아 구축한 후에도 식품 향료 조향사의 일은 끝나지 않는다. 해결해야 할 한 가지 더 큰 문제가 남아 있다. 그건 배달의 문제다. 완성된 맛을 곧바로 음식에 반영할 수 없는 경우가 허다하다. 인스턴트 오트밀에 액상 맛을 첨가하면 찐득찐득해 엉망이 되어 버릴 것이다. 또 제조자로부터 고객의 입까지 맛이 순조롭게 옮겨질 수 있도록 보호해야 할 필요도 가끔 있다. 공기 중에 노출되면 맛 분자는 산화할 수 있다. 특히 휘발성이 강한 맛의 톱노트 같은 것은 사라지기 쉬워서 시간이 지나면 그 매력을 상실해 버린다. 또 단백질이 풍부한 음식에서는 맛의 부패가 일어날 수도 있다. 단백질 속의 유황 원자가 맛 분자에 달라붙어 입속에서 맛이 방출되는 것을 방해하기 때문이다(단백질에 의한 이 결합은 캠프파이어 연기 냄새가 단백질이 풍부한 머리카락 속에 숨어들었다가, 뜨거운 샤워를 하면 에너지가 추가돼 다시 외부로 발산되는 이유이기도 하다). 경우에 따라서는 마늘 오일이 빵 도우를 부풀지 못하게 막는 것처럼, 맛과 음식 간에 전쟁이 선포되기도 한다.

거의 모든 이런 문제는 캡슐화라는 전략으로 해결할 수 있다. 캡슐화를 하려면 분무 건조기라는 도구가 필요하다. 분무 건조기는 맛이 입혀진 미세한 액체 스프레이와 전분으로 된 보호막을 함께 가열된 공간으로 불어넣어, 맛의 미세 입자가 전분의 건조한 껍질에 갇혀 캡슐 형태가 되도록 한다. 지보단의 맛 운반 전문가인 매리 맥키Mary McKee는 유동층 건조기라는 보다 복잡한 버전의 기계를 나에게 보여 주었다. 이 건조기는 혼합물을 강한 상승기류 위에 떠 있도록 해 과립이 건조한 상태로 뭉쳐지지 않도록 한다. 지금 이 기계 속에는 밝은 노란빛이 도는 녹색 과립들이 마치 믹서기 속의 빵가루처럼 아래위로 분주하게 부딪치고 있다.

커다란 눈을 가진 키 크고 날씬한 여성인 맥키는 끝이 휘어진 보안경 때문에 더욱 커 보인다. 그녀는 기계의 포트 한 군데를 열어 내 손에 한 움큼의 과립을 쏟아 부었다. 거기서는 생생하게 라임 맛이 났다. 그건 맛 때문이기도 하고, 라임과 똑같은 시각적 단서를 제공해 주는 색깔 때문이기도 하며, 맛 운반 과정에서 일어난 속임수 때문이기도 하다. "그 자체로 라임 맛을 느꼈다지만 그건 테르펜terpene(잣나무. 소나무 등 침

엽수에 많이 들어 있는 방향족 화합물) 맛의 톱노트입니다. 그것은 분무 상태로 건조시킬 수 있으며, 맛은 꽤 좋습니다." 그녀는 말한다. 실제 라임은 산酸 성분을 가지고 있다. 그래서 그녀는 구연산citric acid(레몬주스나 신맛이 나는 과일 등에 들어 있는 산) 결정 위에 라임 맛을 분무 건조시켰던 것이다. 생각할 수 있는 가능성은 끝이 없다. "만약 소금 위에다 같은 맛을 분무했다면 매우 다른 맛이 날겁니다." 그녀는 말한다. 누군가는 마르가리타Margaritas(과일 주스와 테킬라를 섞은 칵테일) 맛이 날 거라고 말할지 모르겠다. 또 다른 예로 맥키는 할라피뇨 맛이 입혀진 말린 오레가노 잎이 든 병을 꺼냈다. 차 잎을 맛보는데도 동일한 접근법을 사용할 수 있다. "근본적으로 유동성을 갖는 것은 무엇이든 코팅할 수 있습니다."라고 그녀는 말한다.

맛을 분무건조 없이 불용성 캡슐 속에 넣을 수 있는 기술에 대해서도 지보단은 특허를 갖고 있다. 그렇게 하면 가열 중에 휘발성 물질에 손상을 입힐 위험을 피할 수 있다. 대신 캡슐을 문지르거나 씹으면 쉽게 잘리기 때문에 온전한 상태로 맛을 방출할 수 있다. 이렇게 보호된 맛은, 닭고기 위에 브레딩breading(튀기거나 볶기 전에 빵가루를 식품 표면에 묻히는 것)을 함으로써 맛 손실 없이 닭고기를 튀길 수 있는 것처럼이나 완벽하다고 맥키는 말한다. 사실 이런 방법을 이용해 액상 마늘 맛도 캡슐화하는 것이 가능하다. 그러면 캡슐화하지 않은 맛에 비해 여섯 배에 달하는 맛 효과를 낼 수가 있다. 생산자에게는 엄청난 비용 절감인 셈이다.

새로운 맛이 완성되면 회사는 제품 개발 과정의 마지막 단계, 즉 소비자에게 최종 제품을 테스트하는 단계로 접어든다. 테스트를 실시하는 패널panel(특정한 문제에 대해 조언이나 견해를 제공하는 전문가 집단)은 소비자 패널과 전문가 패널 두 부류로 나뉜다. 이들 두 부류는 사과와 오렌지가 명확히 다른 것처럼 뚜렷이 구별되는 집단이다. 일반대중으로부터 선발된 단순한 소비자 패널은 아주 솔직하다. 당신이나 나처럼 훈련받지 않은 이 패널은 특정한 샘플의 맛을 표현해 보라고 요구하면 무슨 말을 해야 할지 힘들어한다. 이야기를 한다손 치더라도 패널 간에 일관성을 찾아내기도 어렵다. 예를 들면 사과 맛에 대해 어떤 사람이 "향긋하다."라고 하는 대신, 다른 사람은 "꽃향기가 난다."라고 표현하는가 하면, 또 어떤 사람은 "달다."고 말하기까지 한다. 그래서 맛 테스트를 실시하는 사람은 일반적으로 소비자 패널에게 맛을 표현하라고 요구하지 않는다. 대신 그들은 "이것을 좋아합니까?"라거나 "이 두 가지 샘플이 같습니까, 다릅니까?" 같은 간단한 질문에 응하게 한다.

이런 질문은 훈련받지 않은 대중에게 묻고 싶은 것과 정확히 일치해야 하며, 큰 식품 회사는 절대적으로 그 대답을 알아둘 필요가 있다. 무언가 팔려고 계획한다면, 소비자가 그것을 살지 알아야 하는 것은 너무나도 당연하다. 그래서 "이것을 좋아합니까?"라거나 조금 말을 바꾸어 "이것을 사겠습니까?"라고 묻는 것이다. 여기에서도 중요한 점이 있다. 일반 대중에게 묻되, 대중 중 올바른 집단에 물어야 한다는 점이다. 편의점에서 팔릴 싼 맛의 커피를 마케팅하는데 스타벅스 애호가나 강한 에스프레소를 찾는 사람의 생각에까지 관심을 기울일 필요는 없다. 그럴 때는 실제로 세븐일레븐에서 커피를 구입하는 사람들에게 물어야 한다.

회사는 또한 가끔씩 소비자가 눈치채지 못하는 방법으로 비용을 절감할 수 있는지 알아야 할 필요도 있다. 그래서 "같습니까, 다릅니까?"라는 질문에 많은 주의를 기울여야 한다. 그 질문은 "이것을 좋아합니까?"라고 묻는 것과는 달라서, 사람들의 의중을 정확히 알아내기 어렵게 만든다. 설령 두 가지 사이에 아무런 차이가 없다 하더라도 차이가 있다고 판단하도록 유도하는 질문이 될 수 있기 때문이다. 그것은 구름에서 강아지 형상을 떠올리거나, 구운 치즈샌드위치에서 성모마리아 이미지를 떠올리는 패턴 인식과 같은 현상이다(2004년 미국 캘리포니아의 한 인터넷 사이트에서 성모마리아와 비슷한 모양이 새겨진 10년 된 치즈샌드위치토스트가 28,000달러에 판매된 바 있다). 그래서 테스트 주최자는 대상에게 세 가지 샘플을 주면서 어느 것이 다른지 말하도록 했다. 내가 메인랜드의 화합물 냄새를 맡는 연구에 참여했을 때, 그가 나에게 실시한 삼각형 테스트와 같은 방법이다. 그들은 때때로 삼각형 테스트를 약간 변형해 4개의 샘플을 각 참가자들에게 주고 두 개씩 짝을 짓도록 하는 테트라드 테스트tetrad test라는 이름의 실험을 실시하기도 한다. 테트라드 테스트는 삼각형 테스트보다 조금 더 효율적이다. 왜냐하면 삼각형 테스트에서는 우연히 옳은 것을 고를 확률이 3분의 1이지만 테트라드 테스트에서는 그 확률이 4분의 1이기 때문이다.

어느 겨울날 나는 살던 도시에서 소비자 패널로 참석할 기회를 얻었다. 그들이 알려주는 대로 나는 시내의 한 건물로 갔고, 흐린 불빛의 긴 복도 끝 계단 통 옆에서 그들의 사무실을 발견했다. 그곳은 사립 탐정 사무실이나 싸구려 치과의사 사무실을 연상케 했다. 문 뒤편에 있는 작으면서 아무 꾸밈이 없는 대기실에는 사람들 몇몇이 모여 누군가를 기다리고 있었다. 곧 주최자가 나타났고 우리는 그를 따라 L자형 벽 건너편으로 약 열두 개의 작은 도서관 열람석 같은 공간이 늘어서 있는 시험실로 갔다. 그 벽 뒤의 주방에서는 스텝들이 우리가 평가할 샘플을 준비하고 있을 것이다.

자리에는 옆 사람들이 하는 행동을 보지 못하도록 측면 벽이 설치되어 있었고, 마우스를 포함한 컴퓨터 화면과 물 한잔, 염분이 포함된 두 개의 크래커, 냅킨 용기, 손 소독제 한 병이 놓여 있었다. 자리 뒤로는 구멍이 나 있었는데 내가 자리에 앉자 그곳에 붙어 있는 문이 열리면서 그릇이 하나 나타났다. 그릇에는 #553이라는 번호가 찍혔고 안에는 볶은 붉은 고추가 들어 있었다. 아하. 우리가 맛볼 것이 붉은 고추라는 걸 나는 금방 눈치챘다.

컴퓨터 화면에 질문이 떴다. #553을 전반적으로 얼마나 좋아합니까? 선택할 수 있는 답은 "극도로 싫어함."에서 "싫어하지도 좋아하지도 않음."을 거쳐 "극도로 좋아함."에 이르기까지 9점이 만점이다. 샘플의 맛은 그리 나쁘지 않았기에 나는 "적당히 좋아함."인 7점을 선택했다. 그러자 컴퓨터는 #553의 맛, 외형, 식감에 대해 차례대로 몇 가지를 더 묻더니 마지막으로 #553을 다시 또 소비할 의향이 있느냐고 질문했다. 그 후 그릇은 들어왔던 구멍으로 다시 나갔고 문은 닫혔다(문은 반대편 주방에서 여는 것이다). 나는 크래커와 물을 한 모금 마시며 다음 샘플이 나올 때까지 휴식을 취했다.

다음 것인 #310에서는 불쾌할 정도의 단맛과 약간의 쓴맛 그리고 기름 성분의 뒷맛이 났다. 인공적으로 달게 만든 것이 아닌가 의심할 정도였다. 세 번째 #617은 덜 구워진 것 같았다. 딱딱한 질감에 덤덤한 맛이었다. #909 역시 딱딱했으며, 쓴맛과 기름 성분의 뒷맛이 났다. 최소한 내가 좋아하는 것과는 거리가 멀었다. 내 입장에서 최고의 것은 가장 고기 같은 질감과 풍성한 맛을 지닌 #480이었다. 그렇게 모든 걸 마친 내가 다시 방을 둘러보았을 때, 다른 패널 대부분은 이전에도 그런 경험이 있었음을 보여 주기라도 하듯 이미 문을 나서고 있었다. 공연이 끝나기가 무섭게 바로 정리하고 나가는 스튜디오 뮤지션studio musicians(전속되지 않고 자유로이 다양한 가수의 레코딩 작업에 참여하는 악사들)의 모습과 다를 바 없었다.

대기실에서 수석 과학자는 우리가 평가한 것이 부패를 줄이기 위해 새로운 고압법으로 처리한 것이었음을 설명해 주었다. 그 처리법을 사용하면 고추의 유통기한을 연장할 수 있지만, 쓴 뒷맛이 남는다며 시식자들이 불평했다고 한다. 이제 그 뒷맛을 인식할 수 있는지 여부와 맛이 악화되기까지 얼마나 오래 고추 맛을 보존할 수 있는지를 테스트할 예정이다(두 가지 다른 질문에 답해야 하는 관계로 간단히 삼각형 테스트로는 불가능하며, 대신 9점 만점의 점수 부여 테스트를 실시했다). 패널들은 일률적으로 2, 4, 6, 8주 동안 보관된 샘플을 압축 처리된 것과 아닌 것으로 구분해서 총 여덟 가지의 샘플을 받았다. 그 여덟 가지 중 다섯 가지를 패널이 맛을 보았다. "한 사람이 맛보기에 여덟 가지 샘플은 너무 많은 양입니다."라고 그녀는 말한다.

결과는 엉망이었다. 우선 모든 고추가 조금씩 달라서, 잘 처리된 나쁜 고추와 잘못 처리된 좋은 고추가 같은 점수를 받았다. 그리고 9점이라는 점수의 기준에 대한 지침이 전혀 없었기에 같은 고추도 시식자들은 조금씩 다르게 점수를 매겼다. 예를 들면 자신들이 직접 집에서 고추를 볶아먹는 사람은, 캔이나 항아리에 들어 있는 붉은 고추만 경험해 본 사람에 비해 이런 가공된 것들을 '극도로 좋아할' 가능성은 낮은 편이다. 그러나 설령 그렇다 하더라도 80명에서 100명에 가까운 많은 사람이 같은 방향으로 제품 간의 차이를 지적한다면, 연구원은 거기에 대한 답변을 찾아낼 필요가 있다. 우리가 그 자리를 떠나기 직전에 그 과학자는 정보를 공개했다. 내가 불쾌한 뒷맛을 느꼈던 #310과 #909는 둘 다 고압 처리한 것이었다. 반면 나머지 셋은 그렇지 않았다. 내가 제일 좋아한 #480은 맛본 것 중에서 가장 신선한 것으로 밝혀졌다. 모두가 나처럼 느꼈다면 반부패처리법을 개발한 그들에게는 나쁜 소식이었을 게 뻔하다.

이들 소비자 패널은 제품에 대해 회사가 알아야 할 것, 즉 사람들이 그 제품을 좋아하는지 아닌지를 알려주는 역할을 담당한다. 음식이든, 자동차든, 세탁소 세제든 간에 모든 제품의 테스트 장소 어디에나 왜 소비자 패널이 있어야 하는지를 설명해 주는 것이 바로 이런 점이다. 그러나 소비자들이 첫인상만 보고 일반적으로 더 깊이 접근할 수 있는 자동차나 세탁소 세제와는 달리, 맛에서는 언어가 큰 장벽이 된다. 어떤 사람이 "매우 쓴맛"이라고 한 것을 다른 사람은 "적당히 쓴맛"이라고 할 수도 있다. "신맛"과 "금속성 맛"도 마찬가지다. 패널을 운영하는 사람이 고추의 맛을 묘사해 보라고 하지 않고 그것을 싫어하는지 여부만을 묻는 이유가 여기에 있다.

맛을 더욱 상세하게 정의하려면 "쓴맛", "거품 맛", "금속성 맛"과 같은 단어의 의미를 패널들과 의견 일치를 이루어야 한다. 그다음에는 훈련이 필요하다. 이렇게 고차원의 복잡한 수준까지 맛 분석을 원하는 회사는 보통 8~10명으로 구성된 소규모 그룹의 회합을 자주 개최한다. 그곳에서는 "거품 맛" 또는 "금속성 맛"이 도대체 어떤 맛을 일컫는 것이지 그리고 "적당히 쓴맛"은 또 정확히 얼마나 쓴 것인지, 특정할 수 있도록 표준에 대한 교육을 실시한다. 이 표준과 관련한 어휘의 틀이 잡힌 후라야 패널은 제품 테스트를 시작할 수 있다.

내가 참여한 고추 테스트도 전문가 패널은 주최자에 의해 훈련받았을 것으로 짐작된다. 교육 내용은 쓴맛, 단맛, 볶은 맛뿐 아니라 내가 순진하게 "기름 성분 맛"이라 말한 뒷맛에 이르기까지, 시험 중 발생 가능한 모든 맛에 대해 신뢰성이 확보된 표준 어휘로 표현하는 방법이 아니었을까 싶다. 여기서 "기름 성분 맛"이라 함은 비누, 테레빈유, 매니큐어 제거제 등에서 주로 생겨나는 것을 말한다. 그런 다음 패널은 시험용 고추를 받고, 다양한 처리법이 맛에 어떻게 영향을 미쳤는지 정확히 알며, 문제를 줄이도록 처리 과정을 수정하는 방법을 제시했을 것이다. 훈련된 패널의 표현은 매우 구체적이었을 것이 당연하다. 하지만 고추 시험에 적용되는 어휘를 훈련받은 패널이 사과나 햄버거 패티에 대한 어휘까지 충분해지는 것은 아니다.

전문가 패널로 참여한 사람들은 이처럼 복잡한 맛을 뚜렷하게 말하는 법을 빠르게 습득한다. 나머지 사람은 책으로 자신의 맛 경험을 보다 뚜렷하게 만들 수 있다. 사람들 대부분은 색깔에 대해서는 공통된 어휘를 갖고 있기 때문에 정확하게 이야기한다. 어떤 색상이든 제시되면 색맹이 아닌 이상 그것을 즉시 검정, 하양, 갈색, 회색, 빨강, 노랑, 초록, 파랑, 자주, 주황, 분홍 등 11가지 기본색깔 카테고리 중 한 가지로 지정할 수 있다. 한 가지 색상부터 시작해 더 세밀하게 구분할 수도 있다. 초록을 진한 초록이냐, 진한 황록이냐, 연한 초록이냐 등으로도 구분한다. 혹시 그들 색상 안에서 인접한 색상인 푸른색을 느끼는 사람도 있을지 모르겠다(영어가 11가지 색깔 어휘를 가지고 있는데 비해 신기하게도 많은 다른 언어는 그보다 적은 수의 어휘를 가지고 있다. 어떤 언어는 다섯 가지〔검정, 하양, 빨강, 노랑, 청록〕를 가지고, 또 다른 언어는 세 가지〔검정, 하양, 빨강〕어휘를 가지며, 심지어 두 가지〔밝음, 어두움〕만을 갖고 있는 경우도 있다. 그래니스미스Granny Smith〔녹색이 나는 사과의 일종〕사과와 골든딜리셔스Golden Delicious〔황금색이 도는 연녹색 사과〕사이의 차이를 '밝음'과 '어두움'만으로 표현한다고 가정해 보라).

전문가들은 맛 세계도 같은 방법으로 몇 가지 기본 카테고리로 나누어 접근한다. 지보단이 맛에 대한 자체 언어를 개발한 것이 좋은 예다. 그들은 그것을 센스잇Sense It이라고 부르는데, 그걸 통해 자신들이 이야기하는 주제에 고객과 식품 향료 조향사들이 쉽게 집중할 수 있도록 만들었다. 당연히 그 세부 내용은 보안으로 유지된다.

반면에 FONA의 멘지 클라크는 10가지 기본 카테고리를 자신이 직접 정해 나열한다. 과일 맛, 꽃 맛, 나무 맛, 향신료 맛, 유황 맛(대부분의 고기 맛과 달걀, 그 외의 일부 다른 맛뿐 아니라 양파와 마늘 맛을 포함함), 산酸 맛,

풋풋한 맛(풀 맛뿐 아니라 풋사과의 맛, 콩과 아보카도 같은 야채의 맛을 포함함), 갈색 맛(견과, 커피, 초콜릿, 캐러멜, 꿀, 메이플, 빵과 같은 맛), 테레빈유 맛(송진과 감귤의 껍질 같은 수지 성분 맛) 그리고 그녀가 '락톤 맛lactonic'이라고 부르는 10가지다. 락톤 맛은 단맛, 크림 맛 그리고 브라이언 멀린 실험실에서 내가 만든 딸기 맛에 들어간 엷은 복숭아 맛이 포함되는 범주의 맛이다. 다른 회사에 근무하는 식품 향료 조향사는 약간 다른 카테고리를 가지고 있을 것이다. 예를 들어 메리 마이어는 기본 리스트에 감미로운 맛 카테고리를 만들어 '흙 맛'과 '녹말 맛'을 포함시키기도 한다.

그러나 식품 향료 조향사와 고객이 이용하는 범위는 대부분의 경우 이보다 훨씬 좁다. 말하자면 딸기 맛이나 닭고기 맛처럼 그 폭이 아주 제한적이다. 맛에 관한 어떤 프로젝트라도 첫 번째로 해야 할 작업은 제품에 적용할 어휘집을 만드는 일이다. 예를 들어 딸기에 대한 FONA의 기본 어휘는 과일 맛, 꽃 맛, 버터 맛, 익은 맛, 잼 맛, 씨앗 맛, 신선한 맛, 익힌 맛, 풋풋한 맛, 단맛, 캔디 맛, 탄 맛, 양파 맛, 크림 맛을 포함한다. 이 같은 리스트의 존재는 테스트할 맛을 비교할 수 있는 어휘가 이미 준비되어 있음을 시식자에게 알려주는 것과 같다. 리스트에서 올바른 단어를 골라내는 편이 아무것도 없는 상태에서 마술을 부리듯 단어를 찾아내기보다 훨씬 쉬운 법이다.

자주 사용되는 어휘 세트를 효과적으로 정리하는 방법은 맛 수레wheel에 배열해 두는 것이다. 가장 좋은 예는, 30년 전 데이비스에 있는 캘리포니아대학의 연구원인 앤 노블Ann Noble이 개발한 와인아로마 휠Wine Aroma Wheel이다(이 사람을 잘 모른다면 온라인 검색에서 쉽게 찾아볼 수 있다). 이 수레는 세 개의 동심원을 가지고 그 동심원 각각은 어휘세트로 이루어져 있다. 가장 안쪽의 원은 12가지 카테고리로 구성되어 있으며 각각은 가장 일반적인 와인 향들이다. 과일 향, 식물 향, 견과류 향, 캐러멜 향, 나무 향, 흙 향, 화학적 향, 톡 쏘는 자극적 향, 산화 향, 미생물 향, 꽃 향, 향신료 향이 그것이다. 만약 당신이 어떤 와인에서 과일 향을 맡았다고 가정해 보라. 그 상태에서 수레의 다음 원으로 이동하면 선택한 과일 향의 여섯 가지 하위 카테고리를 만날 수 있다. 감귤, 베리, 열대 과일, 나무 과일, 건조 과일, 기타의 여섯 가지가 보이지 않는가? 만약 나무 과일을 택하면 가장 바깥쪽의 원은 훨씬 구체적인 것을 제공해 준다. 체리, 복숭아, 살구, 사과 중 하나를 선택할 수 있다. 와인 휠은 점점 선택의 폭을 좁혀감으로써 찾고자 하는 와인 맛에 꼭 맞는 구체적인 어휘에 빠르게 도달할 수 있게 해 준다. 그 접근법은 아주 훌륭해서 지금은 맥주, 치즈, 스카치위스키, 커피, 담배, 초콜릿, 꿀, 올리브오일도 맛 수레가 사용되고 있다. 그뿐 아니라 맛 수레는 계속 확장되고 있다. (나는 아이스크림 가게에서 주문을 도와주는 아이스크림 맛 수레를 게시하는 날을 기다리는 중이다. 베리, 향신료, 열대 과일, 캐러멜 맛 중에서 당신은 무엇을 원하는가? 만약 베리라면 레드베리인가 블루베리인가? 레드베리라면 딸기인가 라즈베리인가 블랙베리인가?)

이러한 어휘는 이 세상에 존재하는 맛을 적절한 카테고리로 나누어 준다. 즉 맛이 그림이라면, 그 어휘는 풍경이나 정물이라 할 수 있다. 현실 세계에서 다소나마 주제를 충실하게 표현할 수 있는 재료들이라는 의미다. 실제 세계에는 없는 추상적인 맛 또한 존재한다. 향수 제조자는 매번 이런 추상적인 향기를 찾아내고자 애를 쓴다. 그러나 식품 향료 조향사는 그 정도까지 모험을 감행하지 않는다. 비근한 예로 '환상적인' 맛이라 불리는 것을 내가 식품 향료 조향사들에게 요청해 보았더니, 그들 대부분은 풍선껌을 언급했으며 다른 예를 찾아내려고 고심했다. 내가 말한 환상적인 맛은 의도적으로 불균형이 이루어지도록 해서 심지어 불안할 정도에 이를 정도로 활력적인 느낌을 주는 맛이다. 블루 라즈베리에 그 맛이 일부 있는 것으로 생각되기도 하지만, 레드불Red Bull 에는 분명히 있는 맛이다. 어떤 의미에서는 '고기' 맛의 포괄적인 뜻도 환상적인 어떤 것이라 할 수 있다. 최소한 닭고기는 그렇다.

　(제프 퍼핏은 어느 날 기린 맛을 가진 기린 모양, 사자 맛을 가진 사자 모양 동물 크래커를 만들겠다는 생각을 가진 한 사람으로부터 전화를 받았다. 지보단이 그 맛을 만들 수 있느냐는 것이었다. 퍼핏은 기린이 어떤 맛인지 모른다고 대답했다. 어느 누가 시도해도 맛만 다를 뿐, 소설 속에나 나올 법한 그 고기 맛을 제대로 내지는 못할 것이라며, 그 친구는 괜찮다고 말했다. 지보단은 그 프로젝트에 참여하지 않았다. 하지만 대니얼은 여전히 새로운 고기 맛이 개발될 것이라는 기대감에 약간 사로잡혀 있다. "이구아나 맛은 왜 내려 하지 않죠?" 분명 농담이 아닌 어조로 그가 묻는다.)

　지보단이 하는 일처럼 주문 식품에 맛 화학물질을 혼합하는 칵테일 개념은 확실히 많은 사람을 불편하게 만든다. 이런 화학물질 공포증 탓에 식품 제조자는 향미 회사와 관계 맺기를 조심스러워한다. 그래서 지보단 같은 향미 회사는 고객의 신분을 철저하게 비밀에 부친다. 앤디 대니얼과 제프 퍼핏은 지보단의 카페에서 점심식사를 할 때 몸소 화학 물질을 넣어 먹음으로써, '우리 음식에 화학물질을 넣는다'는 비판을 회사가 받지 않도록 노력한다.

과학적인 관점에서 보면 모든 음식이 화학물질로 구성되어 있는 이상, 그것은 참으로 어리석은 이야기다. 스테이크나 두부 속의 단백질은 모두 화학물질이다. 장기에서 탄수화물로부터 형성되는 당과 환경파괴 없이 재배되는 통밀도 화학물질이다. 인공 바나나 맛에 들어가는 다소 두렵게 느껴지는 이소아밀아세테이트isoamyl acetate(향료, 향수, 용제로 쓰이는 무색의 액체)도 실제 바나나에 들어 있는 이소아밀아세테이트와 정확히 똑같은 화학물질이다. 밥 소벨이 인공 파인애플 맛의 '성분을 분석' 했듯이, 바나나나 사과의 화학성분을 모두 나열하다 보면 그저 과일 한 조각만 분석 결과로도 주눅이 들 것이다(이 장의 첫머리에서 실제 사과가 최소한 2,500가지 화학물질을 포함하고 있는 반면 졸리랜처의 화학물질은 26가지 뿐이라고 말한 사실을 기억할 것이다. 만약 화학물질이 그토록 두렵다면 매 끼니 졸리랜처만 먹고 살아야 한다).

어쨌거나 맛 산업이 하는 일은 '자연적'인 음식일수록 더 좋다는 우리의 견해에 반대되는 방향이다. 식품 회사는 그들이 만든 스파게티 소스가 '어머니가 만든 것'으로 느껴지기를 원한다. 회사에서 제조된 맛은 가정 입장에서는 결코 편안하게 받아들여지지 않는다. 컴퓨터는 '인텔로 구동된다'고 광고하기를 서슴지 않지만, 식품 라벨에서 '지보단으로 구동된다'는 표시를 발견할 수 없는 이유가 여기에 있다. "사람들은 그것이 커피와 우유로부터 곧바로 온 것이기를 원합니다." 대니얼은 내가 병에 넣어 들고 있는 스타벅스 프라푸치노를 가리키며 말했다. 라벨에 '인공적인 맛'이라 명기한다면 광고는 더욱 어려워질 것이다. 식품회사는 자연이라 불러도 무방한 맛을 자신들이 구축하고 있다고 가끔 주장한다. 특히 고급 브랜드일수록 그건 더 심하다.

맛 세계에서 '자연'과 '인공' 사이의 차이를 분석하는 일은 시간을 할애할 만큼 충분히 가치가 있다. 미국에서 소위 자연적인 레몬 맛이라 불리려면, 그 맛의 화학적 화합물이 실제의 레몬으로부터 추출된 것이어야 한다. 순진한 소비자는 그 의미가 실제 레몬으로부터 모든 풍성한 맛을 완전하게 얻어낸 것이라 생각할지 모른다. 그러나 '자연 레몬 맛'이라는 건 사실 시트랄이라는 단 하나의 화학물질일 뿐이다(만약 레몬 그 자체의 깊이 있는 맛을 원한다면, '자연 레몬 맛'이라는 라벨 대신 '레몬'이라는 라벨을 찾아야 한다). 레몬껍질에서 얻는 시트랄은 화학실험실에서 인공적으로 만든 시트랄과 화학적으로 동일하다. 오히려 인공 버전이 자연 물질보다 더 순수한 것에 가깝다. 자연 물질은 추출되는 과정 중에 다른 화합물이 불순물로 종종 섞여 들곤 한다. 그럼에도 소비자들은 자연적인 것을 원하고, 그러다 보니 비용이 허락하는 범위 내에서 그들이 얻는 것이 교묘하게 '자연적'인 것으로 된다.

'자연 레몬 맛'에서 한 단계 아래로 내려서면 단순하게 '자연적 맛'이라는 게 있다. 레몬은 아니지만 실제 식물이나 동물로부터 나오는 맛 화합물(화학실험실에서 만들어진 것이 아니다)을 일컫는 표현이 바로 그것이다. 예를 들어 자연 바닐라 맛은 바닐라 열매로부터 나온다. 반면 바닐라 맛은 자연적 맛에서 만들어진다. 그 자연적 맛에는 목재펄프에서 추출되는 바닐린이라는 중요한 맛 화합물이 주로 포함되어 있다(나무속에 바닐린이 포함되어 있기 때문에 샤르도네나 위스키가 나무통 속에서 숙성되면 바닐라 기미가 생긴다).

과학적 관점에서 보면 이런 구별은 헛일일 뿐이다. 시트랄은 그것이 레몬에서 나오든 실험실에서 나오든 시트랄이다. 바닐린은 바닐린이다 (실제 바닐라 열매 추출물은 다른 맛 화합물을 포함하고 있어서, 합성 바닐린이나 목재 펄프 추출물에서 발견되지 않는 여분의 풍성함을 더해 준다). 산업적으로 비슷한 것에서 추출해 맛을 만든 딸기 디저트가 자연적으로 추출한 성분으로 만든 디저트에 비해 반드시 건강에 해롭다고 말할 수 없다. 자연 딸기에도 같은 맛 화학물질은 포함되어 있다. 자연 딸기가 섬유질과 약간의 다른 영양소를 포함하고 있는 것만큼은 분명하다. 그러나 안전에 관한 한, 최소한 단기적인 관점에서 볼 때 두 가지 모두 좋은 것이다.

물론 개개 화학물질이 입에 맞지 않다거나 안전성 측면에서 심각한 문제가 있을 수 있다. 영양이 들어 있는 균형 잡힌 음식물을 선택하려고 신체가 어떻게 맛이라는 단서를 포착하는지 우리는 몇 장 전에 알아보았다. 일부 비평가는 식품에 맛 화학물질을 추가하는 행위가, 정교하게 진화된 신체 시스템을 마음대로 조작해, 현명한 영양 섭취를 방해한다고 말하기도 한다. 본질적으로 말해, 맛 산업은 영양분을 기만하는 마케팅을 벌이고 있으며 이러한 기만이 비만과 영양결핍이라는 현대적 유행병을 야기했다는 것이다. 현재 이 문제는 여전히 논쟁 중이다. 기자인 마크 샤츠커Mark Schatzker는 그가 쓴 책의 이름을 본떠 이것을 '도리토 효과the Dorito effect(인공 향료를 섭취함으로써 식단의 기본은 물론 식욕에 손실이

270

생겨 뭘 먹어도 스낵 맛 같은 것으로만 느끼는 미각장애현상)'라 칭한다.

내가 점심을 먹으면서 퍼펏과 대니얼에게 이 이야기를 하자, 그들은 소비자가 원하는 것만 공급한다고 말했다. "그건 닭이 먼저냐, 달걀이 먼저냐의 문제입니다. 한편으로는 식품 회사가 나쁘지요. 염분과 지방을 사람들에게 먹도록 만들었으니까요. 그러나 다른 한편으로 보면 사람들이 염분과 지방을 원한 것입니다. 무엇이 무엇을 이끌고 가느냐가 문제 아니겠습니까?" 퍼펏은 말한다.

그들은 그 이외에 다른 면도 있다는 말을 빠뜨리지 않았다. 맛을 추가하는 것이 나쁘다고 할 수 없다는 것이다. "고객들이 하려고만 한다면 그런 맛을 가지고 훨씬 건강한 제품을 만들 수도 있습니다." 대니얼은 말한다. 사람들은 설탕이 포함된 청량음료 대신, 맛은 있지만 무가당인 물을 선택할 수 있다. 두뇌가 단맛이라고 인식할 수 있는 맛을 사용함으로써 그런 물을 만들 수 있다. 또한 요구르트 제조자 몇 사람은 대체 감미료를 이용해 설탕 함량을 40퍼센트나 줄였다. "그런 것이 맛의 긍정적인 사용 사례입니다." 그는 말한다.

오늘날 맛을 설계하는 일은 거의 직업적인 식품 향료 조향사의 독점적인 일이며, 그들은 향미 회사나 다른 큰 식품 회사 내에서 비밀리에 열심히 일하고 있다. 선견지명이 있는 한 프랑스 사람의 의지가 실현되면, 아마도 수십 년 이내에 우리들 부엌에서 화학적 원료를 사용한 맛이 만들어질 것이라 나는 기대한다.

만약 센트럴캐스팅Central Casting(할리우드 스튜디오들이 1925년 12월에 설립한 회사로 영화 엑스트라를 위한 최초의 조직)에 과학자의 역할을 할 배우 한 명을 구해 달라고 누군가가 주문한다면, 바로 그 프랑스인 에르베 티스 Herv⊠ This 같은 사람이 추천되어 올 것이 자명하다. 티스는 약 60세의 나이로, 깔끔하지 못하게 백발을 길렀으며, 실험실 가운의 뒤쪽 깃을 세워 입은, 조금 산만한 듯하지만 진지하면서 강렬한 열정을 지닌 사람이다. 괴짜다운 그 외모 탓에 식품 세계에서 우상화되어 있는 그의 위상을 잘못 판단하면 안 된다. 그는 전위적 요리사, 존경받는 식품과학자, 프랑스 식품 농업 분야의 주요 연구소 임원 등으로 알려져 있다. 그는 또 요리 분야에서 핫이슈로 부상하는 '분자 요리'라는 말을 만들어낸 사람이기도 하다. 분자 요리는 보통 실험실에서 볼 수 있는 재료에 정밀한 과학적 기술을 적용해 부엌에서 만들어내는 요리를 일컫는 말이다.

그러나 과거에는 분자 요리에 거부감이 많았다. 티스(그의 이름은 this 와는 다른 teece로 발음된다)는 훨씬 근본적으로 분자 요리 개념을 정리했다. 식물이나 동물로부터 재료를 구하지 않고 분말 단백질이나 당 같은 '순수한 화합물'을 재료로 삼아, 그들 개별 분자로 맞춤 설계된 맛을 조립하는 개념으로 정립한 것이다. 지보단에서 브라이언 멀린이 한 방법과 흡사하다. 티스는 그러한 접근법을 음원 하나하나를 신서사이저로 조립하는 전위적 작곡가에 빗대, '음표 단위 요리note-by-note cooking'라고 불렀다. "음표 단위 요리에는 육류도 야채도 과일도 생선도 달걀도 없습니다. 오직 화합물만 있으며 그것으로 음식을 만듭니다." BBC 뉴스 보도 당시 티스가 한 말이다.

티스는 부분적이겠지만 이런 방법으로 요리할 필요성이 전 세계적으로 급부상할 것이라 생각한다. 세계 인구가 증가하고 화석연료와 비료가 점점 줄어 비싸지면서, 농부들은 닭고기나 양배추, 쌀과 같은 일반적인 음식을 수요에 맞춰 재배하는 데 어려움을 겪게 될 것이다. 그러나 우리가 먹을 수 없다고 생각하는 것에 얻고자 하는 한 단백질이나 당류 같은 영양소가 충분히 들어 있다. 도대체 왜 순수한 화합물을 추출해서 재료로 사용하지 않을까? 유통기한이 늘어나는 여분의 이점도 있고, 수분이 많은 신선한 상태 대신 건조된 분말 상태로 선적함으로써 에너지도 절감할 수 있는데 말이다(순수한 화합물 상태로 선적하려면 성분을 추출하고 건조시키는 데 에너지가 필요해, 신선하고 수분이 많은 원 상태로 선적하는 것보다 에너지를 더 소모한다는 회의적인 시각도 있다. 이를 티스가 계산해 보았는지는 명확하지 않다).

티스의 이론에 긍정적인 면은 분명히 있다. 왜 우리는 음식 맛의 다양성을 자연이 포장해 내는 특정한 맛의 조합으로만 국한시키려 하는가? "소고기와 당근을 가지고 있으면 당신은 소고기와 당근밖에 먹지 못합니다. 그러나 소고기의 400가지 화합물과 당근의 400가지 화합물을 가지고 있다면 당신은 16만 가지의 조합을 만들어 낼 수 있지요. 3원색을 가지고 무한한 색상을 만들어 낼 수 있는 것과 같은 논리입니다." 그는 리포터에게 말한다.

그렇다면 당신이나 내가 혼자 부엌에서 이런 방법으로 순수한 화합물을 조화롭게 혼합해 음표 단위 요리를 만들어내는 일이 현실적으로 가능한 일일까? 직업적인 식품 향료 조향사도 자신이 원하는 최종제품을 만들 수 있는 분자 조합법을 이해하려면 수년간 정규 교육을 받아야 한다. 그런 연후라야 딸기 같은 실제의 것을 흉내 낸다거나, 레드불 같은 먹어 보지 못한 것을 발명해 내는 것이 가능하다. 우리가 당장 그 복잡한 단계까지 도달하기를 희망할 수는 없다. 우리는 걸음마부터 시작해야 한다. 간단한 맛 분자로 이루어져 있으면서 영양소가 있는 한 덩어리의 화합물부터 출발할 필요가 있다. 그런다고 의문이 완전히 가시지는 않는다. 과연 그렇게 하면 우리가 기초지식만 가지고 맛을 내는 무언가를 만들 수는 있는 것일까? 그리고 음표 단위 요리가 가져다주는 이점이라는 게 기껏해야 배고픔을 없애는 것뿐일까?

그것을 확실히 알 수 있는 유일한 방법이 있다고 나는 생각한다. 일단 혼자서 시도해 보는 것이다. 티스 자신이나 아니면 그가 속해 있는 파리농업기술대학교Paris AgroTech가 매년 후원하는 음표 단위 요리 경연 대회만 검색해 보아도 음표 단위 요리에 대한 어느 정도의 레시피를 구할 수 있다. 나는 티스의 기본 레시피 중 하나인 '디랙dirac'이라는 이름의 단백질 팬케이크를 시도해 보려 한다(티스의 별난 점 중 하나는 유명한 과학자의 이름을 본떠 요리 이름을 짓는다는 것이다. 이 이름도 반물질의 존재를 예측한 영국인 폴 디랙Paul Dirac에서 유래한다).

나는 실험적 요리사가 아니다. 따라서 그들의 레시피로 성공 가능성을 높이고자 직업 요리사인 메이나드 콜스코그Maynard Kolskog의 도움을 얻기로 했다. 그는 요리 연구가이자 캐나다의 가장 유명한 요리 프로그램의 강사이며 우리 집에서 불과 수 마일 떨어진 인근에 살고 있다. 특히 경계를 허무는 요리에 관심이 많던 콜스코그는 오랫동안 에르베 티스의 숭배자를 자처하고 있었기에, 한 번도 만난 적 없는 사이지만 기꺼이 내 실험에 도움을 주기로 승낙했다.

디랙의 레시피는 간단하다. 계란 흰자 분말(입맛 떨어지게도 티스는 이것을 '응고 단백질'이라 칭한다)과 글루텐gluten(빵의 골격을 이루는 단백질) 그리고 완두콩 단백질을 먼저 물과 오일 두 가지에 잘 섞어 맛이 배어들게 한 후(괜찮다면 색깔도 낼 수 있다. 티스는 밝은 황록색을 선호한다) 팬케이크처럼 튀기면 된다. 내가 콜스코그를 연구실 주방에서 만났을 때 그는 이미 필요한 식재료들을 모으고 있었기에 우리는 곧장 작업을 시작할 수 있었다.

계란 흰자 분말 단백질과 물을 3대2 비율로 하라는 티스의 레시피를 사용해 만든 첫 번째의 좀 탁한 팬케이크는 튀기고 나자 너무 조밀하고 딱딱해졌다. 콜스코그는 그걸 주걱으로 자를 수도 없었다. "오, 정말 끔찍하군요."라고 그가 말한다. 그걸 보면서 난 요가 매트를 생각했지만 콜스코그는 보온을 하려고 창문에 바르는 고무를 생각했다. 두 번째 시도에서 콜스코그는 반죽이 부드러워지도록 더 많은 물과 더 많은 오일을 첨가했다. 혼합물에 약간의 설탕도 추가했다. 그러자 이번에는 밝고 거품이 약간 떠 있는 반죽이 되었고 그것을 튀기자 훨씬 부드러운 팬케이크가 되었다. "낫지 않나요? 먹을 만합니다. 가능성이 있어요." 결과물을 맛보면서 콜스코그가 말한다. 그는 디랙을 훈제 연어와 같은 음식을 차려낼 때 그 아래에 까는 깔개 음식 정도로 사용하는 상상을 하는 것 같았다.

그러나 디랙 그 자체는 부분적으로 맛이 너무 단순해 약간 진부하게 느껴졌다. 우리는 두 번째 버전에 설탕을 더 추가해 팬케이크를 갈변시킴으로써 좀 흥미로운 메일라르 맛을 개발하기에 이르렀다. 하지만 주된 맛 성분에서 내가 원하는 맛은 나타나지 않았다. 이번에는 티스가 선호하는 맛 중 하나인 버섯 알코올이라 불리는 1-옥텐-3-올$_{1\text{-octen-3-}}$$_{ol}$(모기와 같은 곤충을 끌어들이는 화학물질) 화합물을 추가했다. 나는 버섯을 좋아하기 때문에 그 결과를 기대했다. 역시 실망스러웠다. 버섯 알코올의 맛은 버섯이 생각나도록 하는 게 아니라 비 오는 날의 숲속 땅바닥을 떠올리게 했다. 낙엽이 겹겹이 쌓인 땅바닥에서 온전한 잎사귀를 걷어내면 그 속에서 썩어 가는 잎이 드러나는 것처럼 그런 것이 1-옥텐-3-올이었다. 그것이 버섯 냄새라면 썩은 냄새와 다를 것이 없었다.

아주 복잡한 맛 속에서라면 버섯 알코올은 아마도 희소 가치를 지닌 맛으로 잘 어우러질 듯 보이기는 한다. 그렇다고 그런 요리를 찾아가며 굳이 버섯 알코올을 재평가할 이유는 없다. 오래전부터 전해 오는 전문 지식에 대한 이야기로 돌아가 보자. 가치 있는 맛을 만들어내려면 가능한 한 많은 화합물을 조합해 보아야 하지만, 나는 훈련을 받거나 그걸 경험하지 못했다. 그런 측면에서 실제 과일이나 야채, 허브, 육류를 갖고 작업하는 것은 큰 장점이 있다. 딸기나 연어 살코기에는 많은 맛 화합물이 복잡한 혼합물의 형태로 이미 포함되어 있기 때문이다. 게다가 우리는 그 혼합물을 좋아하도록 벌써 학습까지 된 상태다. 물론 나와 같은 요리사라고 훨씬 더 복잡한 요리를 하지 말란 법은 없지만 디랙에 더 이상의 노력을 들일 가치가 있는지는 의심스러운 게 사실이다.

음표 단위 요리가 완전하다고 하기에는 없잖아 좀 심한 과장이 섞여 있지만, 티스의 순수 화합물 접근 방식만큼은 주방의 요리 목록에 추

가할 만한 가치가 있다. 예를 들어 지금 내가 가진 버섯 알코올을 사슴 고기 스튜에 몇 방울 떨어뜨린다면 그 스튜의 맛에 아주 흥미로운 차원을 더할 수 있다. 한두 방울의 리모넨limonene(감귤류 껍질에 많이 함유되어 있는 아로마 오일 성분)은 크림소스나 네덜란드 소스에 신선한 감귤 향을 추가해 준다. 티스가 음표 단위 요리에 대해 우선적으로 생각한 것은 사실 완전히 자연을 대체한다기보다는 자연을 변화시키는 것이다. 그는 값싼 위스키에 바닐린 몇 방울을 추가함으로써 훨씬 고급스러운 맛으로 바꿀 수 있음을 알았다. 바닐라 열매의 주된 맛인 바닐린이 나무통 속에서 익어 가는 술에 맛을 더해 주는 핵심 부분이었던 것이다(나 역시 시도해 보았지만 확신할 수는 없다. 아마 더 값싼 위스키를 써야 했는지 모른다. 돈을 고려했을 때 더 좋은 방법은 한두 방울로 훈제 맛을 내는 에틸구아야콜4-ethylguaiacol(간장의 탄내를 구성하는 향기 성분)일 것이다). 재미있는 기술이다. 그러나 과연 그것이 음식의 미래일까? 아니. 최소한 나는 그렇지 않다고 생각한다. 나는 여전히 실제 음식을 좋아한다. 그리고 우리의 음식이 어떻게 그 맛을 얻었는지 알아보는 다음 목표지를 농장으로 잡은 것도 그 때문이다.

PART
07

Flavor

농장에서의 맛

게이네스빌Gainesville에 있는 플로리다대학University of Florida 캠퍼스 남서부 주변에 하얀 벽돌로 된 평범한 단층 건물이 하나 있다. 웅장한 축구 경기장이나 유리와 강철로 지어진 높게 솟은 의료 센터로부터 멀리 떨어져 있는 이 작은 건물은 캠퍼스 관리인의 정비 공장 같기도 하고 재활용 쓰레기 저장소처럼 보이기도 한다. 그러나 맛이 훌륭한 토마토를 좋아하는(누가 좋아하지 않을까마는) 사람이라면 누구에게나 가장 중요한 캠퍼스 내 건물일 것이다.

　슈퍼마켓 토마토는 현대 농업이 제대로 된 맛을 내는 식품을 생산하는 일에 실패했음을 보여 주는 전형적인 사례다. 초록빛의 덜 익은 상태에서 수확된 둥근 과일은 달고 과즙이 풍부하며 감미로워야 함에도, 배에 선적되고 가스가 주입되면서 연분홍빛의 스티로폼처럼 변해 희미하게 그 맛의 흔적만을 남길 뿐이다. 해가 비치는 뒤뜰에 토마토밭을 가꾸는 사람이나, 농부들 시장에 자주 드나드는 사람에게 한번 물어보라. 판매용 토마토에 생긴 일에 대해 모든 사람이 불만을 토로할 것이다. 게이네스빌에 있는 그 작은 집에서 해리 클리_Harry Klee_가 하는 일은 바로 그것과 관련이 있다. 토마토 맛의 비밀을 밝히려고 엄청난 노력을 들이면서 지난 10년을 보낸 원예과학자, 클리는 슈퍼마켓 토마토의 무엇이 잘못되었는지 정확히 알고 있다. 그것을 바로잡을 수 있는 방법도 그는 안다. 아마 멀지 않은 미래에 우리 모두는 클리 덕분에 슈퍼마켓에서도 거금을 들이지 않고 훨씬 맛있는 토마토를 즐길 수 있을 것이다.

사무실을 나와 실험실에 도착한 클리는 육종가들이 생산량을 늘리는 데 성공함으로써 맛이 희생당했다고 설명한다. 토마토 재배자가 맛이 아닌 생산량에만 관심을 쏟게 되었기 때문이다. 클리는 길쭉하고 야윈 얼굴에 왼쪽 눈이 약간 사팔이며 손질하기 힘든 눈썹을 가진 백발의 키 큰 남자다. "육종가들은 근본적으로 생산량을 대폭 늘릴 수 있는 현대 품종을 개발해 왔습니다. 잎사귀가 당을 생산하는 공장이고 과일이 소비자라고 생각해 보십시오. 1970년 이후로 오늘날까지 현대 품종이 나오면서 생산량은 300퍼센트 이상 늘었습니다. 그건 너무 많은 양이지요. 육종가들은 잎사귀가 힘에 부치도록 과일을 많이 생산하도록 만들었습니다." 그는 테너 음성으로 유쾌하게 말한다. 그 결과 현대의 토마토에는 맛을 풍성하게 하는 당분과 휘발성 향 같은 성분이 부족하게 되었다는 것이다. "이러한 현대 품종은 말 그대로 잎사귀에 있는 모든 영양소를 빨아먹습니다. 그러면서도 여전히 만족해하지 않습니다. 그러니 과일에 휘발성 향과 당, 산 성분이 부족해지는 건 뻔한 이치죠. 현대 과일에 무엇이 있습니까? 수분뿐이에요. 우리가 뒷마당에서 직접

정성을 들여 길러내던 명품 같은 맛이 현대 품종에서는 절대로 나올 수 없습니다." 언뜻 보기에도 그 문제는 해결하기가 쉽지 않은 것 같다. 식물에 당분과 휘발성 향을 더 부여해 맛이 풍요로워질 수 있게 하는 유일한 방법은 토마토 생산량을 줄이는 것이다. 맛과 생산량, 그것은 시소의 반대편에 위치해 있다. 한쪽이 올라가면 다른 쪽은 내려갈 수밖에 없다. 정말 다른 방법은 없는 것일까?

맛이 달라진 많은 농작물 중의 하나가 토마토라는 건 이미 공론화된 사실이다. 토마토의 현대 품종에서 오래전 명품 같은 그 맛이 사라졌음을 클리와 몇몇 연구원이 밝혔지만, 다른 농작물에 대해서는 잘 알지 못한다. 사실 대부분의 과일과 채소가 과거에 더 맛있었다는 명백한 증거를 찾기는 힘들다.

데이비스에 있는 캘리포니아대학에서 식품 화학자로 근무하는 앨리슨 미첼Alyson Mitchell을 아는가? 캘리포니아대학은 미국 내 과일과 채소 생산량 중 거대한 비중을 차지하는 캘리포니아 센트럴밸리California's Central Valley의 한가운데 위치하고 있어 1세기 동안 농업 연구의 메카로 알려져 왔다. 그러나 장기간을 필요로 하는 맛 연구 분야는 그리 유명하지 않다. "요즘 재배되는 식품이 이전과 다른 맛을 낸다는 합리적인 추측이 많은 걸로 압니다. 이것을 이해하는 데 로켓 과학자가 필요한 건 아닙니다. 내가 어렸을 때는 여기 캘리포니아에서 들로 나가 복숭아를 따곤 했지요. 그 복숭아들은 참 맛있었습니다. 시간이 지나면서 우리는 식료품점에서 복숭아를 사게 되었습니다. 그러나 맛과 향이 같지만은 않았어요. 하지만 내 딸에게 복숭아가 무엇과 같은 맛이냐고 묻는다면, 복숭아 맛과 똑같은 것을 먹어 본 기억이 없기에 정확히 대답하지 못할 겁니다. 우리에게도 마찬가지로 이전 맛에 대한 라이브러리가 없어요. 그렇게 비교할 수 있는 데이터가 없는 것입니다." 미첼은 말한다.

많은 작물 육종가가 수십 년간 질병 저항성, 생산량, 외형, 균일한 크기, 포장과 선적, 가공의 용이성과 같은 특성에만 초점을 맞추어온 게 사실이다. 모든 것이 재배를 편하게 하고 먼 곳에 있는 시장에 공급하려고 만든 조치일 뿐이다. 그들의 초점은 결코 맛이 아니었다(한 원예사가 나에게 말했듯이 키위는 크기가 적당하고 흠이 없으면 '좋은 품질'로 간주된다. 좋은 품질의 방정식에 맛은 전혀 필요 없는 것이다). 그런 환경에서 맛이 관심을 끈다면 오히려 놀랄 일이다.

작물의 맛을 직접 측정한 과학적이면서 훌륭한 연구는 부족하지만, 맛이 줄었다는 기록에 접근할 수 있는 경로는 있다. 영양분이 많은 과일이나 채소는 맛 또한 좋기 마련이다. 잎이 많은 채소 속에 포함되어 있는, 항산화물질 같은 영양소를 만들어내는 분자들이 휘발성을 띠거나 휘발성을 띠는 맛 속으로 분해되어 들어가기 때문이다. 시간 경과에 따른 식품의 영양소 함량을 비교해 보면 쉽게 알 수 있다. 그러면 말할 것도 없이 현대 작물의 영양소 수준이 이전에 비해 대체로 40퍼센트나 떨어졌음을 보여 준다. 물론 모든 영양소가 같이 줄어들지도 않았으며 모든 영양소가 맛에 영향을 미치지도 않는다. 하지만 전체적인 경향은 무시할 수 없는 수준이다.

농업의 산업화 역시 식료품점에 있는 식품의 맛 저하에 일조했다는 비난의 화살을 피하기는 어렵다. 겨울인 2월에 캐나다의 이곳 식료품점까지 복숭아와 칸탈루프cantaloupe(껍질은 녹색에 과육은 오렌지색인 메론)가 오려면 수천 킬로미터를 이동해야 한다. 그때까지 살아 있게 하려고 완전히 익기 전에 수확했을 건 자명하다. 숙성한 상태의 과일에서 당분과 휘발성 물질을 충분히 얻을 수 있는데 비해, 조숙한 상태에서 수확하면 그런 기회는 박탈당한다. 수확 후에는 대부분의 과일이 당분을 계속해서 만들지 못하기 때문에 그 손실을 보충할 방법은 달리 없다. 공급 과정이 가장 짧은 8월이라 해도 대규모 생산자는 나무나 덩굴에서 과일이 완전히 익을 때까지 느긋하게 취급할 여유가 없다.

클리와 같은 과학자들은 그런 과일과 채소의 맛을 되돌릴 수 있는 방법을 찾고 있다. 바닐라나 딸기 향이 설탕 용액을 더욱 달게 만들 수 있다는 이야기를 기억할 것이다. 토마토에서 이렇게 속임수를 부리는 휘발 물질을 찾는다면 생산량 때문에 맛을 희생할 필요는 없을 것이라고 클리는 생각한다. 그는 집에서 키운 명품 품종뿐 아니라 상업적 품종까지 포함해 다양하게 152가지의 품종을 모두 수집했다. 그리고 각각에 포함되어 있는 당과 맛에 관여하는 휘발 물질의 총량을 측정했다. 물질들은 엄청나게 다양했고 어떤 휘발 물질은 품종 간 차이가 3,000배에 달하기도 했다.

클리는 린다 바르토슉과 협력해 당과 휘발 물질에서 많은 차이를 보이는 66가지의 품종을 선택해 게이네스빌 지역의 평범한 사람들로 테스트 패널을 구성해 먹여 보았다. 각 토마토에 대해 시식자들은 당도, 향, 토마토의 맛 강도(클리는 맛 강도를 "'와, 이게 진짜 토마토군요'라고 말할 수 있는 농축 정도"로 정의한다.) 그리고 몇 가지 다른 속성도 평가했다. 그들은 또 이 토마토를 얼마나 좋아하는지도 -100점과 +100점 사이의 척도로 평가했다. 여태까지 맛본 것 중에서 최악일 경우 -100을, 최고일 경우 +100을 부여했다. "대부분의 토마토는 0과 35 사이를 유지합니다. 35점이면 기막히게 좋은 토마토입니다. 0점이라면 중간 정도죠"라고 클리는 말한다(나는 패스트푸드 햄버거에서 또는 2월의 샐러드에서 0점짜리를 먹은 적이 있다고 생각한다).

당연히 패널들은 보통 가장 단 토마토를 최고로 꼽았다. 그러나 클리가 보다 면밀하게 조사해 본 결과 훨씬 재미있는 점을 발견할 수 있었다. 시식자들이 감지한 단 정도가 토마토에 포함되어 있는 실제 당분의 양과는 거리가 먼 경우가 종종 있었다. 예를 들어 마티나Matina 품종의 경우 시식자들은 옐로우젤리빈Yellow Jelly Bean 품종보다 두 배만큼 달다고 평가했지만, 분석 결과 옐로우젤리빈이 더 많은 당분을 가지고 있었다. 마티나가 낮은 당분 함량에도 달게 느껴진 이유는 뇌로 하여금 '단맛'이라 생각하도록 만드는 게라니알geranial(시트랄의 다른 말) 같은 휘발성 냄새 화합물이 풍부하기 때문이다(어쨌든 게라니알은 토마토의 붉은색과 연관이 있는 분자인 리코펜lycopene(잘 익은 토마토에 존재하는 색소의 일종)에서 파생돼 나온다. 오렌지색 혹은 노란색의 토마토 품종은 붉은색 품종에 비해 리코펜을 적게 만들어 게라니알 함량이 적어진다. 따라서 그것은 붉은색에 비해 25퍼센트나 덜 달다. 토마토를 살 때 염두에 두어야 할 일이다).

식물이 왜 이런 휘발성 방향 분자를 가지는지 알아보려면 먼저 잠시 시간을 가질 필요가 있는 것 같다. 식용 식물의 맛을 설명해 주는 휘발 물질은 식물학자들이 '2차적 대사산물secondary metabolites(신진대사에 필요한 물질)'이라고 부르는 것이다. 엽록소, 당류, 단백질, DNA 같은 분자가 식물의 생장에 필수적인 것과는 달리, 그들 대부분이 절대적으로 필수적인 것은 아니라는 사실을 그 용어에서 미루어 짐작할 수 있다. 대신 이 2차적 대사산물은 방어나 신호전달 분야에서 보다 민감한 기능을 수행하며, 식물이 다른 생화학적 작업을 수행하고 남은 분자 쓰레기와 같은 단순한 부산물이기도 하다.

영국에 있는 뉴캐슬대학교Newcastle University의 식물 과학자인 크리스틴 브란트Kristin Brandt는 이렇게 말한다. "2차적 대사산물을 인간과 비교하면 가장 잘 설명할 수 있습니다. 인간에게 가장 중요한 2차적 대사산물은 갈색 색소인 멜라닌melanin(사람의 피부색을 결정하는 색소분자)입니다. 사람들 대부분은 그것을 머리카락 속에 가지고 있습니다. 만약 금발이라면 아니겠지요. 우리는 피부에서 그것을 만듭니다. 그건 자외선으로부터 우리 피부를 보호하는 역할을 합니다. 식물은 살아가는 데 꼭 필요하지 않은 화학물질을 만들기도 하는데, 그건 주변 세계와의 상호 교류를 위해 필요한 것입니다."

가끔 그러한 2차적 화합물들은 포식자로부터 식물을 보호하려고 존재한다. 브로콜리와 겨자 잎의 쓴맛은 글루코시놀레이츠glucosinolates라는 분자에서 나온다. 그것은 많은 동물, 특히 곤충에게 유독한 물질로 작용해 스스로를 보호한다. 사람에게는 특별히 독이 없지만 우리는 그것을 기피한다. 소들도 그 화학물질에 매우 민감해서, 캐놀라canola(서양유채의 한 가지로 개량 품종)를 소에게 먹이려는 사육자를 위해 캐놀라 육종가들은 글루코시놀레이츠 함량이 적은 품종을 만들어오고 있다. 이와 유사하게 식용 허브에 들어 있는 자극적인 맛은 먹는 것을 억제하는데 꽤 효과적이다(앉아서 로즈메리나 샐비어sage(약용이나 향료용으로 쓰는 허브)를 한 접시 가득 먹은 적이 있는가?).

반면 과일은 먹히기를 원한다. 단맛으로 채워진 과일이 바라는 것은 동물이 자신을 먹도록 유혹해서 모본母本과 경쟁하지 않고 살아갈 수 있는 곳으로 씨앗을 퍼트리는 것이다. 그 목적을 달성하고자 식물들은 자신의 과일을 휘발성 화학물질을 가지고 "좋은 음식이 여기 있어요. 와서 가져가세요."라고 소리치며 기부하는 것이다. 해리 클리의 지적처럼 토마토 같은 과일에 있는 많은 맛 화합물은 우리 몸이 스스로 만들어내지 못하는 특별한 지방산과 아미노산 같은 인간의 필수영양소와 밀접하게 관련되어 있다. 그 말은 과일 안에 영양소가 포함되어 있음을 에둘러 표현하는 증거로서 맛 화합물을 이용하고 있다는 뜻이다. 식물 역시 영양소 없이는 맛 화합물을 만들어내지 못한다.

과일이 먹히기를 원한다고 했지만 그건 씨앗이 여물었을 때의 이야기다. 그 사실은 '성숙'이라는 개념이 왜 채소에는 적용되지 않고 과일에만 적용되는지를 설명해 준다. 덜 익은 사과나 덜 자란 감을 생각해 보라. 다 자라지 못한 과일은 신맛의 산과 톡 쏘는 맛의 폴리페놀 polyphenols(우리 몸에 있는 활성산소를 해가 없는 물질로 바꿔주는 항산화물질 중 하나)을 함유하고 있어 먹고 싶다는 욕구를 저해한다. 씨앗이 여물어 가면서 과일 속 화학물질의 함량이 바뀌어 사라진 식욕을 다시 불러일으킨다. 반면 채소는 항상 먹기를 꺼리도록 유도한다. 익어 가는 것과는 아무 상관이 없다.

그러나 과일과 채소 둘 다 우리가 느낄 수 있는 맛을 가진다는 공통점이 있다. 먹어도 되는 음식과 피해야 할 음식을 구별할 때 맛이 하는 역할을 떠올려 보라. 이것은 동전의 양면성과 같은 것이다. 채소는 다나스몰이 말리부와 세븐업을 다시 먹고 싶지 않을 정도의 끔찍한 것으로 기억하듯이 어쨌든 기억되기를 원한다. 대신 과일은 우리에게 좋은 기억으로 남기를 원한다. 아마도 씨앗 그 자체는 예외일 것이다. 예를 들면 커피나무의 씨앗은 우리에게 친숙한 잠재적 신경독소인 카페인을 품고 있다. 커피 머신과는 달리 자연에서는 이 독이 매우 중요한 교훈을 전해 준다. "현기증을 일으키기 때문에 그 식물은 먹지 않아야 합니다. 하지만 먹지 않으려면 그 식물이 그렇다는 것을 먼저 알아 두어야 하지요. 그것은 우리에게 매우 중요하며 식물 쪽에서도 그렇습니다. 그래서 우리는 그 맛을 인식해야 하는 것입니다." 브란트는 말한다. 그런 이유로 커피나무는 독특한 맛을 가진 씨앗을 진화시켜 왔고, 우리 포유류들은 그 독특한 맛을 인식할 수 있는 맛과 냄새 수용체를 진화시켜 왔다. 이런 공동 진화가 수백만 년 동안 이어져 온 것이라며 브란트는 또 말을 잇는다. "완두콩이든 감자든 브로콜리든 무언가를 먹을 때 우리는 의심하지 않습니다. 과거의 그 방어체계가 우리와 식물 주위에서 표식으로 유용하게 작동해 우리를 올바른 길로 인도하고 있는 것이지요." 오늘날에는 전혀 독성이 없는 맛 화합물이라도 먼 과거에는 독소였던 것이 있을 거라는 지적도 그녀는 빠뜨리지 않는다. 새로운 맛과 새로운 화합물을 발전시켜야 한다는 압력은 지금 현재도 진행 중이다.

농장에서의 맛

"식물이 무언가를 사용하는 동안 그들의 적은 진화된 대책을 내놓곤 합니다. 우리는 계속 군비 확장 경쟁을 하고 있는 셈입니다."

군비경쟁 덕분에 토마토는 열매 속에 최소한 400가지의 휘발 물질을 가지고 있다. 그러나 실제로 과일 맛에 중요한 역할을 하는 것은 그중에서 20여 가지 정도뿐이며, 그것도 냄새 맡기에 아주 용이한 것만은 아님을 클리는 알고 있다. 최근까지 토마토 과학자들은 휘발 물질의 농도를 사람들의 감지 한계치와 비교하는 방법으로 수백 가지의 휘발 물질을 선별해 왔다. 농도가 감지 한계치를 크게 상회하면 그들은 중요하게 여겼고, 감지 한계치를 하회하면 중요하지 않다고 여겨 버렸다. 그러나 맛있는 토마토를 만드는 것이 무엇인지 테스트한 결과 클리는 확실한 추정이 불가능하다는 걸 알았다. 가장 눈에 잘 띄는 휘발성 냄새 물질의 하나는 토마토 덤불을 스쳐 지날 때면 맡을 수 있는 '토마토 줄기' 냄새다. 그것은 나를 항상 뒤뜰의 행복한 기억으로 인도해 주곤 한다. 그러나 토마토 줄기 냄새가 사람들로 하여금 특별히 토마토를 좋아하게 만드는 차별적 요소는 될 수 없었다. 반면 정말로 맛에 중요하게 기여하는 휘발 물질은 감지 한계치 이하의 농도인 것으로 밝혀졌다. 한계치 이하의 많은 휘발 물질이 그들의 존재를 뇌에 알리고자 협력한다는 것을 알 수 있었다. 팸 댈톤과 폴 브레슬린의 단맛 나는 장미 향 껌과 같다.

그러한 휘발 물질이 토마토에 단맛을 더해 주는 비밀이라고 클리는 말한다. 당분을 올리면 토마토는 당연히 더 달아진다. 그러나 재배자들은 생산량을 줄이지 않는 한 그런 방법을 사용할 수 없다. 기꺼이 많은 비용을 지불할 때만 상점에서 좋은 토마토를 살 수 있는 이유다. 그러나 휘발 물질은 토마토를 비싸게 만드는 요인이 아니다. 적은 양이나마 어쨌든 토마토에 들어 있으며, 토마토 이끌어가다재배자는 생산량에 거의 영향받지 않고도 휘발 물질의 수준을 몇 배씩 올릴 수 있다. "여러분들은 갑자기 두 배의 단맛을 느낄 수 있을 것입니다."라고 클리가 말한다. 휘발 물질을 이용하면 모든 사람이 납득할 만한 가격으로 더 달고 풍성한 맛을 내는 토마토를 틀림없이 만들 수 있을 것이다.

부수적으로, 휘발 물질은 토마토를 냉장고에 보관해서는 안 되는 이유이기도 한다. 토마토는 휘발 물질을 공기 중에 지속적으로 방출하며 (잘 익은 토마토 냄새를 맡아 보면 쉽게 확인할 수 있다) 계속 새로운 것을 만들어내 부족분을 보충한다. 토마토를 냉각시키면 이 휘발 물질을 만드는 효소가 작동을 멈춘다. 열대식물인 토마토는 특이하게도 냉장고에서 꺼낸 이후에도 휘발 물질 생성 효소가 작동을 멈춘 상태로 있게 된다. 이렇게 분자가 공기 속으로 새어 나가 대체되지 않으면 휘발 물질의 함량은 떨어지고, 냉장고 속에서 시간을 보낸 토마토는 단맛과 토마토 고유의 맛이 덜해진다(그리고 대부분의 휘발 물질은 토마토 제일 윗부분에 있는 줄기에서 잘려진 부분으로 새어 나간다. 그래서 특별한 일이 없는 한, 줄기가 약간 붙어 있는 '덩굴 상태'로 팔리는 토마토가 그렇지 않은 것보다 확실히 좀 더 맛있다).

클리는 이미 맛있는 토마토로 향하는 미래로 첫발을 내디뎠다. 2014년에 그의 팀은 처음으로 가든젬Garden Gem과 가든트레저Garden Treasure라는 두 가지 새로운 품종을 출시했다. 그것은 생산성이 높은 현대 품종과 휘발 물질이 많이 명품 품종을 교차 접목해 창안해 낸 것이다. 그 하이

브리드 품종은 생산량이 상업적 품종과 맞먹으면서도 맛은 명품 품종에 거의 육박한다고 그는 말한다. 내가 그와 함께 토마토 이야기를 할 때, 골프공 크기의 가든젬 토마토 다섯 개가 우리 사이의 책상 위에 있었다. 두 시간이 지난 후 그는 먹을 수 있도록 내게 그 토마토를 건네주었다. 맛을 테스트할 수 있는 이상적인 조건은 아니었다. 4월이라 익기에는 기온이 상대적으로 낮았으며 일수도 부족한 게 분명했다. 따라서 명품 품종의 영광을 따라잡기에는 한계가 있어 보였다. 그러나 예상과는 달랐다. 확실히 그것은 그 시기에 식료품점에서 살 수 있는 어떤 토마토보다 더 달고 더 토마토다웠다. 심지어 더 나은 조건에서 자란 클리의 두 가지 새로운 품종은 사람을 흥분시키기에 충분했다. 내가 이 글을 쓰는 지금 그 품종은 아직 상업적으로 판매되지 않지만, 클리는 토마토 연구 프로그램에 기부한 2,400명이 넘는 사람에게 씨앗을 보냈고, 그들은 열정적인 반응을 보이며 회신해 왔다. "많은 사람들이 생애 최고의 토마토라고 말해 주었습니다. 우리는 무척 기뻤죠. 사람들은 진정으로 이런 토마토를 원하고 있어요. 좋은 토마토에 대한 잠재 수요가 얼마나 큰지를 잘 보여 줍니다." 그는 말한다.

해리 클리의 실험실에서 길을 따라 한 시간 정도 떨어진 센트럴플로리다의 모래땅에서 밴스 휘태커Vance Whitaker라는 이름의 식물 육종가가 식료품점에서 우리를 가끔 실망시키는 또 다른 과일인 딸기 문제를 해결하고자 애쓰고 있다. 딸기의 가장 큰 문제는 '비전환성 과일non-climacteric fruit'이라는 점이다. 그건 수확 후에는 더 이상 익지 않는 과일이라는 의미다. 딸기는 바나나나 사과, 복숭아, 토마토처럼 취급해서는 안 되며 창고에서 에틸렌가스로 숙성을 촉진시킬 수 없다. 할 수 있는 일이라고는 그저 가능한 한 오랫동안 관목에서 익도록 가만히 두는 것이다. 딸기는 일단 따고 나면 모든 게 내리막길이다. 더 이상 나아지는 건 아무것도 없다. 딸기는 매우 연약해서 운송과 취급의 엄한 환경에서 살아남을 수 없기 때문에, 완전히 익을 때까지 따지 않고 그냥 놔둘 수 없다. 그 결과 식료품점의 딸기는 수확할 때와 똑같이 거의 익지 않은 상태다. 대부분의 식료품점 딸기 어깨 부분이 하얀 것만 보아도 그건 명백한 사실이다.

그러면 어떻게 해야 할까? 재배자가 딸기를 더 익은 후에 수확할 수 있도록, 과학자들은 딸기가 오래 갈 수 있는 방법을 찾아내려 노력하고 있다. 맛을 직접 강화하는 방법을 찾을 수 있다면 그 또한 해결책이 될 수 있다. 휘태커는 두 번째 방법을 선택해 딸기 맛을 화학적으로 보다 깊이 연구하기 시작했다. 기술적으로는 클리가 토마토에 적용한 것과 같은 방법을 사용했다(사실 클리와 바르토슉을 포함해 많은 과학자가 딸기와 토마토 두 개의 연구팀에 모두 소속되어 있다). 그는 딸기가 많은 부분에서 토마토와 같다는 것을 알았다. 사람들은 단맛이 더 나는 딸기를 좋아하고, 더 강한 맛이 나는 딸기를 선호하며, 그런 맛은 휘발성 화학물질에 달려 있다. 그리고 토마토처럼 줄기에 딸기가 너무 많이 열리면 충분한 당분을 가질 수 없다. 바로 그 점이 휘태커와 같은 육종가를 옭아매고 있는 것이다. "우리는 단 몇 세대 만에 꽤 상당한 비율의 생산량 증가를 이룰 수 있었습니다. 그러나 철저하게 당분함량은 줄어들었지요." 그는 설명한다.

한 가지 해결책은 광합성 작용으로 더 많은 에너지를 만들어내는 튼튼한 식물로 재배하는 것인데, 당분 생산에 꽤 많은 비용이 들 것이다. 생산 쪽에 비중을 더 두는 방법을 찾는다면, 클리를 본받아 휘발 물질을 조절하면 된다. 휘태커와 그의 동료들은 딸기에서 휘발 물질을 관찰함으로써, 실제 존재하는 당분 양과는 관계없이 딸기가 더 단맛을 낼 수 있게 만드는 여러 가지 휘발 물질을 찾아낼 수 있었다(신기하게도 많은 휘발 물질이 토마토와 딸기에서 똑같이 나타났지만, 두 과일의 단맛에 미치는 영향은 달랐다. 휘발 물질 간의 연관성에 따라 달라지는 것이 확실하다).

딸기 맛의 강도도 열매에 들어 있는 휘발 물질의 혼합물에 따라 달라진다. 휘태커는 복숭아 향이 나는 분자인 감마데칼락톤이라는 분자를 유심히 관찰하고 있다. 그것은 지보단에서 브라이언 멀린이 나에게 인공적인 딸기 맛을 설계해 주었을 때 톱노트와 베이스노트 사이를 연결해 주던 물질이다. 딸기 품종 일부에는 그것이 들어 있지만 또 들어 있지 않은 품종도 있다. 휘태커 팀은 감마데칼락톤이 있는 품종과 없는 품종의 유전자형을 이용해 분류 작업을 실시했다. 딸기는 각 유전자당 두 가지가 아닌 여덟 가지의 복제본을 갖고 있다. 따라서 차이를 설명해 주는 하나의 유전자 변종을 찾는 것은 말처럼 쉬운 일이 아니다. 이것이 명확히 규명되어야 육종가가 어떤 품종이 맛 화합물에 유리한 유전자를 갖고 있는지 훨씬 쉽게 확인할 수 있다. 휘태커의 이 유전자형 분석 기술은 다른 맛 유전자를 보다 빨리 찾아내고자 할 때도 사용할 수 있을 것이다.

맛있는 딸기를 재배하는 데 몇 가지 다른 비유전적 비밀이 있다고 휘태커는 말한다. 특히 밤의 시원한 온도는 열매에 보다 많은 당분을 저장할 수 있게 해 준다. 그래서 플로리다 딸기는 항상 성장기 초기인 12월과 이른 1월에 맛이 제일 좋고 2월과 3월로 가면서 기온이 올라가면 품질이 떨어진다(겨울철 가장 어두운 날 쇼핑 목록의 제일 윗부분에 딸기를 올려놓는 것이 납득이 잘 안될 수도 있지만, 식료품상이 플로리다에서 딸기를 가져오는 한 정확히 그렇게 해야 한다. 캘리포니아나 멕시코에서 오는 딸기는 맛이 정점을 찍는 계절이 다르다). 그리고 수분 부족을 약간 겪게 하거나 비료를 제한적으로 사용해 성장을 늦추면, 열매에 당분과 휘발 물질을 저장할 수 있는 시간을 더 많이 주는 효과가 있어 맛을 개선할 수 있다. 반대로 토양이 좋다고 해서 맛에 차이가 생기는 건 아니다. 플로리다에서 휘태커의 토양은 거친 모래땅일 뿐이다. 그리고 아시아와 네덜란드의 많은 재배자는 흙을 쓰지 않는 수경재배로도 맛있는 딸기를 생산한다.

토마토와 딸기는 작물 과학자들이 맛에 관심을 기울인다는 점에서 좀 특이한 과일이다. 채소나 대부분의 다른 과일은 시장에 엄청난 양이 쏟아져 나오지만 그들 사이에는 상호교환이 가능할 정도로 별 차별성이 없다. "슈퍼마켓에서 물건을 사려는 사람들은 지난번의 것과 같은 맛이기를 원합니다. 공급 과정에서 요구되는 것은 대부분 예측 가능성과 낮은 가격이죠. 특별한 브로콜리를 원하는 소비자는 아무도 없어요. 또 그런 게 있지도 않습니다." 브란트는 말한다. 그런 상황이니 농장에 맛의 과학이 존재하지 않는다고 놀랄 건 하나도 없다.

예를 들어 우리는 농장의 토양이 작물의 맛에 어떤 영향을 미치는지 알지 못한다(수경재배 딸기는 전혀 그렇지 않지만). 시금치를 연구해 온 앨리슨 미첼의 말을 들어 보자. "시금치를 통해 성장 환경이 맛에 영향을 미친다는 것을 관찰하려는 감각적 연구는 전혀 없었다고 나는 생각합니다. 그것을 알고 충격을 받았죠. 그러나 아직도 행해진 건 아무것도 없습니다." 대부분의 다른 작물도 크게 다를 바 없다. 아마 맛 대신 영양분의 질을 묻는다면 약간의 정보는 얻을 수 있을지 모른다. 그 이유는 맛 연구에는 많은 연구비가 필요한데 정확하게 밝혀지는 건 많지 않기 때문이다.

다른 어떤 것보다, 심지어 생산량보다도 맛이 중요한 작물이 하나 있다. 다름 아닌 양조용 포도다. 양조용 포도에게 중요한 것은 독특하면서도 매력적인 맛을 가지는 와인을 만드는 일이다. 토양과 농법이 작물 맛에 어떤 영향을 미치는지 아는 사람이라면 포도 재배자가 될 수 있다. 여기에는 매우 상세하게 연구된 사례가 있다. 게다가 오늘 밤 직접 맛볼 수 있는 예이기도 하다. 자, 그럼 해리 클리의 실험실에서 출발해 지구 반 바퀴를 도는 여행을 떠나 보자. 뉴질랜드로 향한다.

마이크 트라우트Mike Trought는 와인 이야기를 하는 걸 좋아한다. 소비뇽블랑 포도로 만들어진 유명한 화이트와인이라면 이 세상에서 그보다 더 많이 알고 있는 사람은 아마 없을 것이다. 특히 뉴질랜드의 남쪽 섬인 말보로Marlborough 지역 포도라면 말할 것도 없다. 말보로에서 수십 년간 대학연구원, 와인 양조장 컨설턴트, 포도 재배자를 경험한 건장한 대머리 친구인 트라우트는 90년대 중반, 세계적으로 유명한 데이비스의 캘리포니아대학 와인양조학부를 둘러보던 일을 회상한다. 그 당시 뉴질랜드 와인은 세계 무대에 막 등장하기 시작했으며, 트라우트는 데이비스의 연구원그룹에게 두 병의 말보로 소비뇽블랑을 선물로 내어놓았다. 모두 그것을 싫어했다. 전문가들은 신맛이 강하고 허브향이 많으며 설익고 투박한 맛이 난다고 평가했다. 한 마디로 엉망이라는 뜻이다. 20년이 지난 지금 그건 데이비스 사람들에게 농담이 되었다. "뉴질랜드 소비뇽블랑은 지금 전 세계 소비뇽블랑의 기준이 되었습니다. 생산량이 부족할 지경이에요." 트라우트는 말한다. 트라우트가 그해에 내놓은 또 하나의 와인인 클라우드베이Cloudy Bay는 빠르게 인기를 얻어 요즘 와인 매장에서는 재고를 확보하기 힘들 정도다. 특히 영국에서 그러하다(와인 세계에서는 전문 지식이 오히려 진보를 방해할지도 모른다며 트라우트는 다분히 장난조인 의구심을 드러낸다).

와인을 좋아하는 사람이라면 아마 뉴질랜드의 독특한 와인을 마주한 적이 있을 것이다. 뉴질랜드의 와인, 그중에서도 특히 말보로에서 생산된 것을 한 모금 마시면, 패션프루트passionfruit(레몬보다 작고 동그란 모양의 열대 과일)와 피망 그리고 가끔 '구스베리gooseberry(범귀과의 작은 낙엽수로 열매의 모양은 둥글고 과즙이 많으며 독특한 향이 있음) 숲의 고양이 오줌'으로 표현되기도 하는 그런 향이 퍼져 나온다. 그 강렬하고 독특한 맛이 뉴질랜드 소비뇽블랑을 이상적인 테스트 사례로 만들었다. 와인의 맛이 어디에서 나오는지, 재배자와 와인 제조자가 와인에 어떻게 영향을 미칠 수 있는지 이해하는 데 그보다 더 좋은 예를 찾을 수 없기 때문이다. 이에 더해 뉴질랜드의 와인 산업은 비교적 역사가 길지 않아서 전통이 과학을 방해하지 않는다는 장점이 있다.

무엇이 말보로 와인에 특별한 맛을 부여했을까? 포도 품종 때문만은 아님이 확실하다. 거의 모든 뉴질랜드 소비뇽블랑 포도나무는 무수히 많은 종류의 와인을 생산해 프랑스 전설이라 할 만한 샤토 디켐 Chateau d'Yquem(포도주를 제조하는 프랑스의 한 포도원)의 포도밭으로부터 단일복제물로 유래된 품종이다. 대신 포도밭 토양은 많은 부분이 나무마다 다르다. 그러나 생각과는 달리, 와인에 있어서는 '흙에서 맛이 나온다'는 개념은 완전히 잘못된 것이다. 포도나무는 흙에서 오로지 질소, 칼륨, 칼슘 같은 간단한 영양소와 물만을 섭취할 뿐이다. 맛 휘발 물질을 포함해 보다 복잡한 생체분자는 내부에서 만들어진다. 더 직설적으로 표현하면 와인 맛을 결정하는 어떤 휘발성 분자도 흙에서 직접 나오지 않는다(그렇다면 와인 작가들이 오늘날 즐겨 사용하는 유행어가 '미네랄리티minerality〔어느 정도 미네랄이 함유되어 있음을 표현하는 단어로 과일, 허브, 향신료 중 어디에도 속하지 않는 광물질의 향기나 맛을 일컫는 말〕'라는 데 의문이 생긴다. 1980년대 이전에는 와인과 관련한 글에서 그 단어를 발견할 수가 없었다. 하지만 오늘날 아낌없이 찬사를 받는 단어가 되었다. 전문가조차 그 의미가 무엇인지 의견 일치를 보이지 못하는 형편이지만 그 단어가 무엇을 의미하든 간에 포도밭에서 나오는 맛은 아닌 게 확실하다. 사실 한 연구에서 와인에 어떤 다른 독특한 맛이 결여되었을 때 사용하는 기본적인 설명이 '미네랄리티'라고까지 폄훼한 적도 있다).

대신 포도밭의 토양은 나무가 자라는 환경과 포도의 익어 가는 속도에 변화를 주는 방식으로 맛에 간접 영향을 끼친다. 말보로 와이라우 계곡Wairau Valley의 포도밭은 오래된 강의 범람원에 위치해 있다. 평원을 가로질러 굽이치는 강줄기를 따라 모래와 자갈 돌멩이가 퇴적된 땅이다. 포도밭을 걷다 보면 단 몇 미터만 떨어져도 토양의 질이 급격하게 변해 전혀 다른 토양임을 알 수 있다. 토양이 얕을수록 나무는 깡마른 경향을 보이고 열매는 빨리 익는다(트라우트는 작은 나무일수록 열매가 왜 더 빨리 익는지는 알지 못하지만, 성장 조건이 열악할수록 나무가 열매에 더 많은 에너지를 빼앗기는 탓일 거라 의심하고 있다). 수확기에 일꾼들을 따라 포도밭을 걷다 보면, 포도가 토양 차이에 따라 서로 익은 정도가 다른 상태로 수확된다는 것을 알 수 있다. 피망 맛에 영향을 미친다고 알려진 메톡시피라진methoxypyrazines(풀냄새와 생감자 향 그리고 미묘한 흙냄새 등이 나는 화학물질)이라는 휘발 물질은 포도가 자라는 초기 단계에 형성된다. 따라서 덜 익은 포도에서 많이 나타난다. 반대로 패션프루트의 대표적 성분인 티올thiols(마늘 냄새 같은 향이 나는 휘발성 무색 화학물질)은 잘 익은 포도에서 훨씬 두드러진다. 이처럼 열매마다 성숙함의 정도가 다르고 또 그에 따라 달라지는 맛이 말보로 와인의 맛을 더욱 복잡하게 만든다. "그런 점이 어느 정도 말보로 소비뇽블랑의 특징이 된 겁니다." 트라우트는 말한다.

트라우트는 더 많은 것을 발견했다. "우리는 소비뇽블랑 프로그램을 시작하면서 쉬울 거라 생각했습니다. 하지만 점점 파고들수록 매우 복잡하다는 것을 알게 되었지요. 문제는 포도밭에 있지 않았습니다." 그는 후회스러운 듯 말한다. 포도나무에서 덜 익은 포도를 따서 씹어 보면 냄새 없는 전구물前驅物, precursors(어떤 물질에 선행하는 물질로서 다른 화합물의 형성을 위해 사용될 수 있는 화합물)만이 존재할 뿐 티올 분자가 아직 형성되지 않았기 때문에 패션프루트의 맛을 많이 느낄 수 없다. 발효가 진행되는 동안 효모가 전구체를 공격해 티올 분자를 분리해 내는 관계로 티올 그 자체는 익어서야 형성된다. 포도를 거칠게 다루면 보다 많은 전구물이 축적된다. 그래서 기계적으로 수확한 포도를 사용하면, 손으로 수확한 것에 비해 약 10배 정도 티올 함량이 높은 와인을 만들 수 있다. 덧붙여 말하자면 뉴질랜드 소비뇽블랑이 프랑스 소비뇽블랑에 비해 확실히 패션프루트의 맛이 더 강하다. 프랑스에서는 주로 손으로 수확하는 데 비해 뉴질랜드에서는 일반적으로 기계를 사용해 수확하기 때문이다. 포도밭에서 와인 양조장까지 가는 하루 동안의 트럭 운반 역시 와인 속에 많은 티올이 포함되게 하는 요인이다.

와인의 최종 맛에 가장 큰 영향을 미치는 것은 발효 과정이다. 와인 속의 효모와 미생물은 당과 단백질뿐 아니라 포도즙에 있는 다른 분자까지 공격해 알코올과 맛 휘발 물질로 바꾸어놓는다. 효모의 각 균주는 각자가 지닌 나름의 유전자와 효소라는 독특한 도구 때문에 와인을 만들 때는 결과적으로 서로 다른 효모가 돼, 같은 포도즙이라도 매우 다른 와인으로 생산되도록 한다. 와인 제조자들은 이것을 잘 알기 때문에 효모를 선택할 때 많이 고려한다. 여기에 지역적인 차이 또한 중요하다. 모든 포도밭과 와인 양조장이 그들 각자의 독특한 미생물 생태계를 갖고 있기 때문이다. 와인 제조자는 발효 전에는 포도를 거의 살균하지 않는다. 따라서 미생물은 결국 발효 탱크 속까지 들어간다. 많은 와인 제조자가 발효 때 오직 천연미생물에만 의존하는 것도 사실이다. 와인 비평가가 즐겨 사용하는 단어인 테루아르terroir(포도주가 만들어지는 자연환경 때문에 생겨나는 독특한 향미), 즉 와인의 지역적 특징은 발효 도중 그 무대를 점령한 미생물 배우가 만든 결과물이라는 말은 설득력이 있다.

그럴듯한 이야기지만 최근까지 그것에 대한 테스트가 진행된 적은 없다. 몇 년 전에 뉴질랜드 오클랜드대학University of Auckland의 유전학자인 사라 나이트Sarah Knight와 그녀의 동료는 그것이 사실인지 알아보기로 했다. 나이트는 포도 자체로 인해 생기는 차이점을 배제하고자 말보로 소비뇽블랑 포도 한 가지로 시작하면서, 그곳에 있던 모든 미생물을 박멸했다. 그런 다음 포도즙을 일련의 아주 작은 발효 탱크 속에 나눠 넣고, 뉴질랜드의 여섯 개 주요 와인 제조 지역에서 수집한 서로 다른 와인 효모를 각각 심었다. 동일한 포도즙과 동일한 발효 조건이었고 다만 효모 자체만 달랐다. 말할 것도 없이, 각 지역에서 온 효모변종은 누구나 쉽게 느낄 정도로 향이 다른 와인을 만들어냈다. 이론이 확인된 것이다. 그뿐 아니라 다른 사실도 밝혀졌다. 나이트의 연구가 미생물의 차이에 따른 효과를 너무 과소평가했다는 점이다. 그녀는 전체 미생물군蕪을 사용한 것이 아니라 오직 와인 효모만을 사용했을 뿐이다.

다른 작물들에서도 토양은 맛에 간접적으로 영향력을 행사하는 것 같다. 토양은 식물이 자라면서 물과 영양소에 접촉할 수 있는 근원이 된다. 그렇게 얻은 에너지와 재료는 맛을 결정하는 당분과 휘발 물질을 만드는 데 쓰인다. 당분과 휘발 물질은 많을수록 더 좋은 것이라 생각하기 쉽지만 의외로 보다 복잡한 문제다.

설명을 듣고 싶어 나는 영국의 리딩대학University of Reading 작물 과학자인 캐롤 왜그스태프Carol Wagstaff의 도움을 얻기로 했다. 리딩대학은 브레이에 있는 헤스톤 블루멘살의 팻 덕 레스토랑부터 단 몇 분만 운전하면 도착할 수 있다. 리딩의 연구 그룹은 성장 조건과 선적, 보관 등이 작물의 영양분과 맛에 어떤 영향을 미치는지 연구하는 몇 안 되는 곳 중하나다. 왜그스태프는 관리하기 힘들 정도의 긴 갈색 머리카락과 일에 관해 얘기할 때면 빛을 발하는 크고 강인한 얼굴을 가진 사람이다. 성장 상태가 너무 좋으면 식물은 2차적 화합물의 필요성을 느끼지 못해 모든 에너지를 가능한 한 빨리 자라는 데에만 다 사용해 버린다고 그녀는 말한다. 오직 사용할 에너지가 부족하다는 위기감을 느낄 때만 자산을 방어하는 목적으로 투자한다는 것이다. "스트레스가 잘 조절되는 한 잘못되는 일은 없습니다. 식물이 스트레스를 받을 때 2차적 화합물이 생성되지요. 그때 비로소 맛과 영양소가 더 풍부해진다는 말입니다." 그녀는 말한다. 그것은 휘태커의 딸기가 물 때문에 약간 스트레스를 받을 때 맛 측면에서 이득이 생기던 것과 비슷하다. 맛에서 스트레스 반응이란 식물의 '신진대사관리체계metabolic bureaucracy'에 달려 있는 것으로 보인다. 식물의 특별한 유전적 자질과 그에 영향을 받아 2차적 화학물질이 균형을 이루는 것을 일컬어 왜그스태프는 신진대사관리체계라 부른다. 왜그스태프의 연구 중 많은 부분은 영국 사람들이 로켓rocket이라 부르는 아루굴라arugula(십자화과 식물로 약간 씁쓸하고 향긋한 정통 이탈리아채소)에 집중되어 있다. 아루굴라에서 그녀는 신진대사관리체계를 정확히 볼 수 있었다. "아루굴라의 일부 유전자형은 우선적으로 일정한 방향으로 성장하도록 이끌지만, 스트레스를 받으면 다른 유전자형이 또 다른 경로로 이끌어 간다는 것을 명확히 알 수 있습니다." 그녀는 말한다.

토양의 미생물도 작물과 함께 자라면서 맛을 결정하는 데 일정한 역할을 할 수 있다. 예를 들어 아시아 요리에서 인기 있는 채소인 베이비콘Baby corn(수정이 이루어지지 않은 어린 옥수수)에는 지오스민geosmin(흙냄새의 원인이 되는 천연물질)이라는 휘발성 맛 분자가 들어 있는데 그것은 홍당무에서 흙 맛을 내는 분자와 같다. 그러나 영국 온실에서 재배된 옥수수에는 그 분자가 결핍되어 있다. 그걸 근거로 연구원들은 어린 옥수수가 자체적으로 지오스민을 만들지는 않는다고 생각한다. 대신 옥수수 뿌리에 살고 있는 미세한 진균류가 지오스민을 만들고, 그것을 옥수수가 뿌리에서 빨아들인다고 추정한다. 다른 방법으로도 토양의 미생물이 맛에 영향을 미치지만 확실한 증거는 거의 없다.

지금까지 우리는 맛이 풍부한 것이 좋은 것이라 말해 왔다. 그러나 채소들, 특히 아루굴라나 브로콜리처럼 아릿한 맛의 겨자군에 속하는 채소는 꼭 그렇지만도 않다. 1장에서 논의한 쓴맛에 민감하게 반응하는 T2R38 맛 수용체를 가진 사람들은 겨자군 채소에서 생겨나는 2차적 화합물의 쓴맛을 좋아하기 힘들며 브로콜리가 더 이상 그런 맛을 내지 않기를 바란다. "원예학은 본질적으로 골치 아픈 학문입니다. 식물의 유전자는 가변적이고, 또 그들은 서로 다른 환경에서 성장하며,

그것을 소비하는 사람의 유전자형도 다양하기 때문입니다." 왜그스태프는 말한다.

　　과일이나 채소는 수확된 후 보관창고와 식료품점으로 이동하면서 그 맛이 지속적으로 변한다. 토마토에서 일어나는 현상에서 보았듯이, 그 부분적인 원인은 휘발성 맛 분자가 공기 중으로 새어 나가기 때문이다. 동시에 조직 속에서 효소가 활동해 새로운 맛 분자를 만들어 내거나 오래된 맛 분자를 바꿀 수 있다. 이것은 과일이나 채소가 저장 과정에서, 경우에 따라 개선될 수도 있다는 의미다. 예를 들어 아루굴라는 씹을 때 독특한 특징을 보이는 글루코시놀레이트glucosinolate(십자화과 채소가 많이 지니고 있는 식물 화학물질) 분자의 전구체를 많이 비축하고 있다. 수확 후 차가운 상태로 저장하면 잎사귀들은 이 전구체를 맛이 좋은 글루코시놀레이트로 계속 전환한다. 샐러드를 만드는 사람에게 굉장히 좋은 소식이다. 뿐만 아니라 식료품점에서 산 아루굴라가 비교적 신선한 상태를 유지하고만 있다면, 자신의 집 정원에서 오후에 수확한 것보다 실제로 더 맛있을 수 있다는 말이 된다. 하지만 냉장고에서 며칠 보관한 후면 그 이점은 사라져 버린다. '신선한' 맛 화합물이 지방 분해와 더불어 만들어지는 고약한 산물을 이겨내지 못하기 때문이다. 이런 일은 다양한 아루굴라에서 다른 속도로 일어나, 왜그스태프는 장소에 따라 상태가 좀 나은 상점도 있음을 발견했다.

　　일부 채소는 품질 변화 없이 오랜 시간 유지되기도 한다. 예를 들어 양파나 감자는 덩어리 형태로 묵묵히 제 임무를 다하며, 다음 해 성장을 위한 저장 기관으로서의 역할까지 수행한다. 그래서 맛이 감소한다는 걸 전혀 느끼지 못한다. 옥수수나 당근 같은 것은 수확 직후 최고로 달다. 시간이 지나면서 채소 속의 효소가 당분을 전분으로 전환시키고, 수확 이후에는 새로운 당분이 더 이상 생기지 않기 때문이다. 오래 지날수록 그들의 맛은 더욱 실망스러워질 것이다. 브로콜리나 아스파라거스는 맛이 오래 지속되도록 진화하지 못했다. 둘 모두 빠른 속도로 자라고 수확하자마자 맛은 저하되기 시작한다. 스페인의 한 연구에 의하면, 신선하게 수확된 브로콜리에 있는 글루코시놀레이트의 70퍼센트 이상이 냉장저장을 거치면 1주일 이내에 사라져 버렸다는 예가 있다. 그리고 또 다른 10퍼센트는 식료품점에서 전시된 3일 동안에 사라졌다고 한다. 실로 그건 너무 많은 양이다.

과일과 채소의 맛을 보장할 수 있는 방법은 제때에 유기농 제품을 구입하는 것이라고 많은 사람들이 생각한다. 이론상 약간의 스트레스가 맛에 좋다면, 잡초와의 경쟁이라든가 곤충으로부터의 손상을 견뎌야 하는 유기농 작물이 맛의 면에서 이로울 수밖에 없는 건 당연하다. 그리고 유기농 작물과 재래 작물 간에 맛과 영양소에 대한 비교가 실제로도 숱하게 과학적 연구를 통해 이루어졌다. 불행하게도 그 결과는 바람직스럽지 못하다. 유기농 작물이 확실히 더 낫다는 것을 보여 준 연구도 있지만 차이를 발견할 수 없다는 연구도 있다. 도서관을 샅샅이 뒤져 모든 비교 내용을 종합해 고찰하는 '메타 분석'을 통해서도 연구원들은 유기농이 좋다는 합의를 이끌어내지 못했다.

중요한 문제는 어떻게 질문하느냐에 따라 답이 달라진다는 것이다. 누구라도 식료품 가게로 가서 일반 브로콜리와 유기농 브로콜리를 사서 맛을 보거나 2차적 화합물의 차이를 측정해 볼 수 있다. 그러나 만약 일반 브로콜리는 멕시코에서 2주 전에 수확했고 유기농 브로콜리는 바로 어제 수확했다면, 유기농이냐 재래작물이냐의 차이보다 신선도 차이가 맛에 더 큰 영향을 미칠 것이다(그것을 일반화하기는 매우 어렵다. 멕시코 브로콜리는 냉장 창고로 바로 들어가서 우리들의 쇼핑 카트에 담길 때까지 줄곧 냉장 상태를 유지한 반면, 현지에서 재배된 것은 농부 시장에서 수 시간 동안 햇볕을 받은 후 픽업 트럭의 화물칸에서 다시 뜨거운 한여름의 오후를 맞이하며 보냈을 수 있다. 그 경우 현지 재배된 브로콜리가 더 신선하다고 말할 수 없다).

유기농이든 재래식 재배 방법이든 나란히 재배해 동일한 조건의 작물 상태로 맛을 비교하는 것이 이상적인 방법이다. 그렇게 해야 혼란을 부추기는 많은 잠재적 요인을 제거할 수 있기 때문이다. 캔자스주립대학Kansas State University의 연구원들은 몇 년 전에 동일한 토양의 온실 안에서 양파, 토마토, 오이 그리고 잎이 많은 야채를 재배함으로써 정확히 그 조건을 만족시켰다. 작물을 수확해 약 100명의 실험 참가자들이 같은 종류의 유기농 작물과 일반 작물을 시식하고는, 얼마나 그걸 좋아하는지와 맛의 강도가 얼마나 센지 점수를 매겼다. 그들은 어떤 것이 유기농 작물이며 어떤 것이 일반 작물인지 모르는 상태였다. 결과가 어떠했겠는가? 채소가 재래식으로 자랐느냐 유기농으로 자랐느냐는 중요하지 않았다. 시식자들은 똑같이 좋아했다(겨자 잎과 아루굴라는 똑같이 싫어했다. 캔자스주의 맨해튼은 아루굴라 재배지로 확실히 좋은 곳은 아니다). 유일한 차이는 일반 토마토를 조금 더 맛있게 느낀다는 점이었다. 아마도 그건 그쪽이 좀 더 익었기 때문일 것이다.

그렇다고 유기농 작물이 더 맛있지 않다는 말도 아니다. 우리의 기대 심리가 맛을 감지하는 데 큰 역할을 한다고 한 내용을 기억할 것이다. 예를 들어 값이 비싼 와인이라고 생각할 때 그 와인을 더 맛있게 느끼지 않았던가. 아마도 그런 편견이 여기서도 작용한 듯하다. 유기농 작물이 더 맛있을 거라 생각하면 그렇게 느껴지는 법이다. 스웨덴 연구원이 아무것도 모르는 대학생에게 두 잔의 커피를 주면서 하나는 '친환경적'으로 재배했고 나머지 하나는 재래식으로 재배했다고 말했을 때 무슨 일이 벌어졌을지 생각해 보라. 말할 것도 없이 대부분의 참여자들은 친환경적 커피가 더 맛있다고 생각했다. 그 효과는 환경 의식이 강한 사람일수록 더 강하게 나타난다. 그래서 만약 당신이 유기농 작물이 더 좋은 맛을 내리라는 생각으로 그것을 산다면, 그것이 올바르다 믿으면서 즐기면 되는 것이다(단지 이전 몇 단락을 잊으려고 최선을 다해야 할 것이다).

유기농법 혹은 재배 조건의 다른 차이로 때문에 작물의 맛에 차이가 생긴다 하더라도, 그건 품종에서 빚어지는 맛의 차이에 비해서는 덜 중요하다. 그렇다면 농부가 아닌 육종가야말로 과일과 채소를 더 맛있게 생산하는 중요한 연결고리일지도 모른다. 뉴욕주 코넬대학Cornell University의 식물 육종가인 마이클 마조우렉이 보다 맛있는 호박squash을 재배하려고 작업한 것을 예로 들어 보자. 호박은 채소이긴 하지만 농업계에서 좀 달리 취급받는다고 마조우렉은 말한다. 어떤 식료품점에 들어가도 다양한 품종의 사과를 발견할 수 있으며, 또 그들 각각은 나름의 특징적인 맛을 제공한다. 그리고 이름으로도 구별된다. 그래니스미스는 시큼하면서 단단하고, 스파르탄Spartan은 달고 부드러우며, 골든딜리셔스는 에스테르ester(산과 알코올이 작용하여 생긴 화합물로 향기가 좋아 향료로 많이 쓰임) 맛이 풍부하다. 의심의 여지 없이 당신이 좋아하는 사과가 있을 것이다. 그렇지만 좋아하는 품종의 브로콜리나 또는 좋아하는 버터호두호박butternut squash(표면은 황색, 속은 오렌지색으로 단맛이 나는 병 모양의 호박)의 이름을 말할 수 있는가?

"채소는 여전히 상품 시스템의 일부에 속해 있는 관계로 동일성이 무엇보다 중요합니다. 식료품점의 피망이 지난달의 피망과 다르다고 해서 사람들이 가치를 느끼는 것은 아니지 않습니까? 그것은 가치와 상관이 없습니다." 마조우렉은 말한다. 채소는 동일성을 확보하는 데만 상업적인 압력이 가해지기 때문에, 그 누구도 더 맛있는 채소를 생산하려는 의욕을 갖지 않는다.

마조우렉은 그걸 바꾸려고 노력한다. 그는 특이하게 좋은 맛이 나는 명품 품종의 호박을 찾아 상업적 품종과 교배시키고 그 자손을 자기 밭에 심기 시작했다. 열매가 익자 그중에서 맛 테스트를 하기에 좋은 것들을 따로 선택해 모았다. "내가 모든 호박을 올바로 맛본다는 것은 불가능합니다. 그래서 맛 테스트를 하는 호박의 범위를 좁히려고 표본을 추출하는 방법을 택했습니다." 그는 설명한다. 먼저 그는 용해된 고형물을 최고로 많이 품고 있는, 다시 말해 맛에 영향을 미치는 당분과 다른 분자들을 최고로 많이 지닌, 그런 호박을 골랐다. 다음으로 그중에서 노란색이 가장 짙은 과육을 뽑아냈다. 선택된 것은 여러 가지 맛 화합물의 핵심 전구물인 카르티노이드carotenoid(동식물계에 널리 분포하고 있는 황색 내지 적색의 색소) 색소를 최고 수준으로 가진 것이라 할 수 있다. 해리 클리의 토마토 작업과 달리, 맛이 좋은 호박에 영향을 주는 가장 중요한 맛 분자가 어떤 것인지 마조우렉은 아직 알지 못했다. 그래서 그는 가스 크로마토그래프로 맛 분자를 직접 측정할 수 없었고, 구식 방법으로 맛 분석을 해야 했다. 우선 여러 품종의 호박을 구워서 스스로 어떤 것을 가장 좋아하는지 보기로 했다(호박 전문가가 버터호두호박을 가장 맛있게 굽는 방법을 여기 소개한다. 먼저 2등분해 씨를 파낸 다음 400도의 밀폐된 오븐 속에 넣어 45분간 굽는다. 그런 다음 호박의 껍질을 벗겨내고 버터나 오일을 발라 다시 약한 불로 계속 굽는다. "최고의 방법은 아니지만 오랫동안 뜨겁게 굽는 것이 단맛 위에 맛있는 맛을 더 많이 쌓는 방법입니다."라고 마조루렉은 말한다.)

여러 차례 교배 실험을 거친 후에야 비로소 마조우렉은 지구상에서 최고라 할 수 있는 버터호두호박을 얻을 수 있었다. 그것은 뉴욕시 요리사인 댄 바버Dan Barber가 마조우렉의 노력을 치하해 지금까지 자신의 식당에서 그 호박을 쓴다고 해서 종종 바버 호박Barber squash이라 불리기도 한다. 마조우렉의 호박은 다른 어떤 호박보다도 용해된 고형물을 더 많이 가지고 있으며 카르티노이드 함량도 높다. "모든 것이 늘어났습니다."라고 마조우렉은 말한다. 더군다나 그 열매는 색깔만 봐도 익은 정도를 쉽게 구별할 수 있다. 완전히 익으면 열매의 색은 짙은 녹색에서 캐러멜색이 풍부한 갈색으로 바뀐다. 자못 신기할 정도다. 게다가 수확하는 사람은 색깔을 보면서 열매가 줄기에서 충분히 시간을 보낸 후 수확할 수 있다. "바버 호박의 카르티노이드 함량은 네 배나 증가했습니다. 절반은 호박 그 자체에서 나왔고, 나머지 절반은 잘 익은 데서 왔습니다." 마조우렉은 자랑스럽게 이야기한다.

소비자 대부분에게 바로 돌아간 혜택은 해리 클리와 그의 토마토에서 나왔을 것이다. 내가 방문한 후 클리는 토마토 맛의 유전학을 더 깊이 파고들었다. 중국 연구그룹의 협조를 얻어 그는 현재 400가지 이상의 토마토 품종 유전자를 완전히 서열화했으며, 유전자의 화학적 구성에 대한 위치 지정 작업도 완벽히 해냈다. 인간유전학자가 게놈으로 질병을 일으키는 유전자 변종(유전학자의 용어로는 대립유전자라고 한다)을 밝혀내듯이, 클리는 토마토 게놈을 샅샅이 뒤져 당분과 휘발 물질의 생산에 중요한 대립유전자를 찾아왔다. 마침내 그는 현대의 상업적 품종과 명품 품종을 비교함으로써 육종가의 잘못된 점을 정확히 파악할 수도 있게 되었다.

1920년대에 육종가들은 덜 익은 토마토에서 '어깨 부분'의 짙은 초록색이 사라진 돌연변이를 우연히 얻었다. 균일한 색깔의 그 새로운 과일은 재배자에게 적절한 수확 시기를 알 수 있게 해 주었고 소비자들은 식료품 가게에서 붉은 단색 토마토를 더 선호했다("사람들은 눈으로 물건을 구입하지요."라고 토마토재배자는 말한다). 돌연변이가 시장을 지배할 것 같았다. 사실 오늘날 거의 모든 상업적 토마토는 이 돌연변이를 지니고 있다. 그러나 불리한 면이 있었다. 돌연변이는 열매에서 엽록소의 생성을 차단해 초록색 어깨 부분을 사라지게 한 것이다. 엽록소가 없다는 것은 광합성이 없다는 말이다. 초록색 어깨 부분이 토마토에 제공하던 당분 강화 활동을 잃어버린 새로운 토마토는, 그 결과 균일하게 익은 상태에서 20퍼센트나 당분이 감소되었다.

휘발 물질 측면에서의 손실은 더 심각했다. 돌연변이종 역시 높은 생산량만을 목표로 삼아 수십 년간 재배돼 오면서 맛 휘발 물질을 풍부하게 생산하던 대립유전자의 수는 그저 바닥으로 내려앉고 말았다. 육종가들이 대립유전자들을 유지하려 하지도 않았고 맛에 대한 테스트도 하지 않았기 때문이다. "휘발 물질의 경우 적어도 절반은 나쁜 대립유전자입니다."라고 클리는 말한다. 다행히 좋은 대립유전자가 명품 품종에는 여전히 남아 있다. 지금 클리는 어떤 유전자가 중요한지 알고 있다. 따라서 좋은 대립유전자를 많이 생산되는 품종에 배양하는 것은 어려운 일이 아니다. "로드맵은 명확합니다. 우리에게 필요한 것이 무엇인지 정확히 알고 있지요. 다만 시간이 걸릴 뿐입니다." 클리는 말한다.

오래지않아 모든 사람들이 보다 맛있는 토마토를 마주할 것이며 다른 작물 또한 그럴 것이 명약관화하다. 요리사들은 그전에도 요리에 사용하는 원재료로부터 훨씬 좋은 맛을 끌어내고자 계속 고군분투할 것이다. 이제 우리는 주방으로 눈을 돌려 맛 이면의 과학을 보다 자세히 살펴볼 때가 되었다.

PART 08

Flavor

주방에서 맛 더하기

뉴욕의 하이드 공원Hyde Park은 미국 전 대통령 프랭클린 루스벨트Franklin Roosevelt의 고향으로 유명하다. 대부분의 음식 애호가에게는 미국요리연구소Culinary Institute of America, CIA가 있는 곳으로 더 잘 알려져 있다. CIA는 미국의 독보적인 요리 학교이자 셀 수 없이 많은 최고 요리사를 길러낸 산실이다(식품 세계에서는 어떤 사람도 흔히 이야기하는 다른 CIA를 연상하지 않는다).

지금의 높은 지명도에도 불구하고 CIA의 출발은 꽤 평범했다. 2차 세계대전이 끝나면서 미국은 일자리를 구하려는 제대 군인이 홍수처럼 불어났다. 성인 시기를 전적으로 군대에서만 보낸 그들은 직업을 가지려면 기술을 배워야 했다. 그런 은퇴 군인을 요리사로 활용할 수 있을 거라 생각한 전직 예일대학Yale University의 총장 부인은 그들에게 요리를 가르치고자 뉴헤븐 식당연구소New Haven Restaurant Institute를 설립했다. 그 아이디어는 빠른 속도로 인기를 얻어 마침내 요리학교는 거대한 명성을 얻기에 이르렀다. 1970년 CIA는 확장을 거듭해 예일대학 캠퍼스 근처의 원래 위치에서, 맨해튼으로부터 상류로 한 시간 정도 떨어진 허드슨 강Hudson River변의 현재 위치로 옮겼다. 그 커다란 벽돌 건물의 본관은 한때 견습 사제가 수도하는 예수회 수련관이었다. 견습 사제라 함은 제단에 서기보다 경내에서 헌신적인 봉사로 일생을 바치는 오늘날 수사修士에 필적하는 사람들이다.

CIA의 뛰어난 강사 중에서, 맛의 과학적 측면과 실제 적용 사이에서 발생하는 간격을 없애는 데 가장 훌륭한 역할을 한 사람은 조나단 지르포스 요리사Chef Jonathan Zearfoss와 크리스 로스 박사Dr. Chris Loss다. 지르포스와 로스는 장차 요리사가 되려는 사람에게 맛 과학을 가르친다. 두 사람 모두 많은 시간을 좋은 맛의 이면에 숨어 있는 과학에 대해 사고하는 것으로 보내며, 실험실에서든 주방에서든 사람을 편안히 대하기로 정평이 나 있다. 나는 CIA의 이탈리안 레스토랑인 카타리나드메디치 식당Ristorante Catarina de'Medici에서 점심을 먹은 후 두 사람을 만났다. 우리가 포도 주스와 민트 스프리츠spritz(이탈리아의 와인을 베이스로 한 칵테일)를 마시는 동안 지르포스는 요리사의 중요한 역할을 이야기했다. 요리를 계획할 때 식재료 간에 엄연히 존재하는 유사한 부분과 대조되는 부분을 서로 조화롭게 균형 잡아주는 것이 요리사가 해야 하는 일이라고 그는 설명했다. 음식이 어울리게 되는 이유는 한 가지 맛이 다른 맛에 어우러져 잘 섞이기 때문이거나 아니면 다른 맛이 서로를 두드러지게 만들기 때문이다. 모든 요리사는 이 두 가지 기준 사이에서 각자 선호하는 길을 따른다. 예를 들어 핸드릭스 진Hendricks gin(스코틀랜드 진의 브랜드)은 보통 진 그 자체에 있는 오이 향의 기미를 더 강조하려고 오이와 함께 제공되지만, 지르포스는 오이 대신 항상 라임을 요구한다. 라임의 신맛에서 나오는 예리함이 진의 오이 향에서 나오는 원만함과 대조를 이루기 때문이다. 대조적인 맛을 더 좋아하는 그로서는 당연한 일일지 모른다.

지르포스와 로스는 맛의 대조와 유사를 연구한 적이 있다. 지르포스는 면도한 얼굴에 작은 눈과 총알 모양의 머리를 가졌으며, 전형적인 흰 요리사 가운을 입은 크고 인상적인 사람이다. 그가 말할 때면 요리사의 길을 계속 걸어온 사람으로서의 권위가 느껴진다. 로스는 키가 작고 검은 곱슬머리에 빠른 말투를 구사하는 다소 어두운 분위기의 예민한 사람이다. 정장 차림이었지만 그는 넥타이를 매지는 않았다. 맛의 대조와 유사에 확실한 법칙이 있지는 않다고 로스는 말한다. 거의 모든 사람은 대조되는 질감을 좋아한다. 한쪽에 약간의 아삭거림이 있다면 반대쪽에는 크림 같은 부드러움이 있는 그런 것들 말이다. 좋은 초콜릿을 한 입 베어 물어 입안에서 녹여 보면 그 자체만으로도 내부에서 질감 대조가 일어나는 반면 아이스크림에서는 유사한 질감이 느껴진다. 가끔 요리사들은 특이한 식재료를 사용하는 경우가 있다. 사람들의 기대와 대조를 이룬다고도 말할 수 있는 이런 식재료들은 사람들에게 친숙한 식재료와 함께 사용하는 것이 일반적이다. 그렇게 짝을 지음으로써 요리를 즐기는 사람이 천성적으로 갖고 있는 새것 공포증을 진정시켜줄 수 있다고 믿기 때문이다. 그러나 요리사라면 자신의 본능을 신뢰하면서 두려워 말고 무엇에든 도전할 수 있어야 한다. "무엇이 효과가 있는지 규명하는 것은 어려운 일입니다. 대신 만들어진 요리에서 잘못을 찾아내는 일은 훨씬 쉽습니다." 그의 말이다.

그들이 가장 좋아하는 실습 중 하나는 유사와 대조의 원칙을 이용해 학생들에게 와인과 음식을 짝짓게 하는 일이다. 그 실습에 가장 이상적인 와인은 소비뇽블랑이다. 유사는 감각을 억제했다 풀어 주기 때문에 나타난다고 지르포스는 말한다. 먼저 와인 한 모금을 마시고 균형 잡힌 맛을 즐겨 보라. 그다음 피망을 한 조각 먹어 보라. 그러면 피망에 포함된 잔디 맛이 나는 메톡시파라진methoxypyrazine이 와인에 포함된 메톡시파라진 기미에 코를 둔감하게 만든다. 결과적으로 다시 와인을 마셔보면 그 한 모금에서 다른 맛이 느껴진다. 와인의 맛은 매 모금마다 바뀐다. 흥미롭기도 하지만 꽤 복잡한 문제다. 배, 고추와 같은 다른 음식도 마찬가지로 와인 향의 특정한 부분을 억제시키면서 다른 감각적 경험을 선사해 줄 것이다.

그것이 다는 아니다. 음식과 와인을 짝짓는 일이라면 테리 애크리Terry Acree의 이름을 거론하지 않을 수 없다. 애크리는 코넬대학의 맛 화학자로서 과학이라는 학문에서 밝혀지지 않은 분야에 관심이 많은 폭넓은 지식의 보유자다. 그는 지난 수십 년간 음식에서 마주칠 수 있는 맛 분자를 목록으로 만드는 데 엄청난 노력을 기울였으며, 와인의 맛 과학에 관해 광범위한 저술 활동을 해 왔다. 와인에 어울리는 특별한 음식을 결정하는 원칙에 대해 그가 말한 것을 여기 소개한다.

'어울린다'의 의미가 무엇입니까? 다섯 살 되던 해에 실내 장식가이던 어머니께 내가 제일 좋아하는 색이 빨간색이라 말한 적이 있습니다. 그러자 그녀는 내가 한 말이 가장 어리석은 말이며 틀린 말이라고 했습니다. 어느 누구도 좋아하는 색을 가질 수 없다는 것입니다. 색깔에는 장소가 있고, 우리는 색깔이 속해 있는 곳과 속하지 않은 곳을 찾아내는 것뿐이라고 했습니다. 색이 주변과 조화를 이룰 때 우리는 그 전체를 좋아한다는 말입니다. 어울리는 음식과 와인의 짝에 관해 내가 첫 번째로 말하려는 바도 그와 비슷합니다. 짝으로 맺어지려면 올바르게 조화를 이뤄야 하며 그건 또 개인의 성향에 따라 완전히 달라집니다. 와인과 음식을 짝지을 수 있다는 말만 빼고는, 와인과 음식의 짝에 대해 책을 쓰는 것은 아무 의미가 없습니다. 확인해 보면 혼자서도 충분히 알겠지만, 중요한 것은 스스로의 판단으로 짝을 짓는 것이기 때문입니다.

내가 지르포스, 로스와 이야기하는 동안 봉사자들이 음식을 가져왔다. 봉사자는 CIA 학생들로 손님 접대 업무를 실습하고 있었으며, 요리사와 교수가 앉은 우리 테이블 때문에 꽤 긴장하고 있었다. 지르포스는 참치 소스를 곁들인 차가운 송아지 고기인 비텔로토나토vitello tonnato를 주문했고, 로스는 스테이크와 감자튀김을 먹었다. 로스는 모두가 함께 먹을 수 있도록 감자튀김을 테이블 중앙으로 밀어놓았다(맛있으면서 음식의 양이 많으면 그들의 직업상 위험할 수도 있었기에, 두 사람은 이를 피하고자 자제하며 음식을 주문했다). 지르포스는 감자튀김을 먹으면서 비텔로토나토 쪽을 가리켰다. "이걸 감자튀김과 함께 가져다주다니 완벽한 조합입니다." 그러면서 자신의 식사를 담당한 부드러운 베이지색 유니폼의 학생을 향해 충고하는 것도 잊지 않았다. "갈변이 일어나지 않았고, 아삭한 식감도 없으며 메일라르도 여기에는 전혀 없어요." 요약하자면 대조가 충분치 않았다는 말이다.

감자튀김은 마요네즈 약간과 함께 제공된다. 거기에는 균형의 의미가 내포되어 있다. 마요네즈가 없으면 감자튀김은 짜게 느껴진다. 마요네즈가 있음으로써 제대로 된 맛을 내는 것이다. "마요네즈에 있는 지방이 혀를 감싸기 때문에 소금의 효과가 완화됩니다. 그건 요리사의 도전입니다. 소금과 감자와 지방을 가지고 고객의 입속에 궁극적으로 넣고자 하는 것은 이들의 조합이니까요." 지르포스는 말한다.

창조적인 요리사는 그들 자신만의 방법으로 음식에 맛의 균형을 유지하려는 도전을 한다. 어떤 요리사는 식품 향료 조향사처럼 베이스노트, 미들노트, 톱노트라는 단어를 생각하며 균형을 고려한다. 예를 들면, 프랑스 양파 수프에는 양파 맛의 베이스노트와 양파를 오래 요리하면서 생기는 캐러멜 당분의 미들노트 그리고 전체 요리에 한결 맛을 더해 주는 셰리 식초sherry vinegar(스페인 남부 지방의 셰리 포도주로 만든 식초)의 톱노트가 균형을 유지한다. 또 다른 요리사들은 이런 맛 저런 맛 가리지 않고 자유로이 연상해서 그것이 옳다는 판단이 설 때까지 상상 속에서 완성된 요리를 계속 만들어내기도 한다. 유명 요리사의 요리책을 아무리 꼼꼼히 읽어 본들 거기서 최선의 요리가 무엇이라는 공통된 의견을 찾을 수 없기 때문이다.

그나마 공통점을 찾을 수 있는 곳은 요리 화학이다. 어떤 의미에서 요리사의 일은 맛 분자 세트를 올바르게 수집하고 준비하는 것이라 할 수 있다. 나는 이 장의 뒷부분에서 어울리는 식재료를 어떻게 선택할 것인가에 대한 이야기를 좀 더 하려 한다. 지금은 요리사가 주방에서 맛 분자를 어떻게 변화시키는지 잠깐 살펴보기로 하자.

　요리사가 요리에 맛을 더하는 첫 번째 방법은 더욱 강렬한 맛을 내도록 향기 분자를 추출하고 농축하는 것이다. 추출은 전적으로 용해의 문제다. 로즈메리에서 솔향이 나게 하는 테르펜 같은 맛 휘발 물질은 물보다 기름에 더 잘 용해된다. 로즈메리를 스튜에 넣으면 테르펜은 액체 속에 거의 스며들지 않는 대신 공기 중으로 증발한다. 따라서 주방은 맛있는 냄새로 가득하겠지만 스튜 그 자체에는 남는 게 아무것도 없다. 로즈메리는 양파, 마늘 등과 함께 기름이나 버터 속에서 먼저 볶는 편이 낫다. 그러면 테르펜이 기름 속으로 추출돼 음식 속에 머문다. 허브를 약간의 기름과 함께 믹서기에 넣고 돌린 후 잎사귀 조각을 걸러내도 강한 로즈메리 기름을 테이블 위의 스튜에 부을 수 있다.

　반면에 음식 그 자체의 맛이 가능한 한 많이 남도록 추출되는 양을 최소화하고 싶은 경우도 있다. 특히 요리하면서 사용한 액체를 버려야 하는 경우가 그러하다. 아스파라거스를 예로 들어 보자. 아스파라거스에 있는 핵심 맛 분자는 수용성이다. 그래서 아스파라거스를 끓이면 맛 분자가 물로 추출돼 싱크대로 다 사라져 버린다. 아스파라거스를 버터나 기름에 튀기면 손실이 최소화돼 맛이 채소에 보다 많이 남게 된다. 같은 이유로 핵심 냄새 물질이 지용성인 브로콜리와 콩은 찌거나 끓이면 그들의 맛을 더 잘 보존할 수 있다.

전문적이고 고급스러운 주방에서는 토양이나 해수, 초목에서뿐 아니라 허브나 향신료에서도 맛 분자를 추출해 정교하고도 값비싼 증류장치로 농축시키는 경우가 허다하다. 사람들 대부분이 그런 기계를 사용하기는 어렵지만, 증발 작용을 이용하면 간단히 맛을 농축시킬 수 있다. 와인 소스를 시럽처럼 만드는 것이 좋은 예다. CIA에서는 연수생조차 스토브를 사용해 그릇 속의 내용물을 천천히 졸이는 방법을 배운다. 그 과정을 거치면 어쩔 수 없이 공기를 통해 맛 손실이 일어날 수밖에 없지만, 졸아든 남은 음식에도 여전히 강한 맛이 포함되어 있음을 냄새로 증명할 수 있다.

주방에서 맛을 더할 수 있는 두 번째 요리법은 요리 그 자체에 열을 가하는 것이다. 열의 작용으로 맛에 변화가 일어나는 가장 확실한 재료는 육류다. 예로 들어 설명해 보자. 날것의 상태에서 대부분의 육류는 비교적 맛이 없다. 스테이크 타르타르steak tartare(생소고기 다진 것과 날달걀로 만든 요리)나 스시를 먹어 본 사람이라면 누구나 그 맛이 얼마나 미묘한지 알 것이다. 사실 소고기, 양고기, 돼지고기의 날고기를 두고 차이를 말하기란 쉽지 않다. 그것들은 모두 "피 같다"로 표현되는 부드러운 맛과 쇳덩이에서 느껴지는 약간 싸한 맛을 가지고 있다. 채소는 그 범위가 매우 넓다. 우리는 채소의 꽃봉오리를 먹기도 하고, 때로는 잎을, 또 어떤 때는 열매를 먹는다. 심지어 뿌리를 먹는 경우도 있다. 그들은 먹이를 찾아 돌아다니는 초식동물을 유인하거나 방어하려고 다양한 휘발 물질을 보유하고 있다. 그러나 '육류'는 대부분 포유류나 조류의 근육조직이다. 그 동물은 우리와 거의 같은 생화학적 도구를 이용하며 거의 같은 작업을 수행한다. 비트와 브로콜리의 맛은 엄연히 차별성을 갖지만 소고기와 양고기의 맛이 그렇지 못한 이유가 거기에 있다.

육류 사이의 차이는 주로 함유하고 있는 지방 분자에 기인한다. 소고기는 큰 지방 분자를 소량 가지고 있지만 양고기나 돼지고기, 닭고기에는 작으면서 많은 지방 분자가 있다. 이러한 지방(보다 정밀하게 표현하면 지방산이라고 해야 한다)은 그 자체로도 맛에서 약간 차이가 나지만, 시간이 지나고 요리가 되는 동안 완전히 다른 맛 분자로 분해된다. 가장 크게 맛 차이를 만들어내는 지방은 근육섬유 사이나 근육섬유 위에 있어서 칼로리 섭취를 꼼꼼히 따지는 사람이라면 잘라내 제거해 버리는, 그런 보이는 지방조직이 아니다. 대신 양고기나 소고기, 돼지고기의 특별한 맛은 인지질phospholipids(지질脂質에 인산기가 결합한 물질로 생체막의 주요 구성 성분)이라고 알려진 맛 분자에서 나온다. 인지질은 각 세포를 둘러싼 막을 만드는 성분이다. 30여 년 전 영국의 연구원이 이를 증명해 보인 적이 있다. 그들은 살코기를 갈아 냉동건조 시킨 후 석유 용매로 근육 내의 지방을 모조리 빼낸 다음 석유 용매 흔적까지 제거했다. 그다음 고기에 물을 가해 냉동 전의 상태로 돌렸고, 그 패티를 익혔다. 이때 표준 상태를 유지할 수 있도록 비닐봉지 안에서 끓였다. 이러한 화학작용에도 불구하고 버거burgers(여러 재료를 다져 햄버거처럼 납작하게 만든 것)의 향은 놀랍게도 보통 소고기와 구별할 수 없었다. 잃어버린 지방이 중요한 것은 아니었다. 그러나 클로로포름chloroform(용매와 시약으로 주로 사용되는 무색투명한 액체)과 메탄올methanol(메틸알코올이라고도 하며 용제, 세척제로 쓰임)을 사용해 인지질까지 추출하자, 버거는 고기다운 향을 상당 부분 상실해 버렸다. 만약 육식을 좋아한다면 당신은 스튜나 스테이크를 먹을 때 고기 맛을 느끼게 해 주는 세포막에 감사해야 한다.

동물의 품종과 식단, 또 고기의 어떤 부분이냐에 따라 지방혼합물의 성격이 달라진다. 예를 들어 곡물을 먹인 소고기의 경우에는 맛있는 올레산oleic acid(오메가-9 불포화지방산으로 올리브유에 포함되어 있는 지방산의 주성분)을 비롯해 단일 불포화지방산을 많이 지니고 있다. 그와는 대조적으로 방목을 한 동물은 고도 불포화지방을 많이 가질 뿐 아니라 스카톨skatole 같은 부가적인 맛 화합물도 약간 갖는다. 스카톨은 육류에 포함되어 있는 농도 상태에서는 기분 좋은 냄새를 내지만, 더 높은 농도에서는 배설물 냄새를 풍기는 분자다. 소나 양은 되새김 동물인 관계로 위 구조가 굉장히 복잡해 먹이에 있는 식물성 성분뿐 아니라 지방까지 모두 위 속의 미생물이 분해해 버린다. 그러다 보니 먹이에 든 지방이 소나 양고기의 맛에 크게 영향을 미치지 못한다. 반대로 돼지와 닭은 위 구조가 간단해 먹이 속 지방이 온전하게 고기 속에 스며든다. 그래서 밤이나 도토리만 먹인 동물의 장점을 내세우며 자랑스러워하는 전문 사육자를 볼 수 있는 것이다. 스페인의 유명한 하몽이베리코jamon iberico(도토리를 먹여 키운 이베리아 흑돼지의 뒷다리를 소금에 절여 공중에 매달아 약 6개월 정도 바람에 건조한 햄) 같은 것도 이와 유사하다고 할 수 있다. 그러나 특화된 먹이를 장점으로 내세우는 소고기는 찾아보기 힘들다.

요리를 시작하면 열에 의해 지방산이 더 작은 분자로 분해되고 그것이 강한 맛을 전달하기 때문에 고기 맛은 진해진다(육류를 건조 숙성시켜도 지방산 분해가 일어나 숙성된 육류는 맛을 더 많이 품게 된다). 지방산 분자의 약한 고리는 분자의 '불포화' 부분인 탄소와 탄소의 이중결합 부분이다. 고도 불포화지방산은 더 많은 약한 고리를 가지고 있어 단일 불포화지방산이나 포화지방산에 비해 더 작은 분자로 분해된다. 이러한 지방산 분해산물 때문에 요리된 고기에 고기다운 맛과 향이 생긴다. 시머링simmering(은근한 불에 조심스럽게 오래 끓여 조리하는 방법)이나 스튜잉stewing(수증기로 식품을 조리하는 방법)처럼 상대적으로 낮은 온도에서 고기를 요리할 때 맛과 향은 더 분명해진다. 높은 온도에서는 고기가 갈변을 시작하고, 그러면 또 다른 과정이 맛에 영향을 미친다.

20세기 초 프랑스 화학자가 처음으로 메일라르 반응이라 표현하면서 공식적으로 알려진 갈변 반응은 음식을 요리할 때 일어나는 모든 맛의 변화와 연관이 있다. 빵이 구워진 후에 더 맛이 있는 이유가 그 때문이며, 커피 원두를 굽는 것도, 오븐에서 구운 콜리플라워cauliflower(유럽 원산의 관상용 양배추)가 평범하게 삶은 것보다 더 맛있는 것도 다 그 때문이다. 스테이크를 데치지 않고 구워 먹는 것도, 지방이 약간 있는 육류를 갈화시킴으로써 스튜 요리를 시작하는 것도 그런 이유에서다.

메일라르 반응이라고는 하지만 실제 여기서 취급하는 것은 화학적 반응이 서로 연결되어 있는 광대한 네트워크라 할 수 있다. 메일라르는 아미노산과 당이 서로 반응해 불안정한 중간화합물을 형성하면서 시작된다. 생성된 중간화합물은 그들끼리 서로 반응하기도 하고, 때로는 근처에 있는 지방산이나 다른 분자와 반응하기도 한다. 그 과정은 워낙 복잡해 완전히 추적하기는 어렵다. 메일라르로 생성된 산물은 대부분 휘발물질 분자이며 특유의 갈색을 띤다. 모든 음식은 아미노산과 당의 혼합 결과에 따라 고유의 반응 시작점이 있으며 과정 또한 다르게 진행된다. 그 때문에 소고기를 구울 때는 빵을 구울 때와 다른 냄새가 난다.

화학자들은 순수한 아미노산과 당부터 시작해 최소한 621가지의 메일라르 산물을 찾아 문서화하는 데 성공했다. 그러나 실제 음식은 반응 시작점이 워낙 다양하기 때문에 그보다 훨씬 더 많은 산물을 만들어 낼 것이 거의 확실하다. 보다 자세한 규명 작업은 맛 화학자들에게 맡겨두기로 하자. 지금까지의 내용으로 볼 때, 구운 음식과 구운 고기 그리고 갈색 껍질로 변한 음식에서 얻어지는 모든 맛에 메일라르 산물이 관여한다고 충분히 말할 수 있다. 메일라르 산물 대부분은 아주 적은 양으로 존재하지만, 우리들의 감각은 그걸 감지할 정도로 매우 민감하다. 아크릴아미드acrylamide(중추신경이나 말초신경을 불문하고 신경계에 장애를 일으키는 물질)나 발암물질과 같은 분자가 만들어질 수 있다는 점은 메일라르 반응의 단점에 해당한다. 화학자들은 유익한 맛은 고양시키고 건강에 해로운 분자는 피할 수 있는 방향으로 그 반응이 일어나도록 갖은 노력을 다하는 중이다.

메일라르 반응에 대해 요리사가 알아야 하는 중요한 점은 일반적으로 물의 비등점보다 더 높은 온도가 필요하다는 것이다. 튀기거나 구운 음식이 갈색을 띠는 데 비해 조리거나 찌거나 삶은 음식이 그렇지 않은 건 이 때문이다. 성실한 요리사가 고기를 그슬리기(시어링) 전에 표면을 건조시키는 것 또한 이러한 이유에서다. 증발할 수분이 적을수록 고기는 빨리 메일라르 반응 온도에 도달하고 더 많은 맛이 첨가될 수 있다 (실제로는 낮은 온도에서도 메일라르 반응이 일어난다. 다만 천천히 일어나기 때문에 요리 중에는 거의 의미가 없다. 분말 달걀을 오래 보관하다 보면 갈색으로 변하는 경우가 가끔 있는데 이것이 바로 저온 메일라르 반응의 결과다. 분말 달걀은 메일라르 반응에 대한 초기 연구의 계기가 되기도 했다. 또 오늘날 최첨단 요리 재료이기도 한 흑마늘의 경우, 끓는점 이하의 온도에서 한 달 이상의 기간 동안 부분적으로 메일라르 반응이 일어남으로써 캐러멜 맛과 유사한 복잡 미묘한 맛을 갖게 되었다).

메일라르 반응은 아미노산이나 그 아미노산에서 형성된 단백질을 필요로 하기 때문에, 육류와 같이 단백질이 풍부한 음식에서 가장 잘 일어난다. 곡물과 채소도 대부분 메일라르 반응을 일으키기 충분한 단백질을 갖고 있다. 특히 양파처럼 당분이 풍부한 채소에서 일어나는 캐러멜화라고 하는 두 번째 갈변 반응도 중요하다. 캐러멜화 과정에서 당 분자는 아미노산과 반응하기보다 당 서로 간 반응을 일으켜 맛 산물을 많이 형성해 낸다. 당에는 아미노산에서 발견되는 질소나 황 원자가 부족하기 때문에, 캐러멜화를 통해 만들어지는 맛 화합물은 그 범위가 제한되어 있으며 그 맛도 메일라르 반응의 결과로 얻어지는 것보다 구운 고기 맛이 훨씬 덜하다. 그렇지만 요리사의 관점에서는 그 두 가지 모두 같은 고온 갈변 과정으로 취급한다.

갈변은 다소 복잡한 과정이지만 요리사는 어느 정도 그 과정을 조종할 수 있다. 지방을 많이 포함하고 있는 육류일수록 더 많은 지방산 분해산물이 반응을 일으키도록 해, 푸란furans(식품의 열처리 또는 조리과정 중에 탄수화물 및 아미노산의 열변으로 생기거나 지방산을 고온에서 가열할 때 생성되는 물질)을 많이 생성해 내고 소 등심이나 양 다리고기를 맛있게 만든다. 지방의 표면을 잘라내 버리지 않고 구워 먹기를 우리가 좋아하는 큰 이유가 이것이다. 요리 온도도 큰 차이를 이끌어낸다. 온도의 역할은 메일라르 반응이라는 거대 강줄기의 물살을 어느 지류로 향하게 할 것이냐로 비유할 수 있다.

그러면 육식을 좋아하는 사람은 이런 질문을 할 것이다. 도대체 스테이크를 굽는 가장 좋은 방법은 무엇인가? 텍사스의 크리스 커스Chris Kerth라는 과학자는 결국 이것을 과학적 연구의 주제로 삼기에 이르렀다. 나는 최신 정보를 얻고자 농업 연구의 온상인 텍사스농공대학교Texas A&M University 사무실에 있는 커스에게 전화를 걸었다. 그 대학의 축구팀은 애기스Aggies(농과 대학생이라는 뜻의 속어)라고 불린다.

스테이크를 더 높은 온도에서 요리할수록, 맛의 균형감은 묵직하고 껄쭉한 지방산 분해산물의 맛에서 구수하고 견과 맛이 나는 메일라르 산물의 맛으로 이동된다. "고객이 원하는 맛에 맞출 수 있습니다. 그 같은 명성을 얻으려고 980℃에서 스테이크를 굽는 식당이 많지요. 물론 매우 짧은 시간 동안만 그 온도를 유지할 겁니다. 나름 특징적인 맛을 창조해 내려는 노력의 일환이겠지요." 커스는 말한다. 두꺼운 스테이크일수록 속 부분이 미처 적당히 익기 전에 바깥은 검게 탄다. 그래서 이런 식당에서는 껍질부분에서 메일라르 반응이 제대로 일어나도록 스테이크를 시어링한 후 오븐에서 데워 요리를 마무리하는 경우가 종종 있다.

사람들 대부분은 그런 높은 온도를 마음대로 이용할 수 없다. 일반인이 사용 가능한 요리 온도에서 최고의 상태를 찾아내려고 커스는 요리 경연 형식을 빌려 실험실 버전의 요리에 착수했다. 그는 소고기 채끝살을 구입해 1.3센티미터, 2.6센티미터, 3.9센티미터 두께의 스테이크로 잘랐다. 그 스테이크는 180℃, 200℃, 230℃의 세 가지 온도 중 한 가지를 택해 웰던well-done으로 요리했다. 그릴 위에서는 정확한 온도로 요리하기가 어려운 만큼 커스는 예열된 주철 스킬렛(프라이팬보다 약간 더 깊은 팬) 이용했다(과학은 약간의 희생을 요구한다. 큰 희생이 있었으니, 그건 바로 요리된 스테이크를 실험 참가자가 아닌 가스크로마토그래프가 먹었다는 것이다. 정밀하게 측정하려면 어쩔 수 없는 일이었다). 예상처럼, 스테이크는 얇을수록 (그리고 냄비가 뜨거울수록) 빨리 익었으며 구수한 메일라르 맛이 가미되기까지의 소요 시간도 짧았다. 그 결과 얇은 스테이크에서는 지방이 산화할 때 생기는 냄새와 함께 기름진 맛, 풋풋한 맛이 나는 경향이 있었고, 두꺼운 스테이크에서는 구수한 냄새에 견과 맛과 버터 맛이 나면서 매캐한 맛까지 더해졌다. 그 이후 커스는 사람들에게 줄 실험용 스테이크도 만들었다. 그는 사람들 대부분이 상대적으로 낮은 온도에서 요리된 두꺼운 스테이크를 더 좋아한다는 걸 알았다. "내가 그렇게 실험해 본 이유는 맛있는 스테이크에 필요한 좀 더 낮은 온도를 찾아내기 위해서였습니다. 온도는 고기의 부드러움에도 약간 영향을 미치지요. 온도가 낮을수록 그리고 더 느리게 구울수록 부드러운 고기가 되었습니다." 그는 말했다. 나는 항상 가장 높은 온도에서 가장 빠른 시간에 스테이크를 굽는 '뉴크엠nuke'em(정상적인 방법으로 해결할 수 없는 문제에 대해 극단적인 선택을 하여 문제를 해결함)' 그릴 마스터였다. 그러나 다음번에는 커스의 충고가 내 입맛에 맞는지 보려고 낮은 온도를 유지한 상태에서 스테이크를 구워보려 한다.

주방에서 맛을 만들 수 있는 세 번째 중요한 방법은 발효를 이용하는 것이다. 발효를 통해 치즈, 빵, 간장, 김치, 맥주, 와인같이 다양하면서도 놀라운 맛을 만들어 낼 수 있다. 사실 발효는 요리라기보다 관리라는 말로 표현하는 편이 더 적합하다. 발효 과정은 미생물이 음식 속에서 휘발성 맛 분자를 이리저리 방출하면서 당이나 여타의 다른 분자를 분해하는 힘든 일을 잘 수행할 수 있도록 관리하는 활동이기 때문이다. 이런 발효에 종종 미생물의 전체 생태계가 관여하며, 대표적인 미생물로는 박테리아와 효모, 진균류 같은 것이 있다. 앞 장의 와인에서 살펴보았듯이 발효의 결과는 어떤 미생물이 관여하느냐에 따라 확실히 달라진다.

치즈의 경우를 살펴보는 것이 가장 쉽다. 먼저 여러 가지 유산균은 우유 속에서 젖당을 공격해 신맛의 젖산을 폐기물로 만들어낸다. 우유에서 이렇게 산성화가 일어나면 그 속의 단백질은 반고체 덩어리로 응고된다. 치즈 제조자는 여기에 압력을 가해 변형시킴으로써 치즈를 만드는 첫 단계를 시작한다. 이어서 그들은 다른 여러 종류의 미생물을 부추겨 그 작업이 계속 이어지게 한다. 이때 어떤 미생물이 관여하느냐에 따라 치즈가 다양해진다. 페니실륨카망베르티Penicillium camemberti라 불리는 진균류가 정착하면, 그 균의 미세한 필라멘트filaments(실처럼 가는 금속 선)가 치즈 바깥 부분에 희끄무레한 껍질을 형성하고 카세인casein(우유 속에 포함된 인燐 단백질) 단백질을 분해하는 효소를 분비한다. 그러면 치즈의 중심부는 점점 액화되고, 단백질이 줄어듦에 따라 날카로운 암모니아 향이 생성된다. 카망베르가 숙성됐음을 알려주는 표시다. 반면 동족인 페니실륨로크포르티Penicillium roqueforti는 치즈 속의 유지방을 분해하는 다른 효소를 선호해서, 날카로운 맛을 내는 지방산과 2-헵탄온2-heptanone(산패된 야자유 중에 미량 존재하는 특수한 냄새를 가진 화학물질)을 만들어낸다. 그들이 바로 로크포르Roquefort(프랑스산이며 양젖으로 만든 세계에서 가장 오래된 치즈)와 같은 블루치즈blue cheese(독특한 맛과 향을 주려고 푸른빛의 곰팡이를 이용해 만든 치즈)의 특징적인 맛 화합물이다. 스위스치즈의 박테리아는 견과 맛을 내는 데 기여하는 프로피온산propionic acid(향료나 살균제용으로 사용하는 자극적인 냄새를 가진 화학물질)을 생성한다. 림버거치즈의 불그스름한 껍질에 풍부한 브레비박테리움리넨스Brevibacterium linens(박테리아의 일종) 박테리아는 역겹고 체취 냄새를 풍기는 유황 부산물을 만들어낸다(그 동족이 인간의 겨드랑이에 살기 때문에 체취라는 단어는 적절한 것 같다). 그 이외의 다른 미생물은 치즈의 맛에 기여하는 정도가 미미하다. 하지만 이런 미미한 미생물이 추가돼 치즈의 맛이 더욱 깊어지고 복잡해지는 것이다(사워도우sourdough〔발효시켜 시큼한 맛이 나는 반죽〕 빵이, 재래 방식의 제빵용 효모를 사용해 만든 빵보다 더 맛있는 것도 이 복잡한 미생물 생태계 덕분이다).

직업 요리사와 아마추어 가정 요리사가 맛에 관해서 가장 알고 싶어

하는 대표적인 질문 중 하나는 어떤 식재료가 잘 어울리는가이다. 원시인부터 미슐랭스타Michelin star(세계 최고 권위의 여행 정보 안내서로 오늘날 미식가들의 성서와 같은 위치를 차지하게 된 대표적인 식당 지침서. 이곳에서 주관하여 음식 맛, 가격, 분위기, 서비스 등을 바탕으로 식당에 등급을 매기는 제도가 있음. ★★★ : 요리를 맛보고자 여행을 떠나도 아깝지 않은 식당, ★★ : 요리를 맛보고자 멀리 찾아갈 만한 식당, ★ : 요리가 특별히 훌륭한 식당)를 세 개 받은 세계적인 요리사에 이르기까지, 모든 요리사가 이를 알아내려고 최근까지 많은 시행착오를 겪어 왔다. 식재료를 합쳐 요리한 후 맛이 좋다면 그 식재료가 서로 어울린다고 배워온 것이다(실제로는 사람들 대부분이 그들의 문화관습에 따라 요리한다. 베트남 사람은 발효된 생선 소스와 매운 칠리, 라임을 조합했고, 남부 인도 사람은 겨자 씨앗과 코코넛, 타마린드tamarind(콩과의 상록교목)를 좋아했으며, 남부 이탈리아 사람은 토마토와 마늘, 바질을 섞었다. 그러나 이것 역시 과거 여러 세대 동안 시행착오를 거쳤다고 할 수 있다). 뉴욕이나 샌프란시스코의 식당가를 둘러보면 그곳 역시 이런 접근 방식으로 요리를 해왔음이 금방 드러난다. 시행착오로부터 멀리 벗어나는 것은 어렵다. 그러려면 어울리는 맛 조합을 선택할 수 있도록 안내해 주는 어떤 기준이 필요하다. 만약 그 기준이 될 수 있는 일반적인 원칙을 찾을 수만 있다면 새로운 식재료 조합을 찾아내는 데 많은 도움이 될 것이다.

"같은 조건에서 자란 것이 어울리는 것이다."라는 원칙을 맛의 짝을 찾는 기준으로 삼아 입버릇처럼 외고 다니는 요리사를 본 적이 있을 것이다. 해당되는 몇 가지 사례를 찾아내는 건 그리 어렵지 않다. 아스파라거스와 모렐morels(식용버섯의 일종), 백리향 소스의 양고기와 지중해 언덕에서 채취한 로즈메리, 크랜베리 소스의 사슴 고기와 야생 숲의 버섯과 같은 짝이 그러하다. 지르포스는 살구 과수원에서 자란 살구 버섯chanterelle mushrooms과 살구의 조합을 특별히 더 좋아한다. 그러나 이 원칙이 참이라는 과학적인 근거가 있을까?

어떤 측면에서 보면 충분히 그렇다고 대답할 수 있다. 식재료 짝을 찾는 사람들로서는 같은 계절에 같은 지역에서 나온 최고의 맛을 내는 식재료들이라면 관심을 가질 수밖에 없다. 모렐과 아스파라거스는 모두 봄에 맛이 정점에 도달하는 식재료다. 봄에 이 둘을 얻은 사람이라면 어느 누가 어울리는 짝이라고 생각지 않았겠는가? 같은 조건에서 자란 것이 어울린다는 이 원칙은 또 다른 면에서는 전통적으로 정해 놓은 음식 짝을 그저 인정하는 것일 뿐이다. 문명의 역사를 돌이켜볼 때, 그 지역에서 그 계절에 활용할 수 있는 식재료라고는 그것이 전부였을 것이니, 요리사가 음식을 조합한다고 해 보았자 달리 선택할 방법이 별로 없었을 것이 틀림없다(만약 겨울철 저장 음식 또한 계절 음식 재료의 다른 형태라 생각해도 그렇다). 그렇게 세대를 거치면서 요리사들은 점차 어떤 조합이 가장 좋은지 터득하게 되었고, 이는 전통으로 굳어져 갔다. 그런 마당에 굳이 다른 의견을 주장하는 사람도 없었을 것이다(시금치 역시 봄에 잘 자란다. 그러나 어느 누구도 시금치가 모렐과 잘 어울린다고 주장하지 않는다). 게다가 같은 조건에서 자라 어울린다고 짝지어진 재료는 이미 조상의 맛 테스트까지 통과한 터였다. 칠리고추와 순무처럼 자연 조건이 같지 않은 곳에서 자란 두 식재료를 무작위로 짝을 짓는 행위는 무모했다. 이미 검증된 짝을 선택해 요리하는 편이 더 나은 결과를 낳을 거라 기대하는 건 너무나 당연했다.

그렇긴 하지만 동일한 장소에서 자란 식재료가 특별히 더 잘 어울릴 거라고 기대할 만한 맛 화학적 차원의 과학적 근거는 어디에도 없다. 과일과 채소에 맛을 부여하는 분자가 토양에서 직접 나오는 것이 아니라 식물 그 자체에서 만들어진다는 것을 우리는 앞 장에서 이미 알아보았다. 그 말은 동일 조건에서 자란다고 해서 두 가지 식물이 유사한 맛 분자를 만들어내는 것이 아니며, 서로 어울리는 분자를 별도의 방법으로 만들어내는 것도 아니라는 의미다.

좀 더 나아가 보자. 이전에 보았듯이, 기대 심리나 경험은 맛 감지, 특히 맛 선호도에 매우 큰 역할을 한다. 그래서 동일한 조건에서 자란 식재료를 조합하는 방식은 전통적으로 이미 친숙한 것이니만큼, 생경한 조합에 비해 대체로 더 좋은 인상을 주리라 기대하는 것이 얼마든지 가능하다. 결국 같은 조건에서 자란 것이 어울린다는 말은 그 조합이 근본적으로 더 좋기 때문이 아니라 이전에 그렇게 해 왔고 그래서 좋을 것이라 기대하기 때문에 생겨났다.

어울리는 식재료 짝을 찾아내는 일에 숨어 있는 또 다른 문제가 있다. 가능한 조합의 수가 기하급수적으로 늘어나 일일이 평가할 수 없을 정도로 걷잡을 수 없는 지경에까지 이를 수 있다는 점이다. 피자 문제를 생각해 보라. 25가지의 토핑을 가지고 있다면 25가지의 단일 토핑 피자를 만들 수가 있고 그중에서 어떤 것이 제일 좋은지 평가할 수 있다. 더블 토핑 피자를 만든다면 600가지(25×24의 결과다. 더블 토핑에서 페페로니와 페페로니처럼 같은 조합은 고려 대상이 될 수 없기 때문이다)의 피자 조합이 만들어지고 그걸 다 평가해야 한다. 그 전체 리스트에서 최고의 짝을 고르는 작업은 강박관념에 사로잡히게 만든다. 만약 트리플 토핑 파이를 원한다면 거의 14,000가지 조합 중에서 선택해야 한다. 대부분의 피자가 몇 가지 동일한 표준 세트 토핑을 정해 놓고 반복해서 사용한다는 것이 이해된다.

몇 년 전, CIA에서 교육받은 요리사이자 감각 과학자인 마이클 네스트루드Michael Nestrud는 그래프이론이라고 불리는 수학의 불가사의한 분야를 이용한다면 음식의 조합을 보다 빠르게 규명해 피자 문제에 새로운 해답을 얻을 수 있음을 알았다. 이름과는 달리 그래프이론은 우리가 흔히 말하는 막대그래프나 꺾은선그래프와는 아무 상관이 없다. 대신 그것은 우리가 지금 따져 보려는 서로 어울리는 음식같이, 연결된 대상의 그룹에 대한 것이다. 네스트루드는 괜찮은 트리플 토핑 피자를 만드는 방법은 하나의 토핑 짝이 나머지 다른 두 토핑 짝과 잘 어울리는지 살펴보는 것이라고 통찰했다. 이것은 수학적으로 페이스북 친구의 '집단'을 골라내는 것과 같다. 페이스북에서 그 집단의 모든 구성원은 다른 모든 멤버와 친구 사이를 유지한다.

먼저 네스트루드는 가능한 피자 토핑 짝의 목록을 만들고, 여러 대학생들에게 각각의 짝에 대해 찬성과 반대 의견을 물었다. 그 결과를 이용해 '좋은' 토핑 짝의 목록을 작성했다. 페퍼로니와 버섯 같은 짝이 대표적인 예다. 그런 다음 '좋은' 목록에 있는 모든 짝들에 대해 그래프이론을 적용해 서너 가지 정도의 토핑 세트를 선별해 냈다. 이들 토핑 짝이 들어간 트리플 토핑 피자는 말할 것도 없이 기대 이상으로 인기가 있다는 것이 밝혀졌다.

피자 토핑에 더 이상의 고급 수학이 필요할 리 만무하다. 그러나 네스트루드의 접근방식은 미국 육군의 지대한 관심을 불러일으켰고, 그들은 그 방법으로 더 맛있는 야전용 휴대식량을 만들어 주기를 원했다. 전쟁 상황의 군인에게는 가볍고 영양소가 풍부할 뿐 아니라 무엇보다 오래가는 음식이 필요하며 그것이 곧 수십 년 동안 이어온 MRE의 의미다. MRE('Meal, Ready to Eat'의 약자로 바로 먹는 음식이라는 뜻)는 알루미늄 주머니에 밀봉되어 있는 반 조리된 음식이다. 군대 관점에서 보면 MRE는 대단히 중요하다. 한 번 결정되면 그 상태로 수년간 지속되며, 군인들이 그것에만 의지한 채 생활해야 하는 경우도 생긴다. 문제는 군인들이 빨리 싫증을 낸다는 것이다. 병사들은 총에 맞거나 부상을 당하면 충분히 먹기 힘들어지는데, 거기다 음식에 싫증마저 느낀다면 사태의 해결에 전혀 도움이 되지 않는다. 그런 상황에서 군대가 MRE를 가능한 한 매력적으로 만들려고 갖은 노력을 아끼지 않는 것은 당연한 일이다.

MRE는 앙트레entree(서양 요리의 정찬에서 식단의 중심이 되는 요리), 반찬, 과일, 디저트, 스낵, 양념, 사탕, 음료를 포함하며 32가지 옵션 가운데서 선택된다. 이 구성 요소가 상상할 수 있는 모든 방법으로 섞여서 맺어지면 도합 220억 가지 이상의 다른 조합으로 나타날 수 있다. 그중에서 군인들은 어떤 것을 좋아할까? 육군은 피자 토핑으로 박사학위를 따면서 갓 대학원을 졸업한 네스트루드를 고용해 그것을 알아내기로 했다.

피자와 동일한 접근법을 사용하기로 한 네스트루드는 조합 가능한 아이템 짝을 목록화한 후 설문지를 만들어 군인들에게 함께 먹는 식사로 무엇을 원하는지 물었다. 대표적인 아이템 짝은 쿠스쿠스couscous(밀가루에 수분을 가하며 둥글려 만든 좁쌀 모양의 파스타)에 소고기 요리, 바비큐 소스의 미트볼과 그레이비gravy(고기를 익힐 때 나온 육즙에 밀가루 등을 넣어 만든 소스), 할라피뇨 치즈스프레드cheese spread(빵에 펴 바르는 치즈)에 소고기 타코taco(밀가루나 옥수숫가루 반죽을 살짝 구워 만든 얇은 부침개 같은 것에 고기, 콩, 야채 등을 싸서 먹는 멕시코 음식), 베이컨 치즈스프레드에 닭고기 파히타fajita(양파, 고추, 닭고기 또는 쇠고기 따위를 조리해 밀전병에 싸서 먹는 멕시코 요리) 등이었다. 군인들이 가장 보편적으로 선택한 짝을 기준으로, 네스트루드는 인기가 있을 것으로 예상되는 MRE 메뉴(최고의 메뉴는 칠리소스를 가미한 콩 요리, 멕시코식 마카로니치즈mac-and-cheese(치즈 소스에 마카로니를 넣은 요리), 허브감귤 시즈닝seasoning(향신료와 허브 등을 첨가하여 향과 맛을 증가하도록 양념하는 것), 두툼하게 땅콩버터를 바른 크래커, 과일, 쿠키, 치즈프레첼이었다)와 싫어할 것으로 예상되는 메뉴를 모두 작성할 수 있었다. 그는 군인들에게 그런 메뉴들을 소개한 후 서로 어울리는 정도를 점수로 매겨 보라 요구했다. 말할 것도 없이 군인들의 점수는 그래프이론에 입각한 그의 예상과 거의 완벽하게 일치했다. 네스트루드의 접근법을 사용하면 어울리는 맛의 짝을 예측할 수 있음이 실제로 확인된 것이다.

네스트루드의 다음 목적지는 사람들이 동시에 짝으로 구입하고자 하는 스낵이 어떤 것인지 규명하기를 원하는 컨설팅 회사였다. 그는 그곳에서도 그래프이론 기술을 사용했고 고객이 원하는 도움을 줄 수 있었다. 식료품 가게나 패스트푸드 식당은 하나를 구매한 소비자가 나머지 다른 하나도 구매하도록 유도하고자 가게 바로 옆에 '어울리는 짝'을 전시할 수 있다. 이런 전시 방식이 얼핏 보아서는 즉흥적인 전략 같지만 사실은 판매자가 매우 용의주도하게 계획한 결과물임을 알았을 것이다(네스트루드는 자신이 제안한 대로 고객이 실행에 옮겼는지는 알지 못한다).

지금은 미국에서 가장 큰 크랜베리회사인 오션스프레이Ocean Spray에서 감각 과학자로 근무 중인 네스트루드는 최근 들어 맛 조합과 다른 방면에 몰두하고 있다. 그는 2015년과 2016년의 겨울 내내 트위터 일일 기록을 검색해 맛과 관련 있는 키워드가 포함된 트윗을 모두 다 수집했다(물론 상세한 것은 비밀이다. 네스트루드는 '크랜베리'라는 단어조차 언급되지 않도록 매우 조심스러워했지만, 그것이 키워드 중의 하나일 것이라 나는 확신한다). 데이터를 정리하는 데는 많은 시간이 소요되었다. 그러면서 욕실용 크랜베리색 페인트를 언급한 것이라든가, 덴버브롱코스Denver Broncos 축구팀의 유니폼 색깔과 관련해 오렌지를 언급한 것 등 실제로 맛과는 관련이 없는 키워드는 다 버렸다. 반대로 '크랜베리', '크랜애플cran-apple(크랜베리와 사과의 교배 작물)', '크랜라즈베리cran-raspberry(크랜베리와 라즈베리의 교배 작물)' 등은 '오렌지', '만다린mandarin(껍질이 잘 벗겨지고 과육은 연하며 만다린 오렌지라고도 함)', '탄제린tangerine(오렌지와 비슷하나 크기는 좀 작고 껍질이 유연하며 감귤이라고도 함)' 등의 단어와 함께 유사한 맛 그룹으로 짝지었다.

처음 4개월이 지나자 약 12,000건의 관련 트윗이 모였다. 그 정도면 트위터 사용자가 크랜베리를 생각할 때 어떤 다른 맛을 떠올리는지 알아내기에 충분하다. 또 휴가 후의 조용한 시기뿐 아니라 추수감사절과 크리스마스까지 샘플 채취 기간에 포함되어 있어서, 맛의 짝이 계절에 따라 어떻게 변화하는지도 알 수 있다. 당장 그 결과를 이용해 새로운 제품을 개발할 수야 없겠지만, 기나긴 창조적 과정에 첫걸음을 내디딘 것만은 틀림없어 보인다. "궁극적인 목표는 어떤 최종적 결정도 내리지 않는 것입니다. 우선은 우리 자신이 생각하지 못한 제품에 관해 가설을 만들고, 그런 다음 밖으로 나가 실제 소비자를 테스트하면서 확인할 것입니다."라고 네스트루드는 말한다.

직업 요리사들은 전통의 한계를 뛰어넘는 것을 좋아하며 모험적인 식도락가 역시 그러하다. 식도락에서 큰 비중을 차지하는 것은 잘 어울릴 것이라 예상하지 못한 새로운 식재료 조합 찾아내기이며, 전통의 범위에서 안주하지 않고 새로운 가능성의 세계로 빠져드는 것이다. 우리는 시행착오를 겪으면서 새로운 음식 조합을 발견할 수 있다. 또는 재능 있는 요리사의 직감에 의지해서도 그 일은 가능하다. 그 요리사 역시 상상 속에서 숱하게 시행착오를 겪었을 테지만 어쨌든 그렇다. 그러나 우리가 맛의 과학을 이해한다면 이런 맛있는 새로운 것을 추구하는 활동은 훨씬 더 쉽게 실현될 수 있을 것이다.

지금부터 십여 년 전 세계적으로 유명한 요리사인 헤스톤 블루멘살은 이 방면에서 실로 기대되는 첫걸음을 뗐다. 우리는 팻 덕 레스토랑에서 그를 만난 적이 있다. 당시 주방에서 디저트에 짠맛 성분을 가미하는 실험을 하던 그는 초콜릿과 캐비어caviar(어류, 특히 철갑상어알을 소금에 절인 것)가 아주 좋은 맛 조합을 이룬다는 것을 발견했다. 그렇게 짝지은 것 자체가 의외였지만 정말 맛이 있었기에 블루멘살은 향미 회사에 근무하는 동료에게 그 말을 하기에 이르렀다. 그들은 간단한 작업을 거쳐 새로운 사실을 밝혀냈다. 어울릴 것 같지 않은 이 짝의 두 가지 재료에는 생선 맛을 내는 트리메틸아민trimethylamine(어패류 특유의 비린 냄새 원인 물질)이라는 화합물이 풍부했던 것이다.

이것이 블루멘살을 여러 가지로 생각하게 만들었다. 동일한 맛 분자를 가짐으로써 이들이 성공적인 짝이 될 수 있는 것이라면, 이러한 '분자 리듬'의 유사성은 다른 놀라운 맛 조합을 계속해 알려줄 수 있을 것이다. 그 생각은 연쇄적으로 다른 직감을 불러일으켰다. 앞에서 보았듯 요리사들은 요리를 할 때 종종 유사와 대조라는 성질의 균형을 유지한다. 그리고 맛은 모든 것이 분자에 관한 것이기 때문에 유사한 맛은 공유하는 맛 분자가 있어야 한다. 블루멘살이 이러한 분자의 유사성을 추적하자, 아니나 다를까 예기치 못한 놀라운 조합이 우후죽순으로 생겨났다. 유황 화합물을 공유하는 간과 재스민jasmine, 이오논ionone(향료로 쓰이는 담황색 또는 무색의 미微수용성 액체)이라는 분자를 공유하는 당근과 바이올렛violets(제비꽃으로 꽃의 향을 식품, 과자류, 캔디 등에 이용함), 블루치즈와 파인애플, 달팽이와 순무 같은 것들을 찾아낸 것이다.

그 후 몇 년 동안 블루멘살의 통찰력은 식도락 운동을 촉발시켰다. 그것은 '음식 짝짓기'라는 이름으로 발전해 분자 리듬을 음식 조합에서 중심 항목으로 만들었다. 심지어 푸드페어링닷컴foodpairing.com이라는 월간 구독료를 받아 운영하는 상용 서비스까지 생겨났다. 직업 요리사와 열정적인 아마추어는 그 웹 사이트에서 어떤 식재료로 출발해도 분자 유사성을 이용해 서로의 맛을 보완할 수 있는 음식을 찾을 수 있게 되었다.

프랑소와 샤트리Francois Chartier라는 프랑스 소믈리에sommelier는 음식 성분과 와인의 향 화합물 사이의 화학적 유사성에 기초해, 동일계열로 묶을 수 있는 음식과 와인의 짝을 조사하기 시작했다. 예를 들어 샤트리는 로즈메리 향이 나는 양고기 스튜를 드라이한 리슬링와인Riesling wine(독일의 가장 많은 지역에서 생산되며 가장 뛰어난 품질을 가진 화이트와인)과 함께 짝을 지었다. 와인에 든 감귤류의 꽃 냄새 분자가 로즈메리의 분자와 반향을 일으켜 서로 장점을 취할 수 있다는 것이다. 이 '분자 소믈리에'는 충분히 참신한 아이디어였으며, 그걸 주제로 쓴 샤트리의 책, 『미뢰와 분자Taste Buds and Molecules』는 2010년도에 '세계에서 최고로 혁신적인 음식 책'으로 수상까지 했다.

블루멘살과 샤트리가 그 정도로 세상을 떠들썩하게 만들었다면, 식품과학자들은 그게 맞는 말인지 확인하고 싶어서라도 그 분자 음식 짝을 기꺼이 맛보려 할만하지만, 실제로 그렇게 한 사람은 많지 않았다. 더구나 그 결과를 과학 문헌에 발표한 사람은 더욱 없었다(요리사에게 음식의 짝에 대한 아이디어를 판매하는 회사인 푸드페어링 주식회사Foodpairing, Inc. 도 이 접근법을 뒷받침해 줄 증거를 보유하고 있는지를 공개하지 않고 있다. 회사의 과학 부문 책임자인 베르나르 라후스Bernard Lahousse는 나에게 보낸 이메일에서 "그것에 대한 분석과 알고리즘은 전매특허입니다."라고만 말했다).

음식 짝을 확실하게 테스트하려면 짝지어진 식재료가 얼마나 잘 어울리는지 사람들에게 점수를 매기도록 한 후, 높은 점수를 받은 짝이 공통되는 맛 분자를 많이 가지고 있는지 확인하는 방법을 쓰면 된다. 수년 전 코펜하겐대학University of Copenhagen의 덴마크 과학자인 웬더 브레디는 계피와 사과부터 계피와 마늘까지, 또 맥아와 코코아부터 맥아와 블루치즈까지 53가지 식재료 짝을 이용해 작업을 수행했다. 그 결과 공통으로 갖고 있는 맛 분자의 수가 즐거움의 차이를 나타내는 절대적인 요소가 아니라는 것을 밝혀냈다. "그처럼 상관관계가 낮은 연구 실험을 나는 본 적이 없습니다." 브레디는 회상한다(동일한 결과가 나온 다른 그룹의 연구처럼, 브레디의 연구 역시 과학학회에서 발표만 되었을 뿐 과학 잡지에 게재된 적이 없기 때문에 별 가치는 없다. 이는 그 연구를 다른 전문가가 조사한 적이 없다는 뜻이며, 따라서 결론은 신중히 내려야 한다).

그럼에도 브레디 그룹은 한 가지 흥미로운 결과를 발견했다. 공통되는 분자를 적게 가진 짝이 많이 가진 짝보다 더 참신한 맛으로 감지되는 경향이 있다는 것이다. 참신한 맛이라는 건 최소한 소수의 고급 요리사가 사용하기를 좋아하는 특징일 수는 있지만, 그것은 즐거움과는 또 다른 것이다. "고급 식당에서는 고객에게 무언가 독특하면서 놀라운 것을 제공하기를 원합니다. 훌륭할 필요는 없지요. 노마Noma(여러 해 동안 세계 제일로 평가받고 있는 코펜하겐의 새로운 북유럽 요리 식당)에 가보면 음식이 썩 훌륭하지는 않아도 분명히 환상적인 경험을 하게 됩니다. 그러나 고객들에게 앞으로 자주 먹으러 오겠느냐고 물어보면 그들은 아니라고 대답할 겁니다." 브레디는 이렇게 말한다.

음식의 짝을 테스트하는 다른 접근 방법은 사람들이 실제 사용하는 맛 조합을 살펴서, 그 식재료가 공통으로 가지고 있는 분자들을 헤아리는 것이다. 만약 이들 조합에 무작위로 구성한 식재료의 조합보다 공통되는 맛 분자를 더 많다면, 분자 리듬이 음식의 맛을 더 좋게 만든다는 확실한 증거가 확보되는 셈이다. 데이터는 도처에 널려 있다. 인터넷 시대는 실로 어마어마한 맛 조합 자료를 온라인 레시피의 형태로 제공해 주며, 수백 달러만 있으면 누구라도 데이터베이스에 가입해 주어진 식재료 맛에 포함된 맛 화합물 리스트를 볼 수 있다. 레시피와 식재료 그리고 맛 분자가 복잡하게 얽힌 거미줄을 이해하는 거대한 도전만이 남아 있을 따름이다.

세바스챤 아너트Sebastian Ahnert에 대해 이야기해 보자. 주간에는 캠브리지대학University of Cambridge의 이론물리학자이고 야간에는 아마추어 요리사인 아너트는 그 문제를 해결하는 데 필요한 능력을 정확히 갖춘 사람이다. 몇 년 전 그와 그의 동료는 세 군데의 온라인 레시피 저장소(이피큐어리어스Epicurious, 올레시피즈Allrecipes 그리고 메뉴판Menupan이라는 한국 데이터베이스)에서 56,000가지 이상의 레시피를 다운로드해 분자의 중첩을 연구했다. 실제로 주방에서 이용하는 레시피가 무작위로 식재료를 조합한 레시피보다 공통된 맛 분자를 더 많이 포함하고 있다는 경향을 보여 준 것은 말할 필요도 없었다. 그러나 그것은 북아메리카와 서유럽 그리고 라틴 아메리카의 요리에 국한된 것이었다. 거기서 우유, 달걀, 버터, 밀과 같은 일반적인 식재료는 분명 맛 분자를 중첩해 공유하고 있었다. 아시아 레시피에서는 무작위 식재료보다 공통으로 갖고 있는 맛 분자의 수가 더 적다는 것이 발견되었다. 그들의 일상적인 식재료인 간장, 부추, 생강, 쌀과 같은 것은 서로 중첩되는 맛을 갖지 않은 것이다. 가장 흔한 식재료가 분석 대상에서 제외되면서 아너트는 음식 짝짓기 가설을 뒷받침할 수 있는 어떤 증거도 찾지 못하고 말았다.

아너트의 분석이 최고의 과학잡지에 발표되었을 때 대서특필되었지만 그는 만족하지 않았다. 레시피부터 출발한 것 자체가 이상적인 조건이 아니었던 것이다. 밀가루와 달걀 같은 것이 예가 되겠지만 어떤 식재료는 맛에 중요하게 기여하기 때문이 아니라 단순히 구조적인 이유에서 레시피 요소로 선택되었다고 할 수도 있었다. 그래서 아너트는 처음부터 다시 시작하기로 했다. 레시피 대신 이번에는 유명한 요리사가 추천한 식재료 짝을 이용했다. 그 요리사는 『맛의 성경The Flavor Bible』이라는 베스트셀러에 실린 사람들이었다. 요리사가 추천한 짝은 무작위로 구성한 짝보다 당연히 더 많은 맛 분자를 가지고 있었다. 또 가장 풍부한 맛 분자나 음식과 가장 많이 관련된 냄새를 네는맛 분자만 고려했을 때는 그런 성향이 더욱 강했다.

결국 음식 짝짓기 이론에는 뭔가 있는 듯한 느낌이 들기 시작한다. 그러나 아직 확신할 수는 없다. 내가 이 글을 쓰는 지금도 아너트가 가장 최근의 재분석 결과를 발표하지 않고 있기 때문에 더욱 그렇다. 그러나 잘 어울리는 음식이 맛 분자를 공통으로 가지는 경향이 있다 하더라도, 맛 분자를 공통으로 가지는 음식들이 반드시 잘 어울린다는 말과는 엄연히 다르다. 이러한 분자 리듬 접근 방법은 어쩌면 기껏해야 아이디어 수준에 불과한지도 모른다.

첨단기술을 이용해 특이하면서 흥미진진한 맛 조합에 접근하고자 한다면 IBM의 토마스 왓슨 연구센터Thomas J. Watson Research Center를 방문하는 것이 첫 순서일 것이다. 그 회사는 오랫동안 인공지능에 도전한 역사를 가지고 있으며, 그 모든 것은 왓슨 연구센터에서 이루어졌다. IBM의 딥블루Deep Blue(체스를 하는 IBM 컴퓨터 프로그래밍의 명칭) 슈퍼컴퓨터는 1997년에 체스 세계 챔피언인 개리 카스파로프Garry Kasparov와 6게임 체스 대국을 벌여 이김으로써 헤드라인을 장식했다. 그 후 2011년에는 딥블루의 후손인 왓슨(연구소의 이름과 같으며 이후 오랫동안 회사의 상징이 되었다)이 퀴즈 게임 제퍼디Jeopardy에서 두 명의 인간 챔피언을 이겼다. 왓슨의 승리를 경험한 IBM의 연구원은 자신들의 전문성에 어울릴 만한 새로운 것을 찾기 시작했다. 왓슨의 엄청난 능력을 주방으로 돌릴 수는 없을까? 그들은 고민했다. 요리는 매우 창조적이면서도 수백만의 사람들이 매일 행하는 친숙한 활동이다. 그리고 제퍼디에서 아주 간단하게 승자가 된 것처럼, 왓슨은 인간보다도 더 많은 레시피와 식재료와 기술을 습득할 수 있다. 즉, 왓슨의 컴퓨팅 능력은 많은 시간을 필요로 하는 일에 효과적이다. 마침내 왓슨 팀은 한 번 해 보자고 결정하기에 이르렀다.

토마스 왓슨 연구센터는 맨해튼 미드타운에서 북쪽으로 운전해 한 시간이 채 안 돼 도착할 수 있는 타코닉스테이트 파크웨이Taconic State Parkway 외곽 숲속 언덕에 자리 잡고 있다. 이에로 사리넨Eero Saarinen이라는 유명한 건축가가 설계한 본관은 정면이 곡선으로 이루어진 3층 건물로 방문객 주차장을 내려다보며 거대하게 서 있다. 주 출입구는 뽐내는 듯 솟아오른 돌출부로 비바람을 피할 수 있는 구조이며 그걸 통과하면

1960년대식 초현대적 로비에 이른다. 회사의 모든 것이 아주 호소력 있고 값 비싸며 의례적이다. IBM이라는 이름에서 예상한 것만큼이나 그 회사는 엄격할 정도의 보수적인 복장 규정으로 오래토록 악명이 높다.

그런 분위기를 고려할 때 플로리안 피넬Florian Pinel의 모습은 분명히 충격적이다. 프랑스에서 태어난 소프트웨어 엔지니어를 상상해 본다면 넓은 얼굴에 파란 눈, 지저분하고 부스스하면서 헝클어진 갈색 머리카락을 가진 그와는 거리가 멀 것이다. 그의 입과 아랫입술 모퉁이에는 네 개의 스테인리스로 된 장식물이 피어싱 되어 있고, 턱 바로 위 아랫입술의 가운데 부분에는 칼날 같은 물고기 지느러미 형상 장식이 솟아올라 있다. IBM의 전통적인 흰색 셔츠와 타이 대신 추레한 셔츠와 청바지를 입은 피넬은 IBM 회의장보다 식당 주방에 있는 게 더 편안해 보일 정도다.

외모는 사람을 속이지 않는다. 역시 피넬은 주방에 있는 것이 참으로 편안한 사람이다. IBM에서 일하는 동안 그는 주말이면 뉴욕의 유명한 요리교육원Institute for Culinary Education에서 공부했고 2005년에는 요리사 자격증을 획득했다. 그 후 얼마 동안 토요일 야간이면 요리 실력을 키우려고 맨해튼의 한 식당에서 조리사로도 일했다. "조리사로 일한 건 정말 잘한 일이었습니다." 그는 회상한다. 결국 그는 그곳을 그만두고 새로운 취미 생활로 집에서 요리하는 일에 집중했다. 왓슨이 나타났을 때는 이미 모든 준비가 갖추어져 있었다.

어떻게 컴퓨터에게 요리하는 법을 가르칠 수 있을까? 아이처럼 곁에서 팔꿈치를 괴고 지켜보는 방식으로 컴퓨터를 가르칠 수는 없다. 피넬이 요리 학교에서 그 방법을 배운 것도 아니다. 컴퓨터에게 필요한 것은 데이터를 공급하는 일이다. 많고도 많은 데이터를 주어야 한다. 식품 화학자들은 식재료에서 핵심 맛 화학물질을 규명했고, 심리학자들은 거기에서 우리가 왜 기쁨을 느끼는지를 측정했다. 사이버 공간에는 전 세계 사람이 어떻게 요리하는지를 보여 주는 레시피로 가득 차 있다. 그들이 어떤 식재료를 사용하는지, 또 그것을 어떻게 조합하는지도 쉽게 알 수 있다. 피넬과 그의 팀은 이 모든 정보를 왓슨의 메모리에 입력했다. 엄청난 분량의 데이터를 분석해, 컴퓨터 요리사는 서로 잘 어울릴 것 같은 식재료 세트와 그 식재료를 조합하는 데 사용되는 단계별 순서 등의 특정한 패턴을 추출해냈다(식재료 조합 단계에서 9,000가지 이상의 레시피를 보유한 본 아페티Bon Appetit〔미국의 요리 전문 매거진〕 잡지의 데이터 베이스가 많은 도움이 되었으며, 모든 것은 실험을 거쳐 신중하게 표준 포맷으로 편집되었다).

컴퓨터를 가진 사람은 누구나 아이비엠셰프왓슨닷컴ibmchefwatson.com에서 무료로(최소한 이 글을 쓰는 시점에서는) 요리사 왓슨과 상담할 수 있다. 한두 가지 식재료만 단순히 쳐 넣으면 요리사 왓슨은 몇 가지 다른 식재료를 제안해 준다. 그걸 참고로 이용자는 네 가지 핵심 식자재 세트를 정하기만 하면 되고 필요에 따라 프랑스식, 여름, 채식주의자 같은 특정한 스타일을 추가할 수도 있다. 그러면 왓슨은 레시피를 제안해 주며, 이용자는 그 목록 중 무엇이든 선택해 계량하고 조리 기술로 완성시키면 된다. 아주 간단하다.

그러나 그 이면에서 많은 작업이 진행된다. 어울리는 식자재를 추천하려고 요리사 왓슨은 이 세상에 존재하는 레시피에서 이미 사용된 식자재를 찾거나, 헤스톤 블루멘샬의 흰 초콜릿과 캐비어의 경우처럼 여러 가지 맛 화합물질을 공유하는 식재료 세트를 찾아낸다. 그러나 피넬 입장에서는 식자재 세트를 찾는 행위만으로는 창조적인 요리라 할 수 없다. "창조적인 요리가 되려면 두 가지가 있어야 한다고 생각합니다. 새로워야 하고, 가치가 있어야 하는 것이죠." 그는 말한다. 레시피에서 '가치'는 맛있다와 같은 개념이다. 사람들이 가장 좋아하는 맛 화학물질이 무엇인지 알아내는 방법을 쓰거나, 식자재 세트에 포함된 화학물질의 반복 정도를 계산하는 방법을 사용해서, 요리사 왓슨은 그 가치라는 것을 평가할 수 있다. 그리고 새롭다는 의미는 어렵지 않다. 한 레시피의 식자재와 다른 레시피 식자재가 얼마나 비슷한지를 왓슨은 간단히 계산할 수 있다. 토마토와 마늘, 오레가노? 그건 새로운 것이 아니다. 아스파라거스, 돼지족발, 인디아 향료? 그건 확실히 새롭다. 각 식자재 조합에서 요리사 왓슨은 조화와 즐거움과 놀라움을 합친 '시너지효과' 점수도 제공한다. 시너지효과 점수가 높다는 건 왓슨이 식자재의 선택에 그만큼 자신 있어 한다는 뜻이라고 피넬은 말한다. "이건 잘 진행될 것입니다. 사소한 것으로 전락하는 일은 없을 거예요."

식도락가들은 이 같은 소프트웨어에 흥미가 생겨 이런저런 아이디어들을 둘러보다가 혼란에 빠져들기 쉽다. 그러나 요리사 왓슨이 어마어마한 지식과 컴퓨팅 능력을 가졌음에도, 미슐랭스타 요리사의 잘 연마된 요리 자질을 갖추지 못한 것은 사실이다. 대신 그는 똑똑하지만 좀 괴팍한 친구 같아서 마음속을 스쳐지나 생긴 생각이라면 아무리 이상하다 한들 무엇이든 불쑥 말해 버린다. 어느 1월 말에 나는 요리사 왓슨을 시험해 보았다. 그날은 로비번즈데이Robbie Burns Day(영국 출신의 시인 로비 번즈의 생일로 그를 기념하는 날) 언저리라서 스코틀랜드의 해기스위스키 축제Scottish haggis-and-whisky-fest(해기스〔양의 내장으로 만든 순대 비슷한 스코틀랜드 음식)와 감자, 위스키를 먹으며 즐기는 스코틀랜드의 전통적인 축제)가 벌어지고 있었다. 전통적인 요리와 닙스앤타티neeps and tatties(순무와 감자를 삶아서 버터에 으깬 요리) 같은 음식은 전통적이라는 목적 외에는 금방 싫증이 나는 요리라서 나는 요리사 왓슨이 좋은 아이디어를 갖고 있는지 알아보자고 생각했다. 나는 핵심 식재료로 순무를 선택했고 스코틀랜드 레시피를 원한다고 입력했다. 그리고 스코틀랜드 테마를 계속 이어 가려고 그 나라의 기호 음식인 맥주를 추가했다.

요리사의 제안이 나왔다. 그것은 '스코틀랜드 순무미트볼'이라는 이름의 것으로 칠리가루소스, 가람마살라garam masala(아시아 남부지역 요리에 쓰이는 혼합 향신료)라는 인도 향료 혼합물, 순무, 아보카도, 조개 즙과 함께 제공되는 송아지나 칠면조 미트볼이다. 기괴한 범벅같이 들려서 시도해 보지 못했다. 하지만 실험 정신으로 마침내 어느 날 밤, 가족에게 그 음식을 맛보게 했다. 놀랍게도, 그 음식은 꽤 괜찮았다. 아보카드의 크림 같은 부드러움이 순무의 알싸한 맛에 대비되었고, 가람마살라와 조개 즙은 맛에 미묘한 깊이를 더했다. 사실, 몇 주 후에 손님에게 이 음식을 대접하기도 했다. 어쩌면 이 분자 음식 쌍에 뭔가가 있을지도 모른다.

계속해 보자. 슈퍼볼Super Bowl(매년 미국 프로 미식축구의 우승팀을 결정하는 경기) 파티에 사용할 요리를 원하는가? 그러면 디스플레이 화면에서 '스타일을 정하라Pick a style'라는 영역으로 가 '슈퍼볼'을 지정하면 된다. 요리사 왓슨은 건포도, 마늘, 초콜릿칩스, 엔다이브endive(상추처럼 주로 샐러드로 이용되지만 약간 익혀 먹어도 맛이 좋은 채소의 한 종류)처럼 요리를 처음 시작할 수 있는 약간의 식자재들을 제시할 것이다. 시너지 점수는 아주 높아 90퍼센트를 상회하고, 그 이유로 요리사들은 이것이 아주 좋은 조합이라고 생각한다. 나는 다음 것을 시도해 보았다.

왓슨이 다음으로 추천한 것은 돼지 삼겹살, 샬롯shallot(작은 양파의 일종), 생강, 백후추다. 아, 조짐이 약간 좋았다. 그들의 조합하는 데 제안된 레시피 중 하나 역시 제법 그럴듯한 볼로냐식 삼겹살Pork Belly Bolognese이다. 그러나 레시피 그 자체는 비상식적이게도, 초리조소시지chorizo sausage(스페인이나 라틴 아메리카의 양념을 많이 한 소시지)와 서양고추냉이horseradish 4분의 1컵에다 갈아놓은 닭가슴살, 갈아 놓은 삼겹살, 갈아 놓은 닭 날개(여기에는 뼈가 들어 있을 텐데 의아스럽기까지 했다)를 필요로 하고 있었다.

마실 것으로는 콜리플라워 블러디메리Bloody Mary(보드카와 토마토 주스를 섞은 칵테일)를 추천해 준다. 그것은 보드카나 진을 사용하는 것이 아니라 페르노pernod(말려 향신료로 사용하는 아니스 향을 넣은 프랑스제 리큐어)와 우조ouzo(아니스 열매로 담은 그리스 술)에다 양념 된 토마토 주스 대신 콜리플라워와 표고버섯, 양파로 만든 퓌레를 바꿔 넣은 칵테일이다. 거기다 포도 웨지wedge(술잔 안에 넣어 주기도 하고 잔 테두리에 걸어 주는 등 장식용으로 사용하기 위해 오렌지나 레몬을 6등분 또는 8등분하여 길게 V자 모양으로

썬 것)로 장식하라고까지 한다. 일반적으로 라임웨지를 하는 것과는 달리 독특해서 내 생각과는 확실히 동떨어졌다(왓슨은 본 아페티 레시피의 절차를 기준으로 삼아 필요할 경우 유사한 식재료를 대체하는 방법을 사용하기 때문에 자주 이런 엉뚱한 레시피를 보여 주곤 한다. 이번 경우에는 왓슨이 라임을 포도로 바꿔 적용한 것 같다. 둘 다 산_酸이 풍부한 과일이어서 단어 그 자체만으로 판단해 결과를 도출했기 때문으로 보인다. 볼로냐식 삼겹살에 필요하다던 갈아놓은 닭 날개 또한 이렇게 생각해 보면 설명이 된다. 어이없는 실수는 스스로 찾아낼 수 있을 것이다).

요리사 왓슨이 어이없는 작업을 종종 던져준다는 데서 난 흥미를 느낀다. 아주 어리석은 아이디어일지라도 어떤 때는 실제 영감의 핵심이 되곤 한다. 내가 이탈리아 소시지와 브로콜리로 요리를 시작하려 할 때 왓슨은 삶은 소 가슴살 요리에 맞춘 레시피를 제안했다. 소시지에 혼합된 양념을 발라, '모든 틈 사이로 잘 스며들게 페이스트를 작업하고' 소시지를 '지방이 위로 올라오도록 하여' 캐서롤casserole(식탁용 찜 냄비)에 넣으라는 것이었다. 왓슨이 소 가슴살과 소시지의 차이를 이해하지 못한 것이 틀림없다. 그러나 그날 밤 나는 잠자리에 들면서, 양념으로 문지르는 행위가 구운 브라트부르스트bratwurst(프라이용 돼지고기 소시지)와 같은 평범한 어떤 것에 좋은 식감을 더해 줄 수 있다는 걸 깨달았다. 핫도그의 경우도 마찬가지다. 요리사로서 좋은 아이디어였다. 그러고 보니 좋은 음료에 포도웨지로 장식하는 것도 결코 나쁜 생각은 아닌 것 같다.

요리사 왓슨이 요리의 창조성을 확보하는 중요한 계기가 될지 아니면 단순한 소일거리로 취급될지, 그것에 대한 평가는 아직 이르다. 지금까지 그 앱은 하루에 약 50,000가지 식재료 짝을 생성해 왔다고 피넬은 말한다. 오늘 하루 종일 나 혼자서 한 것이 50개 정도라는 걸 안다면 아마 매우 많은 숫자로 들릴 것이다. 어떤 사용자는 왓슨으로 식재료 짝을 찾아 그들 자신의 레시피를 조정하거나 새로이 구축하기도 한다. 또다른 사람은 완전한 레시피를 클릭하기도 한다. 피넬은 그런 음식에 영양소 정보를 추가해 요리사 왓슨을 영양사 왓슨으로 발전시킴으로써 능력을 발휘할 수 있게 하는 것이 다음 단계라고 주저 없이 말한다.

메뉴를 선택하고 주방에서 화학을 효율적으로 사용해 올바른 맛 분자들을 이끌어냈다면, 능력 있는 요리사가 식사에 맛을 더할 수 있는 또 하나의 단계가 남았다. 제대로 차려내는 것이다. 보이는 것이 맛 경험의 일부로 작용할 수 있음을 우리는 이미 알고 있다. 그릇이나 접시의 색깔 변화, 형태, 무게 등은 음식의 맛을 더 달게도 더 쓰게도 만들 수 있다. 그 연구의 배경을 제공한 심리학자 찰스 스펜스Charles Spence는 또 다른 실험에서 여전히 그 개념을 사용했다. 직업요리사인 찰스 마이클Charles Michel과 함께 스펜스는 샐러드를 만들어 실험 참가자에게 제공했다. 샐러드 재료는 동일했지만 그 모양은 세 가지 다른 형태였고 참가자에게는 그중 한 가지가 주어졌다. 어떤 사람은 평범하게 섞어 만든 샐러드를 먹었고, 또 어떤 사람은 깔끔하게 만든 샐러드, 즉 재료가 별도로 구분돼 가지런하게 쌓인 샐러드를 먹었다. 나머지 다른 사람들은 칸딘스키Kandinsky(러시아의 표현주의 화가)의 그림처럼 형태와 색채가 극적으로 눈에 확 띄도록 만든 샐러드를 먹었다. 말할 것도 없이 칸딘스키 샐러드를 먹은 사람은 다른 따분한 버전의 샐러드를 먹은 사람보다 미적으로 더 기분 좋아했고 또한 더 맛있게 먹었다. 집에서든 식당에서든 그 어떤 요리사에게도, 매력적인 모습의 음식은 단순한 쇼윈도 장식 그 이상이다. 그것은 음식 그 자체를 훨씬 맛있게 만든다.

우리는 와인에도 똑같은 원칙을 적용할 수 있다. 우아한 유리잔으로 와인을 마시면 더 맛있다. 여기에는 심리적인 이유뿐 아니라 기능적인 이유도 있다. 입술을 향해 안쪽으로 점점 기울어지는 튤립 모양의 큰 잔은, 액체 위쪽으로 휘발 물질이 모일 수 있는 공간을 만들어 향을 증가시킨다. 같은 와인이라도 옆면이 일자형으로 된 물잔을 이용해 마시는 것보다 이런 모양의 유리잔으로 마시는 쪽이 참으로 더 맛있다는 것이 연구를 통해 증명되었다. 반대로 부르고뉴Burgundies(프랑스 포도주 산지)에 비해 보르도Bordeaux(프랑스 포도주 산지) 스타일의 와인에서는 일부 고급 크리스털 메이커가 제안하는 유리잔으로 마셔도 맛이 더 증폭된다는 증거를 찾기가 어려웠다. 나는 그 대신 와인에 더 많은 돈을 쓸 것을 추천한다(와인 잔에 대해 연구한 적이 있는 데이비스의 캘리포니아대학 와인양조학부의 한 전문가에게 어떤 종류의 잔을 사용하는지 질문한 적이 있다. 그녀는 웃으면서 "와인 양조장에서 무료로 얻은 잔이라면 무엇이든지."라고 대답했다.)

많은 와인 애호가가 와인을 제공하기 전에, 특히 레드와인의 경우에 와인을 디캔트decant(병에 든 포도주를 유리용기에 따르는 것)하기를 좋아한다. 병 속에 축적된 침전물을 제거한다는 확실한 이점 이외에도, 디캔팅은 '와인이 숨 쉬도록 해' 그 맛을 증진시킨다고 한다. 분자 용어로 말하자면, 디캔팅은 병 속에서 발생하는 고약한 이취異臭가 달아나게 하고, 병 안에 거의 남아 있지 않던 산소와 다시 접촉하도록 해 와인이 새로운 맛 화합물을 만들어 낼 수 있게 해 준다. 이유야 어떠하든 효과는 있는 것처럼 보인다.

디캔팅을 하는 것이 좋다면 좀 더 많이 하면 더 좋아지지 않을까? 네이선 미어볼드Nathan Myhrvold는 그렇게 생각한다. 마이크로소프트의 전직 최고기술책임자였던 미어볼드(이전에 스티브 호킹Stephen Hawking의 물리학 대학원 학생이기도 했다)는 최근 고급 요리에 엔지니어적인 시각으로 접근하면서, 타성에 젖어 있는 주방 업무에 일대 혁신을 불러일으키고자 하는 사람이다. 미어볼드는 '과다 디캔팅'을 권장한다. 용기에 와인을 따르고 30초에서 60초가량 많이 흔들라는 것이다. 그는 여섯 권짜리 그의 요리책인 『모더니즘 요리Modernist Cuisine』에 이렇게 썼다. "1982년산 샤토 마고 Chateau Margaux(보르도의 보석이라고 찬미 받고 있는 고급 프랑스와인) 같은 전설적인 와인조차 용기 속에서 빠르게 흔들리면 좋은 점이 생깁니다."

물론 나는 그것을 시험해(내 지갑의 수준을 넘어서는 샤토마고로 시험한 것은 아니지만) 보기로 했다. 우선 와인 병의 3분의 1 정도를 보통의 방법으로 디캔터decanter(와인을 옮겨 담는 장식용 병류)에 따르면서 디캔팅했다. 3분의 1은 과다 디캔팅을 하려고 믹서기에 넣었고, 마지막 3분의 1은 병에 디캔팅하지 않은 상태로 두었다. 그리고는 당시 미성년자였던 아들을 시켜 번호를 매긴 유리잔에 그걸 따르도록 했다. 디너파티에 참석한 다른 사람이 어떤 것이 어떤 것인지 알지 못한 상태로 그걸 먹을 수 있도록 하기 위해서였다. 어느 정도는 미어볼드가 옳다는 것이 밝혀졌다. 믹서기를 거친 와인이 유리잔에 따라질 때 거대하고도 생생한 향이 퍼져 나왔다. 나는 구별할 수 없을 것이라 생각했지만 그것은 다른 두 가지보다 훨씬 좋았다. 그러나 5분 내지 10분이 지나자 믹서기로 돌린 와인은 생생함을 모두 소진해버려 아무런 맛도 느껴지지 않았다. 만약 병에서 여섯 잔 내지 여덟 잔을 따라서 바로 마셔야 한다면, 믹서기를 사용할 것이다. 또, 만약 아내와 여유로운 식사를 즐기면서 와인을 한 잔 나누고 싶다면 믹서기는 찬장 속에 집어넣어 버리는 것이 옳다는 생각이다.

이제 잠시 멈추고 한 잔의 와인(믹서기로 돌렸던 아니든 취향에 맞는 것으로)을 손에 쥔 상태로, 맛의 과학에 대한 우리의 여행을 끝내며 축배를 들 때가 된 것 같다. 그럼 앞으로 우리 자신의 맛 경험을 풍부하게 하는 데 이 지식들을 어떻게 사용할지 탐험해 보도록 하자.

더 많은 것을 얻을 수 있는 축복

약 20년 전, 아내와 나는 야생 버섯을 배우기 시작했는데, 그 취미는 어느 봄날 미네소타에 있는 한 오솔길을 걸으면서 모렐과 마주친 것이 계기가 되었다. 우린 버섯을 알고자 강좌를 들었고, 좋은 식물도감 몇 권을 샀으며, 버섯 클럽에 가입했다. 우리의 노력은 풍성한 성과를 거두었다.

맛있는 포시니porcini(수프나 스튜에 이용하는 야생식용 버섯)나 고슴도치버섯hedgehog mushrooms(식용 또는 약용으로 이용하는 버섯의 한 종류)을 안심하고 부엌에서 사용할 수 있었을 뿐 아니라, 우리 경험을 보람 있는 방법으로 사용할 수 있었다. 숲속을 걸을 때면 모든 것이 친구가 된다. 늦은 여름비가 온 뒤에 치명적인 광대버섯amanita(파리 잡는 끈끈이 종이에 바르는 독성분을 가진 독버섯)을 찾고는 식용으로 사용은 못 해도 섬세한 우아함을 느끼기도 하고, 부엌에서 이용 가능한 졸참나무버섯honey mushrooms 군집을 발견하기도 한다. 낙엽이 좀 이상한 모습으로 수북이 쌓인 걸 보면, 포시니 같은 큰 버섯이 땅에서부터 솟아올라 있을 것이라 짐작할 수도 있다. 게다가 우리는 버섯을 발견한 지역을 중심으로 숲속 좋아하는 지역 부분 부분에 조Joe가 볼레bolete(버섯의 한 종류)를 못보고 지나쳤던 곳, 우리가 한 번에 16개의 버섯을 발견한 곳, 매년 느타리버섯이 번성하는 곳 등과 같이 이름을 붙이며 머릿속으로 지도까지 만든다.

맛에 대한 배움은 우리의 삶을 풍부하게 하고 경험을 확장시켜 준다. 사람들 대부분은 맛에 관한 능력을 개발하는 데 많은 관심을 기울이지 않는다. 따라서 애매하고 모호한 맛감각을 갖게 된다. 우리는 좋은 초콜릿케이크를 나쁜 것과 구별할 수 있으며, 7월에 먹는 복숭아가 1월에 먹는 것보다 더 맛있음을 확실히 알고 있다. 그러나 7월의 복숭아가 코코넛 향 기미를 풍기고, 산도가 높고 떫은맛이 덜하며 과즙이 많은 질감일 때 강한 단맛이 균형을 이룬다는 것을 안다면, 우리의 경험은 더욱 깊어질 수 있다.

이 시점에 이르면, 복숭아에서 코코넛 기미를 찾고 와인 잔에서 목가적인 향을 찾으려는 노력을 굳이 해야 하느냐고 항의할는지도 모른다. 그러한 일을 할 수 있는 사람은 일반 사람은 기대조차 할 수 없는 축복받은 미각을 예외적으로 가진 사람들이라 생각하기도 쉽다.

이 책을 멀리하더라도 한 가지 알아야 할 것이 있다. 그건 바로 누구나 맛을 평가하는 능력이 나아질 수 있다는 점이다. 맛본 것을 정확하고도 상세하게 표현하지 못한다고 해서 문제 될 것은 하나도 없다. 앞서 보았듯이 도움을 받을 수 있는 무언가가 주어지지 않는다면 우리 모두는 맛에 이름을 붙이는 일에 서툴다. 그러나 만약 와인 한 잔의 맛이 다른 와인과 차이가 나고, 갈라사과Gala apple(사과품종의 일종)가 레드딜리셔스Red Delicious(껍질이 붉은 사과 품종)와 맛이 다르며, 라즈베리가 딸기와 다르다는 것을 알고 있다면 걱정할 필요가 없다. 기본적인 감각 능력은 갖추었다는 말이기 때문이다. 나머지는 연습과 주의력에 달려 있다.

전문가라고 해서 반드시 예외적인 미각을 갖고 시작하지는 않는다. 훌륭한 와인 감정가도 자신의 감각능력을 자발적으로 시험하려 들지 않는다. 결국 수준 이하의 맛 평가자로 낙인찍히는 위험을 누가 감수하느냐의 문제다. 그들이라고 해서 특별할 건 아무것도 없다는 말은 이런저런 정보를 종합해 보면 설득력이 있다. 뉴질랜드의 연구원들이 그 예로 11명의 와인 전문가와 11명의 평범한 사람들의 후각 역치를 측정한 적이 있다. 와인 전문가 그룹은 와인 제조자, 와인 판매자, 와인심사자, 와인연구원들로 구성했다. 그 결과 두 그룹 사이에서 어떤 차이도 발견할 수 없었다(와인 전문가들은 평범한 사람들에 비해 절대 미각가라야 느낄 수 있는 강한 쓴맛을 약간 더 감지했을 뿐이다. 그러나 과연 그것이 전문가로서 나은 점이라 할 수 있는지는 미지수다). 달리 말해 능력 있는 와인 감정가는 타고나는 것이 아니라 만들어지는 것이다.

직업적인 식품 향료 조향사의 경우도 마찬가지다. "그것은 배움과 열정의 문제입니다. 나는 상위 1퍼센트의 맛 감식가에 속한다고 말할 수 없습니다. 그것이 가장 중요한 기준이라고도 생각지 않지요. 성공하려고 상위 1퍼센트에 들 필요는 더더구나 없는 일이고요." 오랫동안 직업 식품 향료 조향사로 일하던 사람이 자신의 일에 관해 나에게 이렇게 말했다. 맛 지각을 개선시키길 원하는 모든 평범한 아마추어에게 이는 분명 좋은 소식이다.

만약 당신이 평범한 아마추어의 한 사람이라면 앞으로 해야 할 일은 그저 시작하는 것뿐이다. 이렇게 해 보아라. 다음에 당신이 사과를 먹을 때는, 이 책을 읽거나 이메일을 확인하면서 우적우적 씹어 먹지 마라. 대신 당신의 맛 경험에 집중해라. 모든 주의를 그곳에 집중해라. 그리고 당신이 맛본 것을 표현하려고 해 보라. 사과는 얼마나 단맛이 났는가? 얼마나 시큼한가? 과피에서 쓴맛이 났는가? 사과다운 향이나 과일 맛은 풍부했는가, 아니면 부족했는가? 이건 제일 중요한데 얼마만큼 이 사과를 좋아하는지도 스스로에게 물어보라. 감각에 숫자를 부여하는 일도 도움이 된다는 것을 알 수 있다. 말하자면 개개의 항목에 0부터 10까지 점수를 매기는 것이다. 억지스러울 정도로 감각을 계량화하는 것이야말로 감각을 확고히 할 수 있는 최고의 방법이기 때문이다.

이렇게 숙고하면서 점수를 매기는 일이 처음에는 다소 이상하게 느껴질 것이다. 남의 시선이 의식되고 가식적이라고 느낄 수도 있으며, 맛 경험을 단어로 표현해 내려고 머릿속에서 여러 차례 고민을 거듭할 수도 있다. 나도 그렇게 느꼈다. 그러나 계속하다 보면 거기 익숙해지고, 아울러 단맛의 보다 민감한 영역까지 인식할 뿐 아니라, 매킨토시Macintosh(초록색과 붉은색 두 가지의 껍질을 가진 사과 품종) 사과의 향긋한 과일 맛과 후지사과의 부드러운 단맛을 비교할 수 있는 자신을 발견할 것이다. 좀 더 시간이 지나면, 한쪽에는 바나나의 느낌이, 다른 한 쪽에는 배의 식감이 있다는 것을 알 정도로, 훨씬 더 민감한 맛까지 인식할 수 있게 된다.

사과를 이용해 습득한 분석적 기술을 그대로 다른 음식에도 적용할 수 있다. 무엇을 먹든 천천히 먹으면서 맛의 균형에 철저하게 주의를 기울여라. 스튜에서 허브와 향신료를 골라낼 수 있는지, 요리사가 사용한 양파가 갈변된 것인지를 구별할 수 있는지 살펴보라. 아주 바쁜 와중에 빅맥을 움켜쥐었더라도 잠시 멈추고 그것을 즐겨 보아라. 고도로 훈련된 많은 식품 향료 조향사가 특별한 소스를 개발하려고 오랫동안 열심히 노력하고 있으며, 또 그와 같은 노력의 결과로 누군가는 번bun 위에 참깨를 얼마나 뿌려야 하는지 결정할 수 있게 된 것이다. 그들의 선택에 당신이 동의할 수 있는지도 살펴보라.

물론 나도 항상 그런 식으로 먹지는 않는다. 때때로 잊어먹기도 한다. 또 어떤 때는 주의가 산만해져 이전에 자주 그런 것처럼 아무것도 의식하지 못한 채 식사를 게걸스럽게 먹어 치우는 경우도 있다. 그러나 주의를 기울이려 노력하고 있으며, 항상 그런 생각을 염두에 두면서 서서히 맛감각을 구축해 왔다. 그렇게 하면 할수록, 내가 경험하는 민감한 맛은 더욱 쉽게 규명될 것이고, 맛의 어휘는 더 많이 쌓일 것이며, 맛보는 것을 더 잘 표현해 낼 수 있을 것이다.

직업적 식품 향료 조향사에게 주의를 집중하는 능력은 제2의 본성과도 같다. 내가 세계에서 가장 큰 향미 회사인 지보단을 방문했을 때, 나와 이야기를 나눈 많은 사람들이 지적한 것이 있었다. 그 회사에 근무하는 대부분의 식품 향료 조향사는 음식을 입에 넣기 전에 잠시 멈춰 냄새를 맡는다고 했다. 때때로 그런 습관은 디너파티에서 약간 어색한 상황을 연출하기도 한다. "사람들이 저에게 '음식에 무슨 문제가 있나요'라고 묻곤 하지요." 한 식품 향료 조향사가 소심하게 이야기했다(그 점을 고려하면 특별한 사회적 환경하에서는 맛 실험을 재고하고 싶어질지 모르겠다).

연습하면 복잡한 와인의 맛까지도 정확하게 파악할 수 있다. 수많은 책에서 색상, 풍성함, 떫은 정도, 산도, 단맛수준 등과 같은 와인을 표현하는 기초적인 차원을 배울 수도 있다. 아니스, 블랙베리, 담배 향과 같이 더욱 민감한 맛 요소도 마음대로 이야기할 수 있을 것이다. 제안컨대 값싼 와인을 사서 여섯 개의 병에 나눠 담아 보아라. 약간의 라즈베리를 으깨 한 병에 넣고, 다음 병에는 자두 조각을, 그다음 병에는 블랙베리를 넣는 식으로 향의 표본을 만들어 보라. 그런 다음 무작위로 병 하나를 선택해 와인 냄새를 맡은 후 거기에 첨가된 것이 무엇인지 알아낼 수 있는가를 살펴보라(이 연습을 하려고 집 주변 와인 가게에 가서 가장 맛없고 일반적인 와인을 추천해달라고 말했더니 주인이 굉장히 즐거워했다). 이것은 데이비스의 캘리포니아대학 와인 전문가들이 와인의 향을 인식하도록 시음 패널을 훈련시킬 때 사용하는 방법이다.

맛 수레flavor wheel나 커닝페이퍼에 의지하는 것도 엄청나게 도움을 준다. 오늘날 온라인상에서는 와인, 맥주, 위스키에서부터 치즈, 초콜릿, 커피에 이르기까지 모든 것에 대한 맛 수레를 찾을 수 있다(나는 사과에 관한 것도 찾았다). 당신이 제일 좋아하는 음식에 대해 혼자서 발견할 수 있는 것이 없는지 한번 둘러보라. 그렇게 선택할 수 있는 잠재적인 맛 목록을 가지면, 무슨 맛인지 알고는 있지만 그 이름을 떠올릴 수 없어 입안에서만 맴돌 뿐 표현하지 못하는 문제를 피할 수 있을 것이다.

나는 어휘의 빈곤을 느낄 때면 꺼내 볼 수 있도록 와인 향의 커닝 페이퍼를 접어 지갑 속에 간직하고 있다(친구들과 함께 있을 때면 다소 괴팍하다고 느껴지기도 한다). 지난주의 일이었다. 캘리포니아 진판델California Zinfandel(캘리포니아 산 흑포도로 만든 레드와인) 한 잔을 마셨을 때 나는 이상하면서도 친숙한 향을 발견했다. 그때 곧바로 적절한 단어가 떠오르지 않았다. 그러나 커닝페이퍼를 보자마자 나는 그것이 무엇인지 바로 알 수 있었다. 말의 땀이었다(그건 실제로 단어가 주는 의미보다 훨씬 더 맛으로 잘 나타났다). 나는 그것을 규명할 수 있다는 점에서 놀랐다. 이전에 와인에서 그 맛을 느껴본 적이 결코 없었지만 커닝페이퍼는 나의 부름에 자신 있게 응답해 왔다.

물론 나의 자신감이 잘못된 것일 수 있다. 그렇지만 그대로 두었다. 혼합물에서 서너 가지의 향들을 정확히 규명해 내는 일은 향료 조향사나 식품 향료 조향사에게도 어려운 것이라고 우리는 이전 장에서 배웠다. 그 말은 와인처럼 복잡한 음식에서는 전문가의 맛 규명 실수가 꽤 잦게 발생한다는 것을 의미한다(똑같은 와인에 대한 두 와인 감정가의 결과를 비교해 보면 쉽게 알 수 있다. 그들 사이에서 공통점이라 할 만한 것은 좀체 찾기 힘들다). 결론적으로 말해 정확도는 중요하지 않다. 중요한 것은 맛을 표현할 수 있도록 주의를 기울이는 일이다. 주의를 집중할 때 나의 맛 경험은 더욱 풍성해질 것이다.

우리가 얻는 메시지가 여기에 있다. 주의를 집중하고, 연습하고, 두려워하지 마라. 맛 경험에서 더 많은 것을 얻는 데 필요한 것은 그것뿐이다. 밖에는 맛의 세계가 펼쳐져 있다. 가서 즐겨라!

─ 밥 홈즈

읽고 음미하며 즐겨라!

음식을 맛본 뒤 평가는 둘 중 하나다. 맛있다 또는 맛없다. 그런데 막상 왜 맛있고 왜 맛없는가에 대해서 묘사하라고 하면 자세히 설명하기가 무척 어렵다. 이렇게 되는 데는 몇 가지 이유가 있다. 잡식 동물로서 사람은 본성적으로 먹을 수 있는 것과 먹을 수 없는 것 사이의 구분을 가장 중요하게 여긴다. 독성이 있는 것을 모르고 먹으면 목숨을 잃을 수도 있기 때문이다. 음식은 기본적으로 안전하다. 먹어도 큰 탈이 나지 않는다. 그러니 그다음으로 맛이 있는지 없는지부터 이분법적으로 따지게 된다.

하지만 밥 홈즈는 책에서 맛본 것을 정확하고 상세하게 표현하지 못하는 또 다른 중요한 이유를 지적한다. 우리가 맛에 대해 잘 모르기 때문이라는 것이다. 맛을 느끼지 못하는 사람은 드물다. 하지만 도미와 광어의 풍미와 식감, 브리 치즈와 체더치즈의 풍미가 어떻게 다른지 구체적으로 설명하기는 어렵다. 씹을 때 느껴지는 조직감, 바삭하거나 쫄깃한 느낌도 우리가 음식 맛을 느끼는 데 큰 차이를 만들어낸다. 이런 음식의 다양한 속성이 동시에 뇌에 전달되어 전체로서 맛의 그림을 그려낸다. 그 뒤에 숨겨진 사실과 과학 원리를 배우고 나면 식탁에 놓인 음식 풍경이 달리 보인다.

왜 어떤 사람은 제로 콜라를 마시면서 쓴맛을 느끼는가? 커피를 입에 넣기 전에 맡는 냄새와 입속에서 느껴지는 맛이 다른 이유는 무엇인가? 매운맛을 좋아하는 것은 새로움을 추구하는 성향 때문일까, 강렬함을 추구하기 때문일까, 아니면 다른 사람의 칭찬과 관심을 받고 싶은 성향에 기인한 것일까? 오이, 고수의 향의 대한 호불호에 유전자가 미치는 영향은 어디까지일까? 마치 미술관에 전시된 그림을 더 잘 들여다볼 수 있게 해 주는 큐레이터처럼 밥 홈즈는 책 전체에 걸쳐 흥미로운 실험과 친절한 설명으로 맛의 원리를 차근차근 짚어 준다. 게다가 책에 실린 실험 중 상당수는 집에서도 따라해 볼 수 있는 것들이다. 코를 막고 음식 맛을 보거나 짠맛을 느끼지 못하게 해 준다는 구강 살균 소독제 클로르헥시딘으로 가글한 뒤에 짠맛이 사라진 음식 맛을 보는 식으로 직접 실험에 참여해 보는 재미가 있다. (클로르헥시딘 가글액은 약국에서 처방 없이 살 수 있다. 센소타입 검사 키트로 자신의 맛감각 예민도와 선호도를 알아볼 수도 있다.)

정확한 설명을 위해 전문 용어가 자주 등장하고 그 때문에 책이 조금 어렵게 느껴질 수 있다. 하지만 저자는 자신의 지식을 지나치게 뽐내지 않는다. 음식의 맛과 향이라는 신비로운 세계에 우리가 더 가까이 갈 수 있도록 이해하기 쉬운 예를 들어가며 세세한 궁금증까지 풀어 준다. 와사비는 코에서만 맵게 느껴지지만 올리브유를 삼킬 때는 목구멍이 화끈거리는 이유, 왜 어떤 고추는 더 강렬한 매운맛이 나고 어떤 매운맛은 입속에 오래 남는지에 대해서 이 책보다 더 쉽게 설명한 책을 찾기는 어렵다. 책에서 다룬 내용 중에는 기억해 두면 식탁에서 벗들과 이야기할 때 요긴한 것들이 많다. 와인 테이스팅에서 미네랄이라는 표현이 과학적으로 의미 있는 것인지 분석하면서 토양이 와인 맛에 영향을 미치는 부분, 그렇지 않은 부분을 짚어 주는 대목에서 저자의 탁월한 식견에 감탄하지 않을 수 없다.

식음 업계 종사자라면 무엇보다 마지막 장을 꼭 읽어보길 권한다. 음식 페어링에 대한 2011년 이론물리학자들의 연구는 아주 유명하며 국내 언론에도 많이 소개됐다. 하지만 이 연구 결과로 드러난 것은 음식 페어링에 하나의 공통 원칙이 존재하지 않는다는 사실이다. 국내 매체에서 이런 측면을 명확히 설명한 기사가 없어서 아쉬웠지만 책에서는 제대로 된 설명을 제시하고 있다. 헤스턴 블루멘탈과 프랑수아 벤지가 내세운 음식 페어링 원칙은 실제로는 북아메리카, 서유럽, 라틴아메리카에만 국한되며 한국을 포함한 아시아 레시피에는 적용되지 않는다. 그럼에도 불구하고 이들이 세운 음식 짝짓기 이론에는 나름의 가치가 있으며 인공지능을 통해 새로운 레시피를 개발하는 데 활용되고 있다. 음식의 미래에 대해 관심이 많은 현업 종사자라면 정독할만한 가치가 있다.

책에는 와인 전문가와 일반인의 코에 별 차이가 없다는 이야기가 두 번 나온다. 와인 전문가는 단지 훈련을 통해 냄새 지각을 향상시키고 냄새를 단어로 표현하는 법을 더 배웠을 뿐이다. 그렇다. 미식을 즐기는 데 축복받은 미각이 필요하진 않다. 시력이 좋아야 미술 작품을 이해하고 청력이 뛰어나야 음악을 즐길 수 있지 않은 것처럼 말이다. 맛 경험에 집중하고 맛본 것을 표현하는 연습을 통해 우리도 감각을 날카롭게 할 수 있다. 그렇게 해서 음식을 먹고 맛보는 일은 더욱 풍성하며 즐거운 경험이 된다. 음식 맛에 예민한 사람이든 무관심한 사람이든 삶을 더 온전히 즐기고 싶은 사람이라면 이 책을 반드시 읽어 봐야 하는 이유다. 읽고 먹고 음미하며 즐기시라.

— 정재훈
약사·푸드라이터

참고 문헌 및 출처

밥 홈즈의 『맛의 과학』 참고 문헌 및 출처는
QR을 통해 웹페이지에서 확인하실 수 있습니다.